蔬食 創意料理 好上手

68道天然養生、好吃有創意的
蔬食食譜與烹飪解析

蔡長志◎著

鈕 序

　　蔡長志主廚於前年獲得衛生福利部優良廚師金帽獎殊榮,接著今年個人著作書籍《蔬食創意料理好上手》一書也即將推出,馬不停蹄地在成長茁壯,非常恭喜。

　　「素食」已愈來愈普及化,可說是相隔不遠就有一家素食店,也方便更多茹素的民眾選擇。吃素已經不再是宗教信仰的專利,更需要因緣俱足才能促成,應該多給予肯定。有的吃蛋奶素或五辛素、鍋邊素等,不能夠說吃得不夠清,至少減少了吃肉,增加了吃素的機會,也是邁進了一步!循序漸進的嘗試也較容易被接受,而不會產生排斥心理,馬上就被拒於門外。

　　如今「蔬食」也漸漸成為趨勢,從以往的仿葷食素菜、素加工品,逐漸走向天然食材、忠於食材原汁原味,對於身體保健養生觀念愈來愈注重,這就要靠「廚師」的烹調手藝與創意變化,怎麼來擄獲大眾的心,做出好口碑!用心地製作料理,身心愉悅地做菜,注重飲食健康,採少油、少鹽、少糖為原則。然而面對臺灣食安問題層出不窮,更需要道道嚴謹把關,料理者更有這份責任做好,按照標準作業流程,衛生安全管理規章操作,以民眾飲食安全為第一優先。

　　蔡主廚這本書籍裏,匯集了各式菜色共68道,有精確到位的解說,並對特殊食材和常用的素食備品製作詳細介紹,能讓讀者運用在各場合,大至宴席菜,小至小吃家常菜,皆能受用無窮。平日工作態度嚴謹的蔡主廚,相當有責任感,對於主管所交代事項都能如期完成,做事細節環扣都非常周詳,凡事親力親為,深得人心。在他手上承辦過宴席也有好幾萬桌的經驗累積!此書集結了他多年廚藝的精華,能與讀者們分享,推廣素食,為減緩地球暖化盡一分心力,是令人非常期待的一本書籍。

人道國際酒店執行長
前交通部觀光局副局長
前圓山大飯店總經理

鈕先鉞　謹識
2017年9月

廖　序

　　「飲食」與「健康」有著相呼應的關係，想要健康，先要改變飲食的觀念。在我們身處的時代，尤其是現代化文明的國家，要吃飽其實不難，要擔心的反而是怎麼吃才能營養均衡，怎麼吃才能安心無毒。要吃得健康，可是一門很大的學問。

　　平時就要養成好的飲食觀念及生活習慣，現代人的飲食普遍以外食為主，健康烹調的權利都不在自己手上，吃素就成為您最佳的選擇，能夠降低身體疾病的病變劣化。有人說：「吃素會營養不夠。」在這知識充裕爆炸的年代，人們已愈來愈懂得吃，不再是以往的醬菜、豆腐乳等，或許有些人會誤解，以為健康的飲食方式，如生機飲食或素食，代表了不美味、不好吃、烹調很麻煩，其實不然。

　　藉由作者此書，能讓讀者們更加瞭解素食的烹調並不困難，從書中獲得基本烹調知識訣竅，由基礎的汆燙、拌涼、清炒，再延伸至宴客菜的雅緻美觀，進而再變化為高檔精緻料理，就需更講究盤飾、刀工、食材、器皿、意境等。蔡長志主廚在書中將菜餚分為八大類，有非常詳細的文字解說及精美圖片可對照參考，讓各位讀者更容易上手，照著書中步驟操作，您也可以複製出一樣的成品出來，既美味又健康！此書能上市，必能更造福廣大人群，讓愛好蔬食的朋友們手藝更上一層樓！在此也恭喜蔡長志主廚新書上市，預祝大賣長紅，誠心為您推薦！

弘光科技大學餐旅管理系特聘教授

廖清池　謹識

2017年9月

自　序

　　在飲食的文化及觀念上，我們若說到吃素，就會聯想到宗教信仰及素雞、素鴨等食材，時代的變遷，科技的進步，人類文明的意識抬頭，對飲食方面也愈來愈講究，更注重其健康及營養，茹素也逐漸成為時尚潮流。

　　本書《蔬食創意料理好上手》含括了老菜新做，加上新的元素及創新的手法，對蔬食能有嶄新的觀念，並以吃素者熟知的豆類製品、調理漿類來適當入菜，為茹素者提供優質植物性蛋白來源，兼顧營養元素攝取的均衡。本書不藏私地分享餐廳飯店的菜餚製造過程，完全公開其專業秘笈，能讓讀者更駕輕就熟，易懂好操作，手藝更能有所精進。

　　筆者將素食的定義廣泛延伸稱之「蔬食」，多採用天然食材、新鮮時蔬，及對身體無負擔的食材，顧及養生健康，並且「蔬食」的食用人口應不分族群、宗教、團體、背景等以往的刻板印象，讓隨心歡喜，想學、想做、想吃的普羅大眾皆可受用。

　　創意料理的做法千變萬化，以蔬食來講沒任何菜系限制，可以無中生有，但必須符合食材搭配上的和諧性，口味和口感上的調和，在色、香、味、形、器、意各方面皆要注意。讓各位讀者不管是在家裏、道場或辦自助餐會，甚至宴席，皆可派上用場。本書包括了冷菜類、煲羹類、熱炒類、炸物類、熟食類、湯品類、焗烤類、點心類，能讓讀者運用到各場合，只要按照食譜中的步驟操作，您也可以做出美味出色的好料理。

　　筆者會走進「廚藝」這條路及接觸「素食」這塊領域，好像冥冥之中就安排好了，並不是自己的本意！但感謝上天的慈悲，能讓我一路走來非常順遂，感謝身旁所有貴人的照顧提攜，給予正確的指導及寶貴的意見。

　　還在國中階段，懵懵懂懂的叛逆成長時期，因為自己不懂事、玩心重，而在國二時休學，藉由同學的介紹，到了台北湘菜館打工，當下覺得做吃的也不錯，至少餓不死，每天又可以吃到美食，也慢慢激發了自己對料理的興趣和熱情。但由於南部小孩初次到台北這個充滿霓虹燈的花花世界，充滿了新鮮感，每個月所賺取

的薪資根本不夠花費開銷，在湘菜館打工不到一年時間，就被舅舅接到三重住家暫居，並也幫長志找了家素食餐廳打工。因為舅舅全家茹素，他也希望長志能從事素食餐飲方面，一方面鼓勵我繼續完成學業。

在周遭充滿正面的能量，長志也慢慢被薰陶感染而入境隨俗，也拾得人生重心意義價值，漸進悉知要成長學習再精進，也一個個完成階段性目標。非常感謝舅舅、舅媽當時在身旁苦口婆心、無私寬容的教導，也因為這樣人生有了轉捩點，繼續在這素食行業服務，把素食發揚光大，對他們的恩情長志謹記在心！

奉勸鼓勵當下的年輕人，年輕不留白，不虛度青春，就算沒有好的文憑，也可學習一技之長，早日發現自己的興趣，早點下定人生目標，贏在起跑點上，有個踏實的人生。

廚藝生涯走來至今二十四年，謝謝提攜過、指正教導過長志的前輩及同事，更要感謝的是我的恩師——廖偉峻先生。和恩師亦師亦友，無話不談，但對前輩的尊敬不敢越矩，對於所有的前輩，不會因交情甚好而忘了尊師重道，這也是長志的原則。和恩師認識二十二年，中間斷斷續續一起共事也有十幾年。記得在共事時，雖然恩師的要求非常嚴苛，追求完美，一度也讓我想放棄離開，但深知自己還不夠氣候到外面獨創一番事業，只好打消念頭。到外面工作打拚哪有萬事皆如意，不僅要下定決心，更要培養自己吃苦耐勞的毅力，也因此更能接下巨大的任務挑戰，無形中奠定自己高度的抗壓性。反觀沒有高規格的要求、自我的約束能力，哪能有好的專業基礎能力，就這樣，自己也說服了自己，有了一個很好的啟蒙恩師！

其次要感謝對長志非常照顧的先進前輩們，台北市佛教會前理事長照定法師、人道國際酒店鈕先鉞執行長、電視臺名主持人譚艾珍師姐、弘光科技大學廖清池教授、鼎太極麻辣鍋溫國智總經理、全國楷模廚師呂瑞義主廚，慨然允諾為本書撰序或推薦，對本書加以肯定支持，在此深深向各位前賢菩薩致謝。

此外，還要感謝旺來興烹飪教室的郭香伶小姐，有她的熱心幫忙，並且時常的給予作者鼓勵，一切才能如此順利，衷心感恩！

也要感謝葉子出版公司閻富萍總編過程中的傾力相助，對書籍的謹慎琢磨、細心修正，無非希望將最好的呈現給讀者。此外企劃謝依均小姐及參與的工作人員，謝謝有她們的文書處理、美編排版，非常用心。還有囍色攝影團隊王盛弘、楊

柏宣攝影師等多位，認真專業的態度，專注完美，克服萬難，令人佩服讚歎！

再來就是我的協助製作群，陳玉峰師傅、黃國瑋師傅，讓整個製作流程可以更快、更順暢，無比感謝！以及曾提供協助的各位工作人員，無法一一唱名，請多包涵，對各位也深深銘感五內！

也要感謝金如意餐具的支持，協力贊助所有拍攝器皿，才能完美地將每道菜呈現出來，萬分感謝！此外也要感謝大愛電視臺「現代心素派」的邀約錄製節目，及提供網路傳播分享，同意本書附上節目錄影的QR碼，讓讀者掃描後即可看到四道菜餚的示範，非常感恩大愛電視臺和「現代心素派」製作人翁錦華及企劃吳惠君的傾力幫忙。還要謝謝在這次新書發表會贊助贈品的一之香食品老闆許壹魁先生的大力支持，感謝所有貴人對長志的關愛照顧，願大家能永續善緣！

在本書製作過程中，雖然已盡力避免錯誤與疏漏，但仍怕難免有不盡如意之處，尚請各位先進與讀者多多包涵指正。

蔡長志 謹識

2017年9月

目 錄
Contents

蔬食之美

　　如今「蔬食」已成為現代人健康、養生、輕食、樂活的一種代表,有更多人開始茹素,蔬食餐廳、自助餐、麵館、攤販隨之愈來愈多,連許多葷食餐廳也提供蔬食餐點服務,可見蔬食人口是與日俱增。

　　對於茹素,每個人有不同的觀點和動機,有宗教素、健康素、彈性素等等。吃素能維護生態環境,也漸漸被提倡重視,政府機關部門倡導周一無肉日,連德國都規定政府宴請貴賓不再提供肉類成份的食品,選擇食物絕對是有機的、當季的,且是本地生產的食材;以色列國家軍隊也開始吃素,紛紛帶頭做起,樹立一個好榜樣。

吃素的好處

　　吃素的好處太多了!從個人身體心靈到十方眾生、地球環保,益處比比皆是。茹素者有正確的飲食觀念,體質便大多偏向鹼性體質,能遠離高血壓等疾病。選擇「四低一高」飲食(低油脂、低蛋白、低糖、低鹽、高纖維),從體內環保做起,素食者罹患心血管疾病與癌症的機率較常人為低。

　　再者減少殺業,增長慈悲心,降低兇怒之氣,以因果見解來說「與眾生結緣」,萌生為善念頭。現今文明病愈來愈多,大多為口慾引起,食之清淡樸素為養生之道,延年益壽。

　　節能減碳已不是口號,各界響應減緩暖化、救地球,主要是四季分別不明,加上南北極冰山逐漸融化,海面水位漸升。提供肉類的畜牧業會產生大量溫室氣

現今吃素的人愈來愈多,蔬食已成為一種流行趨勢

體，導致全球暖化，素食可以保護環境、保護森林及草原野生動物棲息地，免於被開發為牧場，有效遏止全球暖化，還能拯救每年數億畜養動物和野生動物的生命。

蔬食的飲食原則

　　吃素會讓人無精打采、沒力氣嗎？可能有些人心中存有這樣的疑惑。只要飲食能攝取均衡，不挑食，蔬食一樣能讓人健康、有活力。許多企業家總裁、知名藝人、運動健將都是茹素者的優良表率。茹素不再局限於有宗教信仰者或年長老人，茹素的年齡層趨向年輕化，甚至有人從一出生就開始吃素，只要記得以下原則：

1. 廣泛地選用各種天然來源的食物，不可以偏食，以維持營養的均衡。
2. 多選擇全穀類食品，例如糙米、胚芽米、全麥麵包、燕麥片等來取代精製白米、麵粉，獲得較多的鐵質、維生素B群、維生素E及纖維質。
3. 多食用各種豆類（黃豆、紅豆）及不含添加物的豆製品（豆腐、豆包）、核果類（腰果、杏仁果等）、種子類（芝麻、葵瓜子等），與全穀類互相配合一起吃，提高蛋白質的質與量。

素食者要儘量食用各種不同的食物，讓食物來源多元化

4. 食用各種蔬菜、水果，尤其是深綠色及深黃色的蔬果，可提供豐富的維生素及礦物質。每天宜選用至少一份含維生素C量高的水果，如柑橘類、芭樂、番茄等，有助鐵質的吸收。
5. 減少利用精煉的油脂（沙拉油、任何植物油、人造奶油等）來攝取油脂，而鼓勵多從天然的食物，例如豆類、較好的核果及種子類（腰果、杏仁果、核桃、芝麻等）中攝取

多吃水果對素食者也是很重要的，可補充維生素C及礦物質

適量的油脂。

6. 純素食者可食用添加維生素B群（包括維生素B$_{12}$）的穀物食品、維生素B$_{12}$的豆奶、啤酒酵母或健素，或者按照醫師指示服用維生素B$_{12}$的補充劑。

7. 少吃高油脂及高糖份的食物，例如蛋糕、點心、冰淇淋、糖果及高糖分飲料等。除了油脂外，高糖分的攝取，不僅會獲得過多的熱量，同時還會轉變成脂肪儲存在體內。

素食的分類

　　為杜絕黑心食品氾濫、不肖業者攙雜葷食成分於素食食品中，政府將素食標示分為「全素」、「蛋素」、「奶素」、「奶蛋素」、「植物五辛素」五大類，訂定出規範罰責，強制規定標示清楚，告知消費者食品是否使用奶、蛋與五辛，讓民眾購買時，觀看食品包裝就能夠有所依循，以免素食者不慎誤食，或是有宗教信仰的人無辜破戒。

全素（或純素）	指不含奶、蛋，也不含植物五辛的純植物性食物
蛋素	含蛋成分的全素或純素製品
奶素	含奶成分的全素或純素製品
奶蛋素	含奶與蛋成分的全素或純素製品
植物五辛素	指使用植物性食物，但可含五辛（蔥、蒜、韭、薤菜、興蕖）或奶、蛋。

吃奶蛋素者可以食用乳製品及蛋類

學習蔬食料理的第一課Q&A

我想學著作素菜……

Q1 我需要準備哪些提味的佐料？

蔬食的烹飪方式不局限於任何形式，調味料可保持彈性互相替代，中式料理偏向調味料上的提味，而西式料理則以食材本身原味為主，重要是吃得營養、健康、美味，符合飲食標準。以下幾樣特殊的提味佐料，可參考作為常備使用：黑胡椒粒、白胡椒粒、八角、草果、花椒粒、白豆蔻、肉桂、丁香、迷迭香、檸檬葉、俄力岡（奧勒岡）、蘿

橄欖油是很好的油脂來源和調味佐料

勒菜、香椿、刺蔥、香茅、紅酒醋、金桔醬、東炎醬、辣醬油、樹子、金茸醬、鮮味露、紅麴醬、薑黃粉、納豆醬。

Q2 我該到哪裏購買烹調素菜所需的材料？

素菜裏有很多不同的食材，有時需至不同地點採購，有些業者腦筋動得快，幫大家統籌物資，可省下不少時間！常見的就是大型量販店和素料食品行，若有更特殊的食材，建議至以下地點詢購：

蔬果類：傳統市場、超市、量販店、產地農民。
乾貨類：南北貨或雜貨商行、產地農民。
豆類製品：市場攤販、豆腐店、代工工廠。
素料加工品：素料食品行、代工工廠、物流集資商行。
藥材料：中藥商行。
乳酪類：畜牧農場。

採購食材以新鮮、當令、當地的食材為優先

菇類、蒟蒻類、主食類：獨立個人商行。

異國食材：進口食品商行、量販店。

　　除了以上幾個採購地點，會更建議讀者，行遍萬里路，閱遍世間物，多到市場、各角落及產地挖掘新產物來研發，會讓您如獲至寶！

Q3 該怎麼搭配菜色，才能讓家人吃得健康、營養均衡？

　　為家人煮上一餐，也要顧及他們的營養和健康，因此作者在菜色搭配上會以「彩虹原則」來搭配，在視覺上繽紛多彩，營養攝取上也能多樣化、均衡地攝取各類元素。

　　一餐中最好含有豆類製品、全穀類、堅果類、膳食纖維等食材，才能補充茹素者所較缺乏的營養素，如要補充鐵、鈣，就得多攝取牛奶、植物性蛋白質、深綠色蔬菜。但含鐵、鈣的食物一起食用，人體是無法同時一起吸收的，他們會互相抑制、排斥。

以「彩虹原則」來搭配，不僅菜餚外觀好看，營養更加均衡

　　家裏若有長輩，喜歡吃軟綿的食物，有些食材是不能烹飪過度的，例如綠色蔬菜，煮熟了就會有「草酸」產生，「草酸」會阻礙人體營養素的吸收，但只要不過量，都能從體外排出，最擔憂的是煮得過度軟爛，產生「草酸鹼」，這是對人體有所危害的。

　　在好吃美味與營養之間，要做出適中的選擇，盡量以少鹽、少油、少糖為原則，少吃精緻食品或加工食品，還是天然的最好，選擇適合食物生長的節氣，以當季的時蔬、在地的產物為最佳！

Q4 料理素食和一般的烹調方式有什麼不一樣和需要注意的地方？

　　料理素食，一般來講，只要把葷的元素拿掉，就是素食。不再像以前還要製作素魚、素鴨、素鵝等材料，現今著重的是天然食材，在蔬果上加以變化巧思，所

以素食是手工步驟較為費工耗時的。

坊間提倡無油煙低碳料理廚房，少油炸，偏重於養生和健康，不過多的繁複手續，簡單的調味，以食物原貌呈現，反璞歸真，忠於自然。低溫烹調是最好的素食料理，但為了更多人能一起茹素，就得下功夫，在食材上加以變化，做口味上的研發，嘗試不同的烹調方式，來吸引更多人一起茹素。

料理素食上較常見的是做好的菜上有一股油耗味，令人反感，原因是使用回鍋油來炒菜，沒有做好油品的分類，長期之下對素食有了一種既定印象，素食就是有一種味道，讓人卻步。希望讀者看過之後，對蔬食能有更進一層、更正確的認識。

發揮巧思，為蔬食料理增添創意！

相信每次逛菜市場，總會有琳瑯滿目看不完的蔬菜，心裏就會打點著，要為家人或客人做出什麼樣的好料理！靈感來了，該怎麼表現創意呢？

建議您，先從瞭解「食材的特性」開始思考，當季的為佳，符合經濟成本和生態鏈。以「大白菜」舉例來說，它的特性是，烹飪的熟度不同，調理的手法也要跟著改變，您可以依據所期望的口感滋味，來變化熟度和烹調方式，分別說明如下：

一、清脆熟度，做涼拌與醃漬

處理方式：大白菜放入滾水中汆燙至軟化，撈出漂冷水，待冷卻後擠乾水分，去除大白菜的菁味並軟化，也可用鹽醃漬熟透軟化，再進行漂水、殺菁、去鹹味，將水分擠乾，涼拌或醃漬食用，爽脆可口！

二、完全熟度，做清炒、勾芡或燴

處理方式：大白菜放入鍋中炒至熟透，大白菜原有的鮮甜味釋放，此為完全熟透，而大白菜纖維組織中還帶有點脆度，口感是軟中帶脆，最適合做清炒或開陽類的勾芡。

三、軟爛熟度，做紅燒、清蒸或燜滷

處理方式：大白菜與湯汁或滷汁經小火慢燒，燜滷入味，或經過蒸，長時間烹煮，如此能創造軟爛熟透、入口即化的美妙滋味！

除了食材的特性外，還應該考慮以下幾點，為蔬食料理帶來種種變化：

一、變化刀工切割

讓食材展現出各式各樣的外觀。利用刀工上的變化，切成滾刀塊、長條狀、柳狀、細絲、片狀、丁、粒、末等等，創造多種形體。或者以不同的刀法來切出不同形貌，像是用十字刀法、蝴蝶刀法、橫剖刀法、拉鋸刀法等等。

二、變化烹飪手法

這裏指的是變化口味和烹調的方式，例如：活用紅燒、醬爆、糖醋、豆瓣、麻辣、咖哩、沙茶、五味等等口味，再選擇白灼、涼拌、掛糊炸、乾粉炸、烘烤、煎、蒸、燜、滷等等不同烹調方式，交互應用，發揮巧思，創造出種種新菜色！

良好的刀功可以讓食材充分發揮特性，整道菜餚更加協調完美

三、嘗試創新技法

將原貌食材以不同的技法，經烹調料理，創造出千變萬化的擺盤樣式，例如：堆疊、包覆、捲條、銜接、綑綁、圍繞、分子料理等手法，都應該大膽去嘗試！

再者，假設宴請的是知己好友或貴賓，在無成本考量的情況下，不妨挑選食材最優質的部位來入菜，舉凡大白菜內的芽白心，蘆筍的頭端、杏鮑菇的尾部……

新鮮菇類和乾燥菇類都是素食常用的食材

諸如此類。有些食材取得不易，或需大量收集切割才能有一定的分量，這般去蕪存菁，便能達到最優質的呈現。

綜合以上幾點，再加上延伸出來種種的想法，各位讀者請試著做做看，發揮您的巧思創意，一定會有更意想不到的收穫喔！

烹飪料理的注意原則

在處理各種不同的食材，及面對不一樣的料理手法，都有一定的訣竅，每個環節都不能馬虎，如此才能做出一道秀色可餐的美味佳餚。以下區分幾種加以說明：

油炸：油炸最忌食材含油過多、表面黏附渣屑、過度焦黑這三種情況。對不熟悉的食材，油炸時可先放入一塊來試試油溫，判斷油溫是否到達。切勿一次放入多量食材，會造成油鍋外溢，因為食材可能內含多量的水分或碳水化合物，並且會使油鍋瞬間降溫，讓食材破裂、軟爛，變成浸泡在油鍋裏。

勾芡：勾芡的作用在於能使菜餚保溫，且看起來更光亮，吃起更滑口。勾芡常用的粉以太白粉居多（太白粉也有優劣等級之分），再來是玉米粉及蓮藕粉。調製的粉水比例約為1比1，混合攪拌均勻。下粉水的時間須拿捏好，湯汁煮滾後，立即關小火，勿使鍋中的湯汁繼續冒小氣泡，再將粉水徐徐倒入，並且一邊攪拌，要均勻且慢速地攪拌，調到適當的濃稠度，待再次煮沸即可熄火，再加入香油。如此，具有保溫、明亮、晶瑩剔透效果的芡汁就完成了！

汆燙：指的是將冷水煮滾，把食材放入，快速燙熟後撈出。因食材的特性不同，汆燙的時間也不同，並依後續的處理料理方式，而決定汆燙熟成程度。以蔬食類而言，汆燙的用意在於去除青菜、菇類的青澀味和表面雜質，有助縮短炒製的時間，以及在製作羹湯類時，使湯底較為清澈。但切勿汆燙過久，讓食材本身的鮮甜度流失，因而吃不到食物原有的味道。

煎：指的是將鍋子加熱，放入少許油，把食材放入煎至兩面金黃色，具有外酥內軟的特色，利用瞬間高溫，將食材的甜度封鎖保留住，並煎至外觀定形酥脆。

蒸：蒸的火候及時間會影響成品的呈現和口感，要注意的有幾點：

1.加工或調味過的食材須防止滲進水分。

2.再製的食品，時間和火候須掌控好，中心點是否熟成，蒸過久的食材會有老化過爛及裂痕摺皺的現象。

滷：把爆香的辛香料爆出香味，以小火慢慢炒，至香味溢出，再將調味料一起加入炒香，續加入水分及香料粉，再把食材加進一起煮滾後，改轉小火，滷至食材入味熟透。調滷汁時，可先調到想要的滷汁顏色，再來試味道。另外要考量滷製的程度，要達到滷起來有琥珀鮮紅明亮的顏色，滷汁能附著在食材上。選擇

佐料上，可加入含有澱粉質的佐料，像是醬油膏、甜辣醬等類。食材本身若含有膠質，在長時間的滷製下，膠質釋放滲出，也能讓滷汁更加濃郁。

炒：依食材不同的特性、熟成的時間、刀工的大小，取決放食材入鍋的時機。在一道菜裏，有綠色元素的配料會最後再加入，才能保持清脆鮮豔。以順暢的流程，將食材加入一起炒香，續入佐料來提味，拌勻，再將水或高湯加入，達到均勻受熱、均勻的調味，若是太早加入水或高湯，則變成水煮菜，炒出來的菜就沒有香味！

依食材的特性不同而先後入鍋拌炒，才能使每樣食材都炒到恰到好處

豆類製品：在處理豆類加工品時，要注意豆製品非常容易沾黏，所以若是要煎、炸，建議可在食材表面抹上少許太白粉，減少沾黏，而且會更酥脆。如果接著要燒或滷，太白粉千萬不可沾得太厚，會使整個湯汁濃郁起來，又因為澱粉的關係，味道只能沾附在表面，無法輕易燒至入味。

另外，要製作湯品時，所加的豆類製品食材，例如麵丸、烤麩、皮絲等，須炸到食材中心也是酥硬的，才不會因為澱粉殘存過多，煮起來湯會混濁而帶白色，如此口感更會嚼勁Q彈，也不會軟爛或帶有生粉的味道。

豆類製品是素食者補充蛋白質的重要來源

認識蔬食特殊食材

黃茸

別名：葉銀耳（真菌植物）

產地：福建、四川、西藏等。

介紹：為真菌植物子實體，外觀不規則形狀，塊狀
整團為金黃色。
生長在紅梨楠木上，產量不多，比較珍貴，乾
製成塊狀，水發後像桂花，口感軟嫩，富含植物
性膠質。

功效：含有蛋白質、脂肪、碳水化合物、礦物質、維生素等營養成分。
可提高調節代謝機能、降血脂、降膽固醇。
屬性味甘，溫微寒，具化痰止咳、定喘、平肝膽的功效。可治療肺熱、痰多、感
冒咳嗽、氣喘等症狀。

處理方式：乾貨黃茸泡發，水量為黃茸的五倍，冷水浸泡四小時（不可用熱水或浸泡過
久，易泡過於爛），瀝乾水分，沖洗數次，並以剪刀挑除剪去雜質、蒂頭枯
木處。可分袋包裝適量，放進冷凍保存，要用時再拿出解凍。
可用於燉湯、紅燒、煨等烹調方式。
黃茸泡發後，可為乾貨五倍量多。

榆耳

別名：榆蘑（真菌植物）

產地：東北、山東、甘肅、日本北海道。

介紹：為真菌植物實體，質地膠質，型態似黑木耳，
為粉紅棕色，富有彈性，外觀呈半圓扇形，
耳狀，疊生在一起，口感嫩中帶脆，生長於
榆樹枯死的樹幹或伐椿上。

功效：有「森林食品之王」的美稱，富含蛋白質、胺基
酸，並含有多種維生素和微量元素，榆耳含有一定的天然藥性成分，能補益、和
中、固腎氣，用於補虛療痔、瀉痢等腸胃系統疾病。

處理方式：乾貨榆耳泡發，水量以榆耳的五倍，冷水浸泡四小時（不可用熱水或浸泡過
久，易泡過於爛）。
瀝乾水分，沖洗數次，並以剪刀挑除剪去雜質、蒂頭枯木處。可分袋包裝適
量，放進冷凍保存，要用時再拿出解凍。
可用於紅燒、清炒、涼拌等烹調方式。
榆耳發泡後，可為乾貨五倍量多。

羊肚耳

別名：珍珠菌、白菌（真菌植物）

產地：雲南

介紹：產於海拔4200公尺以上的少數地方。
生長在草叢裏，呈金黃色，曬乾即為白色，
每年只有八月中的幾天裏可以摘到，時過不見
蹤跡。白菌蓋小肉厚柄短，氣味清香。

功效：富有蛋白質、脂肪、碳水化合物、粗纖維，營養價值很高。
常食用有防癌之功效，抑制腫瘤生長，有利於抗衰老、護膚、延年益壽、美容
等。
同時由於白菌鐵、磷含量高，是理想的補血療養食品和能量代謝、增強肌膚抵抗
力的防病保健食品。

處理方式：乾貨羊肚耳發泡，水量以羊肚耳的五倍，冷水浸泡四小時（熱水一小時），
瀝乾水分，沖洗數次，去泥沙，並挑除雜質即可使用。
可用於爆炒、涼拌、煨、燉等烹調方式。
羊肚耳泡發後，可為乾貨五倍量多。

黃金蟲草

別名：蛹蟲草、中華蟲草（麥角菌目、麥角菌科）

產地：青海、西藏、四川、雲南。

介紹：冬蟲夏草菌寄生於高山草甸土中的蝙蛾幼
蟲，使幼蟲身體僵化，並在適宜的條件
下，夏季由僵蟲頭端抽出生長棒狀的子
座而形成，及冬蟲夏草菌的子實體與僵蟲
菌核（幼蟲屍體）構成的複合體，分為乾貨
品與生鮮品兩種。

功效：黃金蟲草，性味甘平，不燥不熱，四季皆宜的滋補保健食品，超高營養價值，富
含蛋白質、胺基酸、維生素，有「軟黃金」之稱。
現代醫學報告指出，具能精神安定、鎮靜、解熱、增強免疫機能、增強心肺功
能、促進新陳代謝、防止癡呆、抗癌等作用。

處理方式：乾貨品以冷水泡三至五分鐘，洗淨雜質，生鮮品為密封罐，含有菌絲體與子
實體，可直接食用。
烹調方式，可泡茶、浸酒、蒸蛋、精力蔬果、鮮蒸、沙拉、煲湯。

天貝

別名：丹貝、天培

介紹：一種發源於印尼的發酵食品。黃豆經發酵後之
蛋白質，除了含豐富的甲硫胺酸、丙氨酸，屬
完全蛋白，且很平衡，可作為某些缺乏賴氨酸等
蛋白質食物的補充食品，並為世界衛生組織認定是魚
肉的最佳代替品，為素食者良好的蛋白質來源。

功效：大豆經過酵解，富含維生素B_1、B_2、B_6、B_{12}，其中B_{12}的增長尤為引人注目，這是
茹素者、老年人腸道病變、缺少胃酸，特別是胃切除後病人的福音，更能防止三
高，增生好脂肪，降低膽固醇。
天貝激酶與納豆激酶具同樣效果，能有效溶解血栓。發酵後的天貝異黃酮有更強
的抗腫瘤活性，能抑制癌症腫瘤擴散增長。

處理方式：可直接食用，或以煎、炸、滷、燒等方式烹調。

台灣紅藜

別名：穀類紅寶石（藜亞科，藜屬台灣藜）

產地：台灣大武山、屏東山地門。

介紹：「台灣紅藜」與「藜麥」是不一樣的。台
灣藜同樣也是屬於藜屬的一種，但原生
於台灣的高山，是原住民耕種數百年的糧
食作物，因為其為紅色，所以被人們稱之紅
藜。「藜麥」則產於南美洲高地。它們分別屬於兩
地的原生種，兩者外觀、大小及顏色都不盡相同，單純只是因為進口的「藜麥」
剛好有紅色的次種，就被翻譯成「紅藜」。

功效：台灣紅藜與藜麥，含豐富的蛋白質，與人類所必需的八種胺基酸，營養價值遠超
過傳統蛋白質食物，像是豆類與肉類，且膳食纖維含量又比一般穀類更高。
「紅藜」是一種鹼性食物，可改善體內酸性體質的平衡。小麥及大米中，麩質含
量較高，有些人對麩質過敏，紅藜不含麩質，可供麩質過敏的人食用，紅藜亦富
含植物雌激素，對預防某些疾病，如乳腺癌、骨質疏鬆和一些婦科疾病，具有顯
著效果。

處理方式：用細篩網清洗兩三次，直到泡水產生的天然皂素泡逐漸消失（皂素吃起來有
苦味）。
可和白米一起蒸或煮熟，放涼後做為穀物類沙拉，或點綴添加在涼拌菜色
中，增加營養和口感。

鳳眼果

別名：蘋婆（屬錦葵科）

產地：台灣中部（原產印度、越南）

介紹：鳳眼果的花每年都三至四月開花，只有花萼，沒有花瓣，花萼為深裂瓣狀，通常五瓣，乳白色至淡紅色。

生長到七至八月間就會成熟了，果皮由青綠轉為鮮紅色，成熟時會先由尖端裂開，果莢內有種子三至五粒，呈不規則球形，深褐或黑色，富光澤有黏性，即是風味獨特的鳳眼果。

功效：鳳眼果富含維生素A，維生素A具有明目、輔助治療多種眼疾、增強免疫力、清除自由基、促進成長發育、保護胃及呼吸道黏膜的功能，營養價值很高，適宜夜盲症、容易長粉刺、癤瘡等皮膚病、肺氣腫、甲狀腺機能亢進症的人群食用。

鳳眼果的功效體現在可解毒、止嘔消噯、提高免疫力、補充能量、明目、和胃。

處理方式：將鳳眼果清洗乾淨，表面植物性黏液洗除，放入加有鹽巴的滾水中，小火煮十五分鐘，至鳳眼果外皮有裂痕，即可剝除外殼。

烹調方式可水煮、清蒸、烤、紅燒、蜜糖、燉湯、沙拉等。

猴頭菇

別名：有「素中葷」之稱

產地：內陸東北、大小興安嶺（台灣已有太空包栽植法）。

介紹：猴頭菇是我國著名的八大山珍之一，由於人工栽培獲得成功，才得以普惠於民間，成為一種大眾化美味食用菌。

猴頭菇形狀子實體圓而厚，菌蓋生有鬚刺，鬚刺向上，新鮮時白色，乾後由淺黃至淺褐色，基部狹窄或略有短柄，上部膨大，直徑三點五至十公分，遠遠望去似金絲猴頭，故稱「猴頭蘑」，是一種著名的食用菌，現今國內栽培方式以太空包栽培法居多。

功效：猴頭菇含有蛋白質、充裕的維生素A、核黃素、菸鹼酸、鈣、磷、鐵等礦物質和人體必備七種胺基酸。醫書記載有增強免疫力功能、抑瘤作用、抗潰瘍作用、降血糖作用、延緩衰老、保健大腦等。

處理方式：新鮮猴頭菇，烹調時須先汆燙過，再加以料理，可防止氧化變黑，及鹹度過重。

乾燥猴頭菇以五倍的水量泡發，須浸泡四小時，再剪去蒂頭和雜質。放入滾水中煮半小時，至苦澀味去除，撈出並放入流動水中，走水十分鐘，至水清澈透明。

可脫乾水分，拌入蛋液及調味，再經煎、炸後，加以紅燒、燉湯、清炒。

百合

別名：百合蒜、蒜腦薯（鱗莖植物）

產地：大陸、日本（台灣已有栽植技術）。

介紹：「百合」代表著百年好合之意，集藥用、食用及觀賞為一體，百合鱗莖，為營養儲藏器官，俗稱「種球」，含有澱粉、蛋白質、脂肪等物質，營養價值高。百合可分為乾百合和新鮮百合。乾百合顏色不能挑過於白的，有可能是硫磺漂白過的，在煮時或藥用上會有副作用，而且煮開來會帶酸味。應挑選質硬而脆的，摺斷後的斷面應該有角質樣，比較光滑，葉片應無黑色斑點。新鮮百合挑選應注意顏色潔白有光澤，無明顯斑痕，鱗片肥厚飽滿，無爛斑、傷斑、蟲斑，黃銹斑，聞起來有淡淡的味道，嚐起來有點苦。

功效：百合具有寧心安神的作用，能清心、去除煩躁，並具防癌抗癌等功效，百合富含多種生物鹼，對白細胞減少症有很好的預防效果，並能提高血細胞，對化療及放射性治療後細胞減少症有不錯的治療效果。

處理方式：乾百合建議先浸泡水三十分鐘，洗淨後再做烹調，通常乾百合以煮甜湯、燉粥、燉湯居多。

新鮮百合去除兩端蒂瓣，剝開成葉片狀，汆燙過後，可料理方式為沙拉、清炒、燴、羹或清蒸皆宜。

銀杏

別名：百果

產地：原產大陸、日本、台灣南投

介紹：銀杏樹的種子。

呈橢圓形，一端稍尖，另端鈍，寬一至二公分，厚約一公分，表面黃白色或淡棕黃色，平滑具二至三條稜線，外殼骨質堅硬，內種皮膜質，種仁寬卵球形或橢圓形，淡黃色，為白粉狀蠟質；外種皮肉質，有白粉，有臭氣，熟時呈黃色，內種質灰白色，胚乳豐富。

功效：百果能斂肺止喘、止帶濁、縮小便。用於痰多喘咳、帶下白濁、遺尿尿頻。

處理方式：半成品的百果，例如罐頭裝的或真空包，只須拆開，燙過水即可直接料理。

百果加入任何料理中使用均可。

乾貨品需先洗淨，加水淹過一起蒸三十分鐘，再進行烹調，會帶有點酸味（當中藥居多）。

帶殼銀杏，可以烘烤方式，至熟去潮濕，以一百二十度溫度，烤二十分鐘即可。

蔬食常用製品製作

素高湯

食材

玉米骨	300克
白蘿蔔	600克
高麗菜	300克
香菇頭	50克

其他材料

芹菜	50克
老薑	30克
水	2500 cc

做法

1 取湯桶注入2500 cc水。

2 所有食材洗淨瀝乾。

3 高麗菜剝開成大片狀,老薑拍扁,白蘿蔔切成小塊狀。

4 所有食材放入湯桶內,大火煮開,轉小火煮一小時,即成鮮美清甜的高湯。

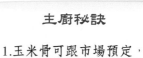

主廚秘訣

1. 玉米骨可跟市場預定,不用花費。
2. 煮高湯時,記得小火熬煮,湯頭才會清澈,並可蓋鍋蓋。

【用途】

可做為炒菜時代替味精使用(若為乾炒類可添加糖替代)。

蟹黃

食材

紅蘿蔔	400克
金針菇	30克
美白菇	30克
鮑魚菇	30克

其他材料

芹菜	5克
嫩薑	3克
水	500cc
橄欖油	100cc

 做法

1 紅蘿蔔、鮑魚菇切片,金針菇、美白菇切小段,芹菜、嫩薑切末備用。

2 鍋中入橄欖油,依序炒香薑末、芹菜末、鮑魚菇、美白菇、金針菇,乾炒至菇類微乾。加入紅蘿蔔,炒至胡蘿蔔素釋出。

主廚秘訣

紅蘿蔔應挑選顏色較深者為佳。

用途

烹調羹類、燴煮類時常用到。

3 加水500 cc,小火熬煮10分鐘,呈現鮮紅色即可熄火放涼。

4 倒入調理機內打成泥狀即完成。

辛香油

材料

食材
芹菜	150克
香菜	150克
老薑	150克
紅辣椒	70克
八角	6粒
紅蘿蔔	300克

其他材料
沙拉油	1500 cc

做法

1 鍋中入沙拉油，將油溫加熱至150度，油鍋呈現微波紋，放入所有的食材。

2 油炸10分鐘，至所有食材呈現金黃微乾，即可熄火。

主廚秘訣

紅蘿蔔、老薑切小塊，可較易逼出食材的鮮甜。油炸時油溫不可過高，以免焦苦。

3 用濾網過濾出辛香油，放涼後裝入滴油瓶內，方便使用，即完成辛香油製作。

【用途】

可用於食材上的提味，代替香油，更增風味。

素肉燥

食材

車輪（乾）	100克
香菇頭（乾）	30克
素火腿	50克

其他材料

沙拉油	5大匙
香油	5大匙
老薑	15克
水	600 cc

調味料

醬油	8大匙
冰糖	4大匙
香椿醬	2大匙
白胡椒粉	1茶匙
八角	3粒
五香粉	1/2茶匙

主廚秘訣

不可炒過頭跑出焦苦味，須耐心小火慢熬。

做法

【用途】

拌飯、拌麵或炒米粉，以及麻婆豆腐、魚香茄子等，都可添加使用。

1 車輪泡水5小時，香菇頭泡水半小時，至發脹變軟，分別洗淨瀝乾水分。

2 車輪、香菇頭、素火腿、老薑切成細粒。

3 鍋中入5大匙沙拉油，放入車輪，以小火炒約10分鐘，呈現酥脆，即可撈出備用。

4 另一鍋內入5大匙香油，先爆香薑末，再放入香菇粒炒香至香味飄出，再加入火腿粒、車輪一同拌炒均勻。

5 加入所有調味料共同炒勻，加水600 cc，小火煮20分鐘，至湯汁濃稠即可。

XO醬

材料

食材

杏鮑菇	150克
茭白筍	80克
素羊肉	80克
椰子仁	80克
金針菇	80克

其他材料

嫩薑	10克
紅辣椒	30克
熟白芝麻	5克
八角	2粒
花椒粒	5克
花生油	800cc

調味料

辣椒油	4大匙
辣醬油	4大匙
素沙茶醬	1大匙
鮮味露	4大匙
細砂糖	2大匙
白胡椒粉	1茶匙

做法

1 杏鮑菇、茭白筍、素羊肉、椰子仁、嫩薑切成長2公分、細0.2公分的絲狀。金針菇切掉底部，切2公分小段，辣椒切末。

2 鍋中入花生油，以180度油溫，分別將杏鮑菇、茭白筍、素羊肉、椰子仁炸至金黃色備用。

3 取5大匙炸過食材的花生油，爆香八角、花椒粒，至香味飄出，即可撈除八角、花椒粒，放入薑絲爆香至金黃色，加辣椒末、金針菇炒勻，再加所有調味料共同炒香，最後放進杏鮑菇、茭白筍、素羊肉、椰子仁拌勻。

4 把油炸過的油（溫度120度）倒入做法3中，攪拌均勻，熄火。待溫度下降，約60度左右，灑上熟白芝麻拌均勻即可。

主廚秘訣

1. 待溫度冷卻變回常溫，可裝入密封瓶內保存使用，以半個月內為佳，冰於冷藏可存放2個月。另一種方式是趁熱裝入玻璃瓶內，鎖緊倒扣再回正，隔絕空氣真空保存。

【用途】

拌飯、麵、青菜，或熱炒淋芡汁等均可使用。

咖哩醬

材料

食材

印度綠咖哩粉	300克
臺灣綠咖哩粉	300克
椰奶粉	200克
無鹽奶油塊	600克

做法

1 兩種綠咖哩粉和椰奶粉混合，攪拌均勻備用。

2 無鹽奶油塊放進鍋中，以小火加熱，一邊攪拌，融化成液態狀。

3 攪拌好的三種粉倒入奶油中，小火拌炒約15分鐘，直至呈糊泥狀。

4 15分鐘後，咖哩香味溢出，即完成。

主廚秘訣

不能急，須小火慢煮，才能煮出咖哩香。若使用頻繁，放常溫保存即可。較少用時可放入冰箱冷藏，但會結成固體狀，使用前需先在常溫下融化。

【用途】

用於燴、煮、炒、拌餡、煮湯均可，再加以調味。

29

焗烤粉

食材

中筋麵粉	600克
無鹽奶油塊	150克
月桂葉	6片

做法

1 無鹽奶油放進烤箱，以80度烤8分鐘，使其融化成液態取出。

2 融化的奶油和中筋麵粉、月桂葉放入鋼盆內攪拌均勻，要壓成粉末狀，勿結顆粒。

3 烤盤鋪上烤盤紙，攪和好的麵粉倒入攤平，放入烤箱，以120度烤10分鐘。

4 烤好取出，翻拌均勻，將烤盤轉向再入烤箱烤10分鐘，待冷後，裝入容器內，隨時備用。

主廚秘訣

1. 麵粉和奶油的多寡可隨個人喜好調整，奶油添加得多，香味較濃，油質較多，相反地，奶油加得少，則香味隨著變淡。
2. 攪拌奶油與麵粉時，須注意粉水攪拌均勻，不能有顆粒。
3. 焗烤粉加水，放入調理機打勻，即是焗烤醬，也是白醬的一種。

【用途】

用於焗烤的收汁芶芡或濃湯皆可。為義大利麵和焗烤用的白醬麵粉。

豆腦

材料

食材

生剖半花生	120克
馬蹄粉	60克
在來米粉	40克
糯米粉	40克

其他材料

水	2000cc

做法

1 馬蹄粉、在來粉、糯米粉混合在一起，加水300 cc，調成粉漿備用。

2 再取水300cc，與剖半花生一起加入調理機打勻，至無顆粒，倒進另一鍋水（1400cc）中。

主廚秘訣

沖粉漿水的時候，溫度要夠高，攪拌速度須快，才易糊化成形。

【用途】

可加入羹裡作為主食，或直接沾醬汁食用。

3 小火慢慢將花生漿煮滾，邊煮邊攪拌，以免沉澱焦化。煮滾後，用紗布或濾網，過濾至另一鍋子內，濾掉花生渣，擠乾水分。

4 過濾後的花生漿再次煮滾，把做法1的粉漿水徐徐置入，轉小火，以打蛋器快速攪拌成濃稠狀糊化。

5 將糊化的粉漿倒進抹好油的容器中，放入蒸籠以大火蒸30分鐘即完成。

冷菜類

洛神漬福瓜

4~6 人份

這道菜非常適合在炎熱的天氣裏吃，酸酸甜甜的，又帶點苦瓜的甘，不敢吃苦瓜的人，絕對要嘗試一下，非常開胃！以有「紅寶石」之稱的洛神花來醃漬入味，可調節血液，讓您吃得健康又養生！

材料

食材		醬汁材料	
洛神蜜餞	100克	細砂糖	4大匙
白苦瓜	600克	麥芽糖	2大匙
		水	300cc
		裝飾	
		洋香菜	1克
		水蜜桃	60克

製作步驟

醃漬洛神

1 洛神蜜餞拌入細砂糖，醃漬一天以上入味。

苦瓜切塊

2 苦瓜剖對半，去籽並將內膜刮乾淨，切成菱形塊。

汆燙苦瓜

3 燒一鍋熱水，水滾後放入苦瓜汆燙2分鐘，呈現八分熟，撈出瀝乾備用。

煮醬汁

4 取300cc水入鍋，加入醃漬好的洛神蜜餞和麥芽糖一同煮開。

醃漬苦瓜

5 將苦瓜加入醬汁中，再煮開後即可熄火，盛出放涼，放入冰箱冷藏兩天讓苦瓜入味。

完成

6 將苦瓜及洛神蜜餞盛出擺入盤內，以洋香菜、水蜜桃點綴完成。

百香馬蹄果

4~6 人份

馬蹄是荸薺的別稱，醃好後好像一顆顆金元寶，看起來就非常討喜！百香果醬我們可以自己熬煮，吃得更安心，除了用來泡漬馬蹄，亦可嘗試各種蔬果，例如青木瓜、豆薯、冬瓜，按照此做法即可。

材料

食材

去皮馬蹄	200克
百香果醬	100克

醬汁材料

水	400cc
A 細砂糖	60克
工研醋	60cc
鹽	2克

裝飾

小黃瓜	6片
小番茄	3粒
青豆仁	6顆

主廚秘訣

1. 容器須擦乾淨,不宜有生水,以免縮短存放期限。
2. 馬蹄本身含有澱粉,若未燙熟或泡漬的時間不夠,食用時會有粉末口感。

製作步驟

┌→挑選

1 馬蹄挑大小適中者。

┌→煮馬蹄

2 鍋內放1,000cc的水和馬蹄,煮滾轉小火,煮8分鐘至熟,撈出備用。

┌→煮醬汁

3 另外一鍋內加水400cc,煮開熄火,加入百香果醬及醬汁材料A,攪拌至融合均勻。

┌→醃漬馬蹄

4 將醬汁舀入裝馬蹄的容器內,一同泡漬。

5 待冷卻後裝罐密封,放入冰箱冷藏,泡漬48小時。

┌→完成

6 將馬蹄取出盛盤,以小黃瓜、小番茄及青豆仁裝飾即完成。

油醋野菇菌

4~6 人份

讓您一次滿足多種菇類的攝取，營養均衡，輕食又養生！食用好油，以冷壓初榨橄欖油調製，對人體與預防疾病有特殊的價值，食用好醋，功效好處更不勝枚舉！

材料

食材		辛香油		調味料		裝飾	
柳松菇	30克	嫩薑	10克	水果醋	100cc	蘿勒葉	3葉
秀珍菇	120克	花椒粒	2克	細砂糖	1大匙		
鮮香菇	30克	橄欖油	30cc	鹽	1/2小匙		
黃金松茸	30克			白胡椒粉	1/4小匙		
紅甜椒	1/4顆						
黃甜椒	1/4顆						

製作步驟

➤ 食材切絲

1 鮮香菇去蒂頭切絲，紅、黃甜椒切絲，嫩薑切絲，其他菇類撕成絲。

➤ 汆燙

2 鍋中加水煮滾，將菇類及甜椒放入滾水中汆燙3分鐘至熟，撈出漂涼，冷卻後擠乾水分備用。

➤ 製作辛香油

3 炒鍋中放入橄欖油，小火加熱至油溫100度，放入嫩薑絲、花椒粒爆香，至香味溢出，即可熄火，撈除薑絲及花椒粒，過濾出橄欖油，倒入碗中放涼備用。

➤ 製作醬汁

4 全部的調味料與做好的辛香油放入一容器內混合拌均勻。

➤ 醃漬食材

5 將做好的醬汁倒入擠乾水分的菇類及甜椒內。

6 將做好的油醋野菇菌裝入密封容器內，放入冰箱冷藏，浸泡24小時以上。

➤ 完成

7 將成品取出盛盤，放上蘿勒葉裝飾即完成。

黃金脆泡菜

4~6 人份

色澤誘人的黃金泡菜,是一道很棒的開胃菜!匯聚了酸、甜、鹹、辣等滋味,及豆腐乳、芝麻的香氣,與天然的蔬果香,令人垂涎三尺!還可以廣泛運用到其他的料理中,是一道必學的冷菜。

材料

食材
台灣大白菜	600克
紅蘿蔔	80克
紅辣椒	10克
嫩薑	5克
熟白芝麻	3克

其他材料
洋香芹(裝飾用)	少許
鹽(軟化白菜用)	30克

調味料
細砂糖	80克
工研醋	70克
香油	50克
辣油	10克
豆腐乳	50克

製作步驟

→ 處理白菜

1 大白菜去蒂頭、去心，切成小片狀，灑上鹽巴拌均勻，醃漬半小時，中途須翻動，至大白菜軟化。

→ 漂洗白菜

2 大白菜以RO逆滲透水漂洗乾淨至無鹹味，擠乾水份備用。

主廚秘訣

1.大白菜梗的部位切較小片，葉片部位切為梗部三倍大，醃漬後才會大小一致，口感也較緩和。

→ 食材切片

3 紅蘿蔔、紅辣椒、嫩薑切片。

→ 製作醬汁

4 先將熟白芝麻、全部的調味料放入調理機中打勻，再放進紅蘿蔔、紅辣椒、嫩薑，一起打成泥狀備用。

→ 醃漬白菜

5 取一乾淨容器，放入大白菜，徐徐加入打好的醬汁，一邊翻動，使醬汁分布均勻。

6 將泡菜壓緊實，用保鮮膜將容器密封，放常溫6小時，再移置冰箱冷藏醃漬兩天。

→ 完成

7 取出泡菜盛盤，以洋香芹裝飾即完成。

青花鮮蔬凍

4~6 人份

五顏六色的蔬菜凍，符合了茹素者需攝取的五色蔬菜營養元素，絕對能滿足您！以植物性膠質凝固成凍，冰涼後更好吃，而且低熱量，能當點心食用。

材料

食材		高湯材料		五味醬食材		五味醬調味料	
青花菜	150克	水	600cc	嫩薑	10克	烏醋	1小匙
新鮮蓮子	15粒	鹽	1/2小匙	芹菜	10克	番茄醬	4大匙
玉米筍	6支	細砂糖	1小匙	香菜	10克	工研醋	2大匙
鮮香菇	5朵			紅辣椒	1條	醬油膏	1大匙
紅蘿蔔	50克					辣椒醬	1小匙
吉利T粉	20克					細砂糖	2大匙
						香油	1大匙

製作步驟

┌ 食材處理

1 青花菜切小朵，玉米筍、鮮香菇、紅蘿蔔切丁狀。

2 將蓮子放入滾水中汆燙5分鐘後撈出。

3 將玉米筍、鮮香菇、紅蘿蔔及青花菜放入滾水中汆燙1分鐘撈出。

4 鍋中加水600cc，將汆燙好的食材全部放入，小火煮7分鐘至熟，撈出瀝乾，倒入托盤內攤平（煮食材的水留著當高湯使用）。

┌ 製作蔬菜凍

5 取50cc高湯，待冷卻後加入吉利T粉中，攪拌均勻。

6 鍋中加450cc高湯，以鹽、細砂糖調味，倒入吉利T水，以小火邊煮邊攪拌。

7 煮沸後立即熄火，用網篩過濾，倒進放好食材的托盤中，靜置放涼後，托盤移至冰箱冷藏存放，等待凝固成形（約4小時）。

┌ 製作五味醬

8 五味醬的食材切末，與五味醬調味料一起拌勻備用。

┌ 完成

9 取出凝固的青花鮮蔬凍倒扣於砧板上，切成大小適中形狀，排入盤內，附上五味醬一起食用即可。

43

煙燻素鴨若

4~6 人份

以麵腸來仿做葷食鴨肉，其用意是度化更多眾生茹素，而不是茹素者心裏還掛念著
葷食的形體和口慾。豆類製品富含植物性蛋白質，但也不可食用過多，容易造成尿
酸過高而痛風。以煙燻的方式，再加以切片拌製，更增添麵腸的價值。

食材		煙燻材料		調味料		其他	
麵腸	6條	麵粉	5大匙	椒鹽粉	1大匙	炸油	300cc
碧玉筍	3支	二砂糖	5大匙	香油	1大匙		
		花椒粒	1克	素蠔油	1大匙		
		茶葉	1克	薑泥	10克		

⌐► 醃漬麵腸

1 麵腸對剖切開不切斷，在麵腸內面劃上數刀。

2 麵腸表面均勻抹上一層薄薄的椒鹽粉，醃漬2小時。

⌐► 油炸

3 起油鍋，將麵腸以中火180度油溫炸至淡黃色備用。

4 碧玉筍切斜片，高溫過油，炸至青脆備用。

⌐► 醃燻麵腸

5 鋁箔紙摺成方形容器放在鍋子底部，依序置入麵粉、二砂糖、花椒粒、茶葉。

6 上方架上蒸架（用蒸籠亦可），放入麵腸，開中火至冒煙，蓋上鍋蓋，轉小火，燻約6分鐘，至麵腸呈茶褐色。

7 開鍋蓋，取出麵腸，在麵腸表面抹上香油。

⌐► 完成

8 將燻好的麵腸切成長條，與碧玉筍、素蠔油、薑泥一起拌勻，即可盛盤食用。

主廚秘訣

1. 煙燻時火候須掌控好，以免煙燻過頭，苦掉就不好了。

味噌三色茄

豐富鮮豔的配色，花點心思，多個手工，茄子也能呈現不一樣的感覺。淋上味噌沙拉醬，好吃得讓您無法抗拒！請細心品嚐鹹、甜、豆香味融合在一起的絕配美味，此醬汁可用於搭配其他食材，像是筊白筍、杏鮑菇、木耳等。

食材	
紫茄	2條
小黃瓜	30克
紅蘿蔔	30克
山藥	30克
日本味噌	50克

汆燙茄子	
工研醋	20cc
調味料	
沙拉醬	100克
味醂	10cc

製作步驟

食材切割

1 小黃瓜、紅蘿蔔、山藥均切為長2.5公分，寬1公分，厚0.2公分片。

2 茄子切為3公分長段，剖對半不斷。

汆燙

3 鍋中燒水煮開，將紅蘿蔔片入滾水中燙熟，撈出泡入冰水中。

4 滾水中加入工研醋，放入茄子，汆燙三分鐘至熟透，撈出立即泡入冰水中。

5 待紅蘿蔔與茄子冷卻，均撈起瀝乾備用。

組合

6 將茄子攤開，中間夾入小黃瓜片、山藥片、紅蘿蔔片，夾緊合起，擺入盤中。

完成

7 將日本味噌、沙拉醬、味酥放於一容器內攪拌均勻，再裝進塑膠袋裏，在袋角剪一小孔，將沙拉醬擠在茄子上即完成。

烏梅漬聖女

4~6 人份

小番茄夾蜜餞這道小吃美食，相信大部分讀者應該不陌生，烏梅漬聖女就是由此聯想而來！做法上有非常多種，西式的會泡漬紅酒，日式的會加進味醂，台式的會加入話梅。本食譜融會各家做法，統整出好吃、不複雜、容易上手的做法給讀者！

材料

食材
聖女小番茄	300克
烏梅醬	100克

醬汁材料
滾水	300cc
二砂糖	30克
甘草	2片
檸檬汁	10cc

裝飾
薄荷葉	1片
柳丁皮屑	少許

→處理小番茄

1 小番茄去蒂頭洗乾淨，在其中一端用刀畫上十字紋路。

3 汆燙好的小番茄立即撈出，泡入冰水中降溫。

→製作醬汁

5 取滾水300cc，加入烏梅醬、二砂糖、甘草，調拌至融合。

→醃漬小番茄

7 將醬汁倒入裝小番茄的容器中，然後裝入密封容器內浸泡，放入冰箱冷藏兩天。

→汆燙剝皮

2 鍋中加水煮開，放入小番茄，汆燙30秒。

4 小番茄剝皮後瀝乾水分備用。

6 待醬汁冷卻，加入檸檬汁拌勻。

→完成

8 取出盛盤，以薄荷葉和柳丁皮屑裝飾即完成。

主廚秘訣

1. 小番茄先畫上十字紋路再進行汆燙，可易於去皮。
2. 密封容器中不可有生水，以免影響保存期限。

柳丁皮屑的切法

1. 用刀先將柳丁表面部分慢慢切下來。

2. 再將切下來的柳丁表皮切碎即可。

煲羹類

蟹黃豆腐腦

4~6 人份

胡蘿蔔製成的素蟹黃，經過嫩薑末的焗香提味，特別香甜，搭配絲瓜及豆腐腦一起
食用，堪稱絕配，清爽不油膩，老少咸宜的一道菜！

食材

素蟹黃	3大匙
（參考第25頁做法）	
豆腦	1顆
（參考第31頁做法）	
絲瓜	120克
珍珠菇	30克

其他材料

嫩薑	5克
油	1茶匙
水	1大匙
高湯	250cc
（參考第24頁做法）	
太白粉水	1茶匙
（太白粉與水各1/2 茶匙調勻）	

調味料

鹽	1/4茶匙
細砂糖	1/4茶匙
白胡椒粉	1/8茶匙

裝飾

枸杞	數粒

製作步驟

↱ 食材切割

1 嫩薑切絲,珍珠菇洗淨瀝乾。

2 絲瓜切0.2公分薄片。

↱ 蒸豆腦

3 豆腦蒸15分鐘,倒扣於成品盤內。

↱ 炒絲瓜

4 鍋中入1茶匙油,爆香薑絲後,再加入1大匙水和絲瓜片,燒至絲瓜變軟,盛起。

5 將絲瓜排在豆腦上。

↱ 煮蟹黃芡汁

6 鍋中入高湯250cc,加入素蟹黃、珍珠菇、全部的調味料一同煮開,再加入太白粉水1茶匙勾芡。

↱ 完成

7 做好的蟹黃芡汁淋在絲瓜及豆腦上。

8 再以枸杞裝飾即完成。

主廚秘訣

1.高湯和蟹黃的比例須恰當,煮出來的蟹黃芡汁才會好看。

咖哩香茅鍋

4~6 人份

咖哩味非常濃郁,料理的香味帶點南洋風,以時蔬原有的鮮甜來提高湯頭的甜味,既開胃又好吃!

材料

食材		檸檬香茅水		咖哩醬汁	
蓮藕	80克	水	1000cc	椰漿	3大匙
芋頭	80克	檸檬葉	6片	鹽	1茶匙
紅蘿蔔	40克	香茅(拍扁)	2支	細砂糖	1茶匙
小冬菇	6朵			白胡椒粉	1/4茶匙
高麗菜	50克			素咖哩醬	4大匙
長豆	20克			(參考第29頁做法)	
白花菜	50克			鮮奶油	1茶匙

A 標示於檸檬香茅水欄位旁

製作步驟

➜ 食材切割

1 小冬菇泡水1小時至軟，剪去蒂頭。

2 蓮藕、芋頭、紅蘿蔔去皮切塊狀。

3 長豆切為3公分段，白花菜修成小朵，高麗菜切片。

➜ 煮檸檬香茅水

4 鍋中加水1000cc，放入檸檬葉、拍扁的香茅，小火熬煮10分鐘至香味溢出。

➜ 蒸食材

5 蓮藕、芋頭、紅蘿蔔塊放入蒸籠，蒸8分鐘至八分熟。

➜ 熬煮

6 蒸好的蓮藕、芋頭、紅蘿蔔塊及小冬菇、高麗菜加入檸檬香茅水的鍋中煮滾。

7 再放入咖哩醬汁材料A、長豆、白花菜，共同煮10分鐘，至湯汁濃郁。

➜ 完成

8 最後加進鮮奶油。

9 將成品起鍋盛入預熱好的砂鍋中即完成。

泰式東炎煲

4~6 人份

飄散著南洋氣味的湯頭，帶點微酸、鹹、辣，用食材來提高湯頭的鮮味，越煮越出味，喝湯或配飯都非常適合！

食材		湯底		調味料	
牛番茄	1顆	高湯	800cc	東炎醬	2大匙
筊白筍	80克	（參考第24頁做法）		素沙茶醬	1茶匙
秀珍菇	60克	檸檬葉	6片	鹽	1/4茶匙
金針菇	30克	香茅	1支	細砂糖	1/4茶匙
豆皮圈	30克	南薑	1塊	白胡椒粉	1/8茶匙
蒟蒻小丸	60克				
秋葵	30克				

製作步驟

┌→ 食材切割

1 牛番茄切塊，筊白筍去殼切為滾刀塊。

2 秋葵去蒂頭，斜切對半，其餘食材洗淨備用。

┌→ 煮湯底

3 鍋中加高湯800cc，放入檸檬葉、香茅、南薑，一起小火煮20分鐘，至香味溢出。

┌→ 熬煮

4 依序將牛番茄、筊白筍、秀珍菇、金針菇、豆皮圈、蒟蒻小丸放入湯底中，熬煮10分鐘。

5 加入所有調味料調味。

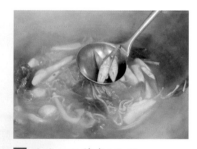

6 再放入秋葵煮2分鐘。

┌→ 完成

7 將成品盛入鍋內即完成。

主廚秘訣

1. 檸檬葉和南薑選用新鮮的或乾燥的都可以。
2. 白胡椒粉在添加前可先用少許水攪拌均勻，較不易結成塊狀。

豆漿美白鍋

4~6 人份

香濃的豆香味，鹹豆漿也能如此美味好喝！用榨菜和蔬菜來提香，可一次攝取豐富的蛋白質和多種維生素，美味又營養！

材料

食材

A	玉米筍	60克
	鴻喜菇	30克
	南瓜	100克
	絲瓜	80克

B	凍豆腐	150克
	牛番茄	1顆
	青花菜	30克
	無糖豆漿	600cc
	榨菜	5克

其他材料

油	1大匙
高湯	200cc

（參考第24頁做法）

調味料

素蠔油	1大匙
鹽	1茶匙
細砂糖	1/2茶匙

製作步驟

食材切割

1 凍豆腐撕成不規則塊狀，玉米筍斜切對半，南瓜、絲瓜切0.5公分片。

2 牛番茄切塊，青花菜修成小朵，榨菜切小粒。

主廚秘訣

1. 凍豆腐不宜太早加，免得煮爛。
2. 牛番茄的酸度會使豆漿蛋白質分離，也不宜太早放。
3. 青花菜則是後放才能保持鮮綠。

煮湯底

3 鍋中放入1大匙油，炒香榨菜粒，續入素蠔油炒香。

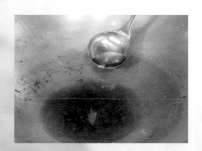

4 加入高湯200cc煮滾。

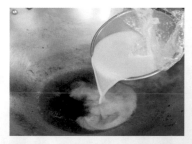

5 再加入無糖豆漿，邊煮邊攪拌，以小火煮滾。

熬煮

6 鍋內放入切好的食材A，小火煮10分鐘。

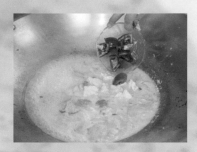

7 再加入切好的食材B，再次煮滾即可熄火。

完成

8 以鹽、細砂糖調味，盛入鍋中即完成。

沙茶塔香菇

4~6 人份

一個簡單的加工就把香菇做成狀似腰花的「素腰花」，它的調味十分下飯，配色豐富，口感也多層次，無論視覺或味覺都給予了滿足。

材料

食材		其他材料		調味料	
鮮香菇	300克	太白粉	60克	A 醬油	1大匙
鳳眼果	10顆	炸油	500cc	細砂糖	1大匙
（參考第22頁介紹）		油	1茶匙	素沙茶醬	1茶匙
紅蘿蔔	30克	嫩薑	5克	辣椒醬	1/2茶匙
甜豆	30克	紅辣椒	1條	太白粉水	1茶匙
		九層塔	10克	（太白粉及水各1/2茶匙拌勻）	
		高湯	200cc	烏醋	1大匙
		（參考第24頁做法）			

製作步驟

製作素腰花

1 鮮香菇剪去蒂頭，放入滾水中燙熟，撈出沖冷水漂涼，擠乾水分。

2 香菇內面切十字花刀不斷，均勻沾上太白粉，以牙籤捲起固定。

3 鍋中放油加熱至180度，放入香菇炸至表面呈金黃色，撈起抽出牙籤備用，即為素腰花。

處理食材

4 鳳眼果去殼，紅蘿蔔修成梅花片，一同放入滾水中燙熟備用。

5 紅辣椒、嫩薑切為菱形片。

爆香

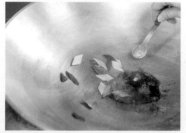

6 鍋中入1茶匙油，爆香薑片、辣椒片至香味溢出。再加入調味料A，共同炒香。

熬煮

7 加入高湯200cc，放入素腰花、鳳眼果、紅蘿蔔，小火燒3分鐘入味。

8 再放入甜豆，拌炒均勻，然後以太白粉水勾芡收汁，再放入九層塔。

完成

9 起鍋前淋上烏醋，盛入預熱好的煲鍋內即完成。

川蜀麻辣鍋

4~6 人份

麻而不會過辣,害怕吃辣的人一定要嘗試,中藥的比例適中,熬出來的湯底,有中藥味但不會過重,香味四溢,讓人垂涎三尺,飄香過千里!

材料

食材

高麗菜	200克
金針菇	80克
秀珍菇	80克
板豆腐	100克
豆皮圈	30克
蒟蒻小丸	30克
素米血	50克
素洋若	50克

其他材料

香油	3大匙
老薑	30克
高湯	2000cc
辣油	1茶匙

調味料

辣椒醬	1大匙
紅豆瓣醬	1大匙
冰糖	1大匙
素蠔油	1大匙
素沙茶醬	1茶匙
香椿醬	1/4茶匙

藥包材料

大紅袍乾辣椒	2錢	
花椒粒	2錢	A（須爆香）
八角	2粒	
草菓 2粒（拍破）		
白胡椒粒	2錢	
桂皮	1錢	
陳皮	0.2錢	B
丁香	0.2錢	
白豆蔻	0.2錢	

主廚秘訣

1. 麻辣湯底可事先調製好，再加入食材熬煮，較方便，口味也不會落差太多。
2. 素米血含有澱粉質，煮時須攪拌，以免黏鍋底。

製作步驟

┌→ 製作藥包

1 鍋中入香油3大匙，爆香老薑至金黃色。

2 加進藥包材料A一同爆香。爆香好的材料撈出，連同藥包材料B一起裝入棉布袋中綁好，成為藥包。

┌→ 煮麻辣湯底

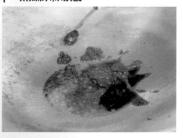

3 鍋中加入全部的調味料，共同炒出香味。

4 加入高湯2000cc，放進藥包，小火煮30分鐘。

┌→ 熬煮

5 將所有的食材加入步驟4的湯底中，小火再煮20分鐘。

┌→ 完成

6 起鍋前淋上辣油，盛至煲鍋中即完成。

素蚵仔麵線

4~6 人份

麵線的粗細口感適中，麵糊勾芡得宜，吃起來順口滑嘴，烏醋酸香，菜酥及芹菜作點綴，也是此道菜的靈魂來源，一定要加！

材料

食材		其他材料		調味料		
草菇	80克	地瓜粉	2大匙	**醃草菇用**		
綠竹筍	30克	油（煎草菇）	3大匙	A 鹽	1/4茶匙	
黑木耳	20克	油（炒香菇）	1大匙	細砂糖	1/4茶匙	
紅蘿蔔	20克	水	100cc	白胡椒粉	1/4茶匙	
素羊肉	20克	高湯	500cc	**麵線糊調味用**		
香菇絲（乾）	5克	（參考第24頁做法）		B 鹽	1茶匙	
紅麵線	120克	太白粉水	2大匙	細砂糖	1茶匙	
		（太白粉及水各1大匙調勻）		白胡椒粉	1/4茶匙	
		芹菜	3克	素沙茶醬	1茶匙	
		菜酥	30克	醬油	1大匙	
		香菜	3克	烏醋	1/2茶匙	
				香油	1大匙	

主廚秘訣

1. 草菇醃入味後，也可改用汆燙的。
2. 勾芡所用的太白粉，選用精緻優質的為佳，較耐放，不易釋出水分。
3. 大量烹煮時，須先以太白粉勾芡湯底，再加入燙熟的麵線，較易調拌均勻。

┌→ 製作素蚵仔

1 草菇洗淨，用調味料A醃上10分鐘，草菇會出水軟化。

2 草菇軟化後沾上地瓜粉，鍋中放入3大匙油，將草菇煎至酥香備用。

┌→ 處理食材

3 綠竹筍、黑木耳、紅蘿蔔、素羊肉均切成絲。

4 香菇絲用100cc水泡10分鐘，至軟化發脹，撈出備用。香菇水保留。

┌→ 煮配料

5 鍋中放入1大匙油，先爆香香菇絲，再加入綠竹筍、黑木耳、紅蘿蔔、素羊肉拌炒。

6 加入醬油嗆香，隨即加入高湯500cc、香菇水及調味料B調味，煮滾後微火保溫備用。

┌→ 煮麵線糊

7 紅麵線洗淨，放入滾水中燙6分鐘後撈出，加進步驟6中拌均勻。

8 待再次煮開，加進太白粉水勾芡。淋上烏醋、香油拌合，即可盛入碗中。

┌→ 完成

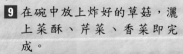

9 在碗中放上炸好的草菇，灑上菜酥、芹菜、香菜即完成。

香椿栗子曼

2個
4~6 人份

這道菜適合宴客，好看又好學。把豆包加工製作成捲曼，外皮有紫菜的海味，口感外酥內軟，充滿著濃濃的香椿味。香椿也是全素者替代五辛的好食材！

食材

新鮮豆包	4片
嫩薑	5克
芹菜	5克
馬蹄	20克
金針菇	15克
紫菜	2張
栗子	70克
玉米筍	50克
紅蘿蔔	50克
甜豆	30克
中筋麵粉	50克

黏著用麵糊

麵粉	1大匙
水	1大匙

其他材料

太白粉	1大匙
油	1大匙
高湯	200cc

（參考第24頁做法）

調味料A

素沙茶醬	1茶匙
白胡椒粉	1/4茶匙
黑胡椒粒	1/4茶匙
鹽	1/2茶匙
玉米粉	2大匙

調味料B

香椿醬	1大匙
醬油	1大匙
細砂糖	1茶匙
白胡椒粉	1/4茶匙

製作步驟

┌→食材處理

1 新鮮豆包切絲，嫩薑切末，芹菜切小粒，馬蹄拍碎切粒，金針菇切1公分小段。玉米筍和甜豆切斜段，胡蘿蔔切菱形片。

┌→製作餡料

2 切好的豆包、嫩薑、芹菜、馬蹄、金針菇和調味料A全部混合拌勻（玉米粉最後放），攪拌至有黏性，即為餡料。

┌→製作素捲曼

3 取一張紫菜攤平，於下方2/3處放上一半的餡料。

4 邊緣接口處抹上麵糊（麵粉加水調勻），向前捲成圓桶狀。另一捲以同樣方式捲好。

5 將捲曼放進蒸籠，中火蒸15分鐘，取出待冷卻。

┌→油炸

6 捲曼冷卻後，切2公分小段，頭尾切口處沾上太白粉，以中火油溫炸至酥脆，取出備用。

7 栗子以180度油溫炸40秒，取出備用。

┌→熬煮

8 鍋中放1大匙油爆香薑末，再加入調味料B的香椿醬、醬油、細砂糖一起炒香。

9 加高湯200cc、白胡椒粉、栗子，小火燒2分鐘。

┌→完成

10 加入玉米筍、紅蘿蔔、甜豆及素捲曼共同拌炒均勻，再煮2分鐘即可盛入煲鍋中。

主廚秘訣

1. 捲曼蒸時火候不可太旺，以免破裂爆開。
2. 攪拌餡料時，豆包經抓揉能較易拌勻也較有黏性。

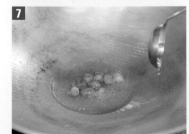

熱食類

橄欖杏菇花

4~6 人份

杏鮑菇加以切割，炸成麻花狀，燒起來更容易入味，橄欖菜是一種調味醃漬品，與梅干菜相似，炒合在一起同燒，極為下飯！

材料

食材

杏鮑菇	250克
紅蘿蔔	20克
馬鈴薯	20克
甜豆	20克
玉米筍	20克

其他材料

嫩薑	5克
紅辣椒	5克
炸油	適量
油（爆香用）	1大匙
高湯	200cc
（參考第24頁做法）	
太白粉水	1小匙
（太白粉與水各1/2小匙拌勻）	

調味料

橄欖菜	2大匙
醬油	1大匙
細砂糖	1茶匙
白胡椒粉	1/4茶匙

調味料水

鹽	1茶匙
細砂糖	1/4茶匙
香油	1大匙
水	500cc

製作步驟

食材切割

1 杏鮑菇剖對半,切成螺旋十字花(正面切斜紋,背面切橫紋),不可切斷。

2 紅辣椒、嫩薑切絲。紅蘿蔔、馬鈴薯以小刀修整形為橄欖狀。

油炸杏鮑菇

3 起油鍋,以中火將杏鮑菇炸至金黃色呈螺旋狀,取出備用。

烹煮

4 鍋中放入1大匙油,爆香薑絲、辣椒絲。

5 放入橄欖菜、醬油、糖一起炒香,加高湯200cc及白胡椒粉拌勻。

6 把杏菇花加入,小火燒5分鐘至入味,湯汁微乾,以太白粉水勾芡收汁,盛盤備用。

汆燙蔬菜

7 調味料水材料放入鍋中煮滾,紅蘿蔔、馬鈴薯、甜豆、玉米筍分別入水中燙熟取出。

完成

8 汆燙好的蔬菜分別擺於杏菇花捲盤中即完成。

主廚秘訣

1. 杏鮑菇有A、B、C級之分,切杏菇花宜用B級。
2. 切花刀時,於杏鮑菇兩旁放置筷子再切割,可防止切斷。

豆酥美人腿

4~6 人份

茭白筍又稱美人腿，將茭白筍炸成筍花，外酥內軟，鮮甜味不流失，加入素豆酥拌炒，簡單的調味，吃出茭白筍的原味，再搭上多元色系配色，是一道高雅的菜！

食材

茭白筍	300克
青花菜	30克
紅甜椒	20克
黃甜椒	20克

其他材料

炸油	500cc
油（炒素豆酥用）	3大匙
素豆酥	3大匙
芹菜	5克
嫩薑	5克
香菜	3克

調味料

辣豆瓣醬	1茶匙
細砂糖	1/4茶匙
白胡椒粉	1/4茶匙

調味料水

鹽	1茶匙
細砂糖	1/4茶匙
香油	1大匙
水	500cc

┌→ 食材切割

1 紅、黃甜椒切為小丁片，芹菜切珠，嫩薑、香菜切末，青花菜修成小朵。

2 笈白筍去殼，削去外皮，切成四等份長條，再以正反面斜刀切、不切斷的方式切出花紋。

┌→ 油炸笈白花干

3 起油鍋，以中火油溫將笈白筍炸至金黃色，呈花干狀，取出備用。

┌→ 炒料

4 鍋中放3大匙油，加入素豆酥，小火慢慢炒至酥香。

5 加入全部的調味料炒合拌勻。

6 再加入芹菜珠、薑末、香菜末及笈白花干炒勻，即可起鍋盛盤。

┌→ 汆燙蔬菜

7 將調味料水材料放入鍋中煮滾，青花菜及紅、黃甜椒分別入水中燙熟後取出。

┌→ 完成

8 將燙熟的蔬菜排列於笈白花干盤中即完成。

主廚秘訣

1. 炒豆酥溫度須掌控好，溫度太低易含油在內，溫度太高則容易焦化，以150度為宜。

掃描QR code或上YouTube搜尋南瓜瑤玉椎＆豆酥美人腿，即可看到作者親自示範。

醬爆珊瑚菇

4~6 人份

珊瑚菇也稱玉皇菇，以菇蕊黃色取名，以掛糊下油鍋炸起，口感非常酥香，拌上少許佐料醬汁，鹹、酸、甜、辣，百吃不厭，尤其是酒釀的香味特別增味！

材料

食材
珊瑚菇	200克
馬蹄	10克
玉米筍	10克
青椒	10克

脆粉漿
脆酥粉	100克
水	80cc
油	1大匙
太白粉	1大匙

其他材料
炸油	適量
油（爆香用）	1茶匙
紅辣椒	1條
薑	3克
高湯	50cc
（參考第24頁做法）	
太白粉水	1小匙
（太白粉與水各1/2小匙拌勻）	

調味料
辣椒醬	1茶匙
番茄醬	1大匙
素蠔油	1茶匙
酒釀	1茶匙
細砂糖	3大匙
工研醋	2大匙

┌→ **食材切割**

1 珊瑚菇撕成小塊，辣椒去籽切末，薑切末，馬蹄、玉米筍、青椒切小粒。

┌→ **調脆粉漿**

2 取一大碗，放入脆粉漿材料，混合調拌成脆粉漿。

┌→ **油炸珊瑚菇**

3 起油鍋，熱至油溫約160度，將珊瑚菇沾上脆粉漿放入油鍋，中火炸至金黃酥脆，撈起備用。

┌→ **炒料**

4 鍋中入1茶匙油，爆香薑末、辣椒末。

5 再入馬蹄、玉米筍、青椒粒炒勻。

6 再放入全部的調味料及高湯50cc煮開，再以太白粉水勾芡。

┌→ **完成**

7 最後加入炸好的珊瑚菇拌炒均勻，即可起鍋盛盤。

主廚秘訣

1.炸珊瑚菇時脆粉漿不可沾得太厚，以免食用時太多澱粉，影響口感！

黑椒猴菇排

從乾的猴頭菇到成品上桌，製成步驟圖文說明，您在餐廳吃到的猴菇排自己也能動手做，黑胡椒醬給讀者黃金比例，只要跟著做，就能做出完美的醬汁。

材料

食材
猴頭菇（乾）	100克
（參考第22頁介紹）	
紅甜椒	5克
黃甜椒	5克
青花菜	30克

黑胡椒醬
無鹽奶油	5克
黑胡椒粒	1/2茶匙
C 素蠔油	1大匙
辣醬油	1茶匙
細砂糖	1茶匙
素沙茶醬	1/4茶匙
五香粉	1/4茶匙
高湯	100cc
（參考第24頁做法）	

太白粉水	1大匙
（太白粉及水各1/2大匙調勻）	

調味料
猴菇醃料A
全蛋	600克
素沙茶醬	1大匙
素蠔油	1大匙
五香粉	1/4茶匙
白胡椒粉	1/4茶匙
鹽	1/2茶匙
細砂糖	1茶匙

猴菇醃料B（不食蛋者用）
原味優酪乳	600克
蛋白粉	2大匙

細砂糖	1茶匙
鹽	1茶匙
素沙茶醬	1大匙
五香粉	1/4茶匙

其他材料
水（煮猴頭菇用）	適量
油（煎猴頭菇用）	適量
鹽（汆燙蔬菜用）	適量
高湯（汆燙蔬菜用）	適量

製作步驟

→ 處理猴頭菇

1 乾猴頭菇泡水6小時至發脹（泡時須壓重物在上面，防止猴頭菇浮上水面，或裝入塑膠袋中，才易完全發脹）。

2 修剪掉猴頭菇中心的蒂頭雜質。

3 將猴頭菇放入5倍的水量中煮開，以小火滾30分鐘。

4 撈出猴頭菇泡入冷水中，漂水10分鐘至完全沒有苦澀味，脫乾水份備用。

→ 醃猴頭菇

5 將猴菇醃料A（不食蛋者則改用B）全部混合攪勻，放入猴頭菇浸泡兩天，至醃料完全被吸乾，猴頭菇膨脹。

→ 煎猴菇排

6 鍋子燒熱，放入油潤鍋，猴頭菇入鍋中煎至兩面金黃酥香（煎時一邊用鏟子稍按壓），約10分鐘。

7 猴頭菇取出切片，擺入盤中。

→ 製作黑胡椒醬

8 冷鍋先放入無鹽奶油、黑胡椒粒，以小火炒香。再加黑胡椒醬料C煮開。

9 以太白粉水勾芡後，將黑胡椒醬淋至猴頭菇排上。

→ 汆燙蔬菜

10 紅、黃甜椒切絲，青花菜修切為小朵，放入加鹽的高湯中汆燙熟，撈出備用。

→ 完成

11 汆燙好的蔬菜擺入猴頭菇排盤上即完成。

主廚秘訣

1. 處理乾猴頭菇，苦澀味一定要去除掉，分別泡水、滾燙、漂水的時間可以相互增減調配。

2. 煎猴頭菇時，兩面稍加按壓可增加酥脆口感。

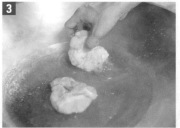

山藥鰻浦燒

4~6 人份

滑嫩綿密的口感，加上素鰻汁的熬製，檸檬的清香，豆腐及山藥的軟綿，紫菜的海味，整體搭配就是美味！既能養生又能滿足您的味蕾！

材料

食材
日本山藥	80克
板豆腐（硬）	150克
生白芝麻	3克
紫菜	2張
檸檬	半顆
昆布帶	10克

漿料
花生粉	10克
奶粉	10克
蛋白	30cc
玉米粉	30克

其他材料
中筋麵粉	40克
水	30cc
煎油	5大匙

調味料A
鹽	1茶匙
細砂糖	1/2茶匙
白胡椒粉	1/4茶匙
香油	1茶匙

調味料B
二砂糖	3大匙
醬油	1茶匙
五香粉	1/4茶匙
水	200cc
麥芽糖	1大匙

製作步驟

製作漿料

1 山藥去皮切小塊，放入調理機中打成泥。

2 板豆腐去周邊硬塊，以濾網過篩磨成泥。

3 把山藥泥、豆腐泥、生白芝麻（一半）、漿料材料（玉米粉最後放）及調味料A，陸續加在一起混合，拌勻為漿料備用。

製作素鰻

4 麵粉加水30cc調成麵糊。

5 紫菜與砧板下方對齊，先塗抹上一層麵糊，對摺成長方形，再抹一層麵糊，然後鋪上一層製作好的漿料。

6 漿料修整成中間略厚、兩邊較薄的山丘形，劃上條紋，成為素鰻。

7 將素鰻放入蒸籠中，用中火蒸12分鐘，取出放涼。

油煎素鰻

8 鍋中放入5大匙油，以中火將素鰻煎至表面酥脆，內餡軟綿。

熬蜜汁醬

9 昆布帶切成幾段，與調味料B（麥芽糖最後放）一起小火熬煮30分鐘，至濃稠狀即可。

完成

10 蜜汁醬塗抹於鰻片上，剩餘的白芝麻炒熟灑上即完成。切塊後淋上檸檬汁食用。

主廚秘訣

1. 漿料中的花生粉可去除豆渣味，奶粉可添增香味。
2. 塗抹麵糊時，紫菜四周須完全塗抹到，防止油炸時脫落。
3. 熬製蜜汁時，麥芽糖最後加入可增加亮度。

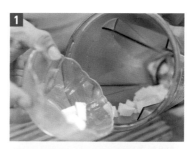

醋溜脆土豆

4~6 人份

土豆指的是馬鈴薯，將澱粉漂水沖走，瀝乾水分，入鍋加以快炒，封鎖住土豆的水分，脆而不爛，非常清爽，帶點麻辣、酸、鹹，很開胃的一道菜！

食材

馬鈴薯	300克
紅甜椒	30克
黃甜椒	30克
小黃瓜	30克
紫高麗菜	10克

其他材料

油	2大匙
乾辣椒	1克

調味料

鹽	1/2茶匙
細砂糖	1/2大匙
白胡椒粉	1/4茶匙
糯米醋	1大匙

主廚秘訣

1. 此道菜口感為脆，猶如筍絲，口味為鹹酸帶小辣，一定要大火快炒，不宜小火慢炒，否則炒不出口感來。

製作步驟

➤ 蔬菜切絲

1 紅、黃甜椒去籽切絲，小黃瓜、紫高麗菜切絲。

➤ 汆燙

2 切好的蔬菜放入熱水中汆燙，10秒後撈出泡入冷水中，待炒時再瀝乾。

➤ 處理馬鈴薯

3 馬鈴薯切絲泡入水中，漂水讓馬鈴薯澱粉釋放乾淨（走水），20分鐘後撈起瀝乾。

➤ 拌炒

4 鍋中入2大匙油，小火爆香乾辣椒，香味溢出後撈除。

5 鍋中入馬鈴薯絲和鹽、細砂糖、白胡椒粉，大火炒拌均勻。

➤ 完成

6 起鍋前加入汆燙好的蔬菜，淋上糯米醋，迅速拌合至熟透即可起鍋。

雪菜炒百頁

4~6 人份

雪菜又稱雪裡紅，一般以小芥菜、油菜或蘿蔔纓醃漬而成。這道菜吃得到雪菜的辛香，搭配上百頁，多了彈嚼的口感，勾些薄芡汁可增加滑口，很道地的一道小菜！

材料

食材
雪裡紅	80克
洋菇	30克
川耳	30克
百頁（乾）	20張

發泡百頁
碳酸鈉粉	1茶匙
水	約2000cc

其他材料
油	1大匙
高湯	100cc
（參考第24頁做法）	
紅辣椒	半條
薑	2克
太白粉水	1小匙
（太白粉與水各1/2小匙拌勻）	

調味料
鹽	1茶匙
細砂糖	1/2茶匙
白胡椒粉	1/4茶匙

製作步驟

處理百頁

1 百頁切成長方片,打散開讓每片不相黏。

2 取適量水(水量為百頁10倍),調好溫度(水溫60至70度間),放入碳酸鈉粉(碳酸鈉粉為每20張百頁1茶匙),攪拌均勻融化。

3 百頁放進碳酸鈉水中浸泡1小時。

4 至百頁發脹、變白、有彈性,即可過濾,百頁放入新的水中漂洗乾淨即可。

食材切割

5 薑切末,辣椒切珠,洋菇切片,川耳切小塊,雪裡紅切末。

拌炒

6 鍋中放入1大匙油,爆香薑末、辣椒珠,再加入雪裡紅、洋菇片、川耳炒香。

完成

7 加入高湯100cc和發泡好的百頁及調味料,小火燒1分鐘。

8 最後以太白粉水勾芡,拌合均勻收汁,即可起鍋。

主廚秘訣

1. 發泡百頁不可以趕,溫水慢泡較穩定,若以滾水發泡較快,但易泡過頭變爛。

XO醬炒雙脆

4~6人份

帶有香、辣、鹹、甘的素XO醬,與西芹、椰肉結合,有了多層次的口感,將味道更加提升。做法簡單,將食材汆燙過水,加入素XO醬拌均勻,就是一道美味的菜餚!

材料

食材
洋菇	150克
椰子仁	150克
西芹	80克
百果	20克

燙洋菇用
工研醋	10cc
滾水	500cc

調味料
素XO醬	1大匙
（參考第28頁做法）	
鹽	1/4茶匙
細砂糖	1/4茶匙
白胡椒粉	1/4茶匙

主廚秘訣

1. 燙洋菇加入工研醋可防止洋菇氧化變黑。
2. 素XO醬本身有鹹度，調味的鹽巴須酌量。

製作步驟

↱ 處理洋菇

1 滾水加入工研醋（工研醋用量為水的百分之二），將洋菇放入燙熟。

2 洋菇撈出沖水至涼，去除蒂頭，切為連刀扇片狀備用。

↱ 食材切割

3 椰子仁切為片狀，西芹去皮撕去筋，切菱形片。

↱ 汆燙

4 備滾水，分別置入椰子仁、西芹、百果、洋菇汆燙20秒，撈起備用。

↱ 拌炒完成

5 鍋中放入素XO醬炒香。

6 放入所有食材及鹽、細砂糖、白胡椒粉拌炒均勻，至熟透入味，即可起鍋盛盤。

四季打抛若

4~6 人份

四季豆為主食,以少許大豆纖維增加口感,用檸檬葉、香茅來提味,吃得到南洋口味,鹹、酸、辣,開胃健康,很適合配飯的菜色!

材料

食材		其他材料		調味料	
素碎肉(乾)	20克	紅辣椒	1條	醬油	1大匙
四季豆	200克	九層塔	3克	辣醬油	1茶匙
小番茄	30克	薑	3克	辣椒醬	1/2茶匙
檸檬葉	5片	香菜	3克	鮮味露	1/2茶匙
香茅	2支	炸油	適量	細砂糖	1茶匙
新鮮檸檬	半顆	水	300cc	素豆酥	2大匙
		辣油	1/4茶匙	白胡椒粉	1/2茶匙

製作步驟

處理素碎肉

1 素碎肉泡水發脹，洗淨擠乾水分。

2 起油鍋，素碎肉放入油鍋，以中火炸至金黃色備用。

食材切割

3 四季豆切0.5公分小段，小番茄切小丁，紅辣椒及薑切末，香菜切末，九層塔切末，檸檬葉2片及香茅1支切碎備用。

製作香茅檸檬水

4 取水300cc，放入香茅1支、檸檬葉3片，一同放入蒸籠或電鍋中蒸20分鐘備用。

拌炒

5 鍋中放入辣油，小火炒香薑末、辣椒末。

6 放入全部的調味料、小番茄丁、檸檬葉碎、香茅碎一起炒香。

7 加素碎肉、四季豆及250cc香茅檸檬水，燒至入味，拌炒均勻。

完成

8 起鍋前加入白胡椒粉、九層塔末、香菜末，擠入檸檬汁即完成。

主廚秘訣

1.此道菜為鹹、酸、辣兼具，檸檬口味也是重點。

三杯魷餘片

4~6 人份

紅蘿蔔和蒟蒻粉做成的素魷餘片，無熱量負擔，又可增加飽足感。Q彈的蒟蒻片也可以沾醬即食，多點刀功上的變化，就能做成玉脆片（素花枝片），是夏天和減肥的最佳選擇！

食材

紅蘿蔔汁	100cc
碳酸鈉粉	8克
碧玉筍	3支
蒟蒻粉	30克

其他材料

水	400cc + 3000cc
鹽	5大匙

老薑	15克
紅辣椒	1條
九層塔	5克
高湯	50cc

（參考第24頁做法）

黑麻油	2大匙
太白粉水	1小匙

（大白粉與水各1/2小匙拌勻）

調味料

醬油	1大匙
細砂糖	1大匙
紅豆瓣醬	1/4茶匙
烏醋	1茶匙

製作步驟

製作素魷餘片

1 取碳酸鈉粉8克與2湯匙水調勻，與紅蘿蔔汁、水400cc混合，攪拌均勻融化。

2 徐徐加入蒟蒻粉30克，一邊慢慢攪拌。

3 呈現濃稠狀時馬上倒入容器內，拿起容器輕敲桌面，讓泡泡消失。將容器移入蒸籠，大火蒸30分鐘後取出。

4 趁熱蒟蒻呈現硬塊狀，先切成0.3公分片，再於厚片上切十字刀法，並捲起來用牙籤串起固定。

5 於3000cc滾水中，加入5大匙鹽，放入蒟蒻，小火煮10分鐘。

6 將蒟蒻撈出沖水至涼、無鹼味即可，將牙籤抽出，成為蒟蒻魷餘片。

食材切片

7 碧玉筍切片，辣椒去籽切菱形片，老薑切片。

拌炒

8 鍋中入黑麻油2大匙，小火爆香老薑片至金黃色。

9 加入醬油、細砂糖、紅豆瓣醬炒香，再放魷餘片炒至入味上色。

10 入高湯50cc，小火煮開，加辣椒片、九層塔、碧玉筍片拌炒均勻。

完成

11 以太白粉水勾芡，起鍋前淋上烏醋，即可盛盤。

主廚秘訣

1. 拌合蒟蒻粉的動作要輕巧，以免太多空氣跑進去，做出的魷餘片易有孔洞。

2. 也可採放置8小時，待蒟蒻成塊再進行切割，省略蒸的過程。

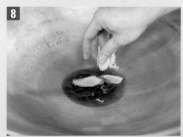

椒麻鮑魚排

4~6 人份

鮑魚菇做到外酥內軟的口感，裏面的汁開胃，外皮酥鬆脆，沾上花椒粒煉製而成的
特調醬汁，與美生菜一起食用，真是絕配！

材料

食材

鮑魚菇	300克
美生菜	30克

醃料

油	2大匙
花椒粒	1克
嫩薑片	3克
醬油	1大匙
細砂糖	1茶匙
白胡椒粉	1/4茶匙

辣椒醬	1/2茶匙
高湯	500cc

（參考第24頁做法）

辣麻醬材料

薑	1克
紅辣椒	1條
香菜	3克
檸檬汁	10cc
辣鮮味露（素）	1茶匙
泰式甜辣醬	1大匙

醬油	1茶匙
細砂糖	1大匙

其他材料

脆酥粉	100 克
水	100cc
地瓜粉	120克
九層塔末	3克
油	5大匙

製作步驟

┌➛醃鮑魚菇

1 取手掌大的鮑魚菇，去除蒂頭。

2 製作醃料：鍋內加2大匙油，小火炒香花椒粒及嫩薑片，加醬油、細砂糖、白胡椒粉、辣椒醬一起炒香，加九層塔末和500cc高湯煮開，熄火。

3 鮑魚菇泡入醃料中，浸漬1小時。

┌➛準備美生菜

4 美生菜切絲，泡冰水後撈出瀝乾，鋪盤底備用。

┌➛煎鮑魚排

5 脆酥粉加水調成脆粉漿。鮑魚菇撈出瀝乾，沾上脆粉漿，再沾上地瓜粉。

6 鍋中入5大匙油，加熱至6分熱，將鮑魚菇放入，煎至金黃酥脆。

7 煎好的鮑魚切塊排鋪在美生菜上方。

┌➛製作辣麻醬

8 辣麻醬材料的薑、辣椒、香菜切末，與檸檬汁、辣鮮味露、泰式甜辣醬、醬油、細砂糖一起混合拌均勻。

┌➛完成

9 調好的辣麻醬淋在鮑魚排上即完成。

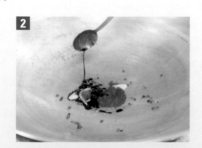

紅油佐餛飩

內餡飽滿，餡料講究，包好的餛飩放入滾水煮至浮起，加入特調辣油醬汁拌合，擋不住的魅力，讓您一口接一口喔！

材料

食材		芹菜	3克	調味料B	
餛飩皮	20張	香菜	3克	醬油	1大匙
青江菜	80克	辣油	1/4茶匙	細砂糖	1茶匙
乾香菇	5克	油	共3大匙	工研醋	1茶匙
素火腿	30克			烏醋	1/2茶匙
五香豆乾	30克	調味料A		鮮味露	1/2茶匙
		鹽	1/2茶匙		
其他材料		細砂糖	1/2茶匙		
花椒粒	1茶匙	白胡椒粉	1/4茶匙		
嫩薑	3克	香油	1茶匙		
熟白芝麻	3克				

製作步驟

處理食材

1 青江菜洗淨，入滾水中汆燙10秒，立即撈出沖水至涼，擠乾水分，切碎備用。

2 乾香菇泡水至軟，去蒂頭，切小粒。素火腿、五香豆乾均切成小粒。芹菜切粒，香菜切碎，嫩薑切末。

炒餡料

3 鍋中入2大匙油，將香菇丁、素火腿丁、豆乾丁炒香。

4 取一大碗，將炒好的材料、薑末、青江菜置入，放進調味料A，一起拌合均勻為餡。

製作餛飩

5 餛飩皮包入餡料，包成皇冠狀。

6 包好的餛飩放入滾水中煮約3分鐘，待浮起即可撈出。

拌合

7 鍋中入1大匙油爆香花椒粒，香味溢出後將花椒粒撈除。

8 加入調味料B及煮好的餛飩一起拌合均勻。

完成

9 盛入盤內，灑上芹菜粒、香菜碎、熟白芝麻，滴上辣油即完成。

主廚秘訣

1. 餛飩的收口處須包緊，煮時才不易餡料露出。煮好的餛飩若沒有即時食用，可拌些香油較不易沾黏。

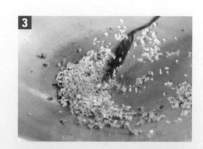

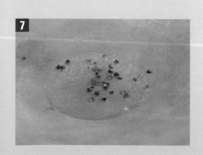

穀果生菜鬆

4~6 人份

健康養生，富含多元營養，以十穀米和炒熟的時蔬拌合，盛裝於蘿蔓葉片，多重口感，作宴客菜或餐點皆宜，美味又大方的菜色！

食材		其他材料		調味料	
蘿蔓葉	6片	水	100cc	鹽	1茶匙
十穀米	80克	炸油	適量	細砂糖	1/2茶匙
芋頭	40克	油	2大匙	白胡椒粉	1/4茶匙
豆薯	40克			鮮味露	1/2茶匙
蘆筍	40克				
玉米粒	40克				

┌▶ 煮十穀米

1 十穀米洗淨，加100cc水，外鍋放1杯半水，放入電鍋蒸30分鐘，蒸熟後燜7分鐘備用。

┌▶ 準備食材

2 蘿蔓葉去頭尾修剪整齊，泡入冰水中，至青脆，撈出瀝乾備用。

主廚秘訣

1. 十穀米先泡水2小時，瀝乾鋪於紗布上，放入蒸籠蒸15分鐘亦可。
2. 在炒好的餡料上灑上烤好的松子，更增添價值感。

3 芋頭切小丁，豆薯去皮切小丁，以油鍋6分熱炸至金黃色。

4 蘆筍切小丁，和玉米粒分別放入滾水中燙熟。

┌▶ 拌炒

5 鍋中入2大匙油，將芋頭、豆薯、蘆筍、玉米粒加入鍋中，拌炒均勻。

6 加入全部的調味料一起拌合炒香。

7 倒入煮好的十穀飯拌炒均勻。

┌▶ 完成

8 炒好的餡料盛在蘿蔓葉上，一起擺盤即完成。

素八寶辣醬

4~6 人份

以豆瓣醬和甜麵醬炒過，溢散獨特的發酵黃豆香氣，加入食材燒至入味，帶點甘甜、鹹辣的醬汁，淋在白飯上一起食用，香味非凡。

材料

食材		其他材料		調味料	
碎蘿蔔乾	5克	炸油	適量	豆瓣醬	1大匙
紅蘿蔔	30克	油（炒料用）	2大匙	甜麵醬	1大匙
乾香菇	15克	花椒粒	1克	醬油	1/2茶匙
鮮筍	30克	太白粉水	2茶匙	細砂糖	1大匙
五香豆乾	150克	（太白粉及水各1茶匙攪勻）		白胡椒粉	1/2茶匙
洋菇	30克	高湯	600cc		
素火腿	30克	（參考第24頁做法）			
毛豆仁	30克				

┌→ 處理食材

1 碎蘿蔔乾泡水5分鐘去除鹹味，洗淨擠乾水分。五香豆乾切丁，放入滾水中汆燙3分鐘備用。

2 乾香菇泡水至軟，去蒂頭，切丁，紅蘿蔔切丁，鮮筍切丁。

3 素火腿、洋菇均切丁。起油鍋，加熱至油溫6分熱，放入素火腿丁、洋菇丁炸至金黃色備用。

┌→ 拌炒

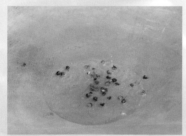

4 鍋中加入2大匙油，小火爆香花椒粒，待花椒香味溢出後撈除。

5 鍋中放入蘿蔔乾、香菇丁、紅蘿蔔丁炒出香味。

6 再加入鮮筍丁、豆乾丁、素火腿丁、洋菇丁，及全部的調味料共同拌合炒香，最後加進毛豆仁。

┌→ 完成

7 加入高湯，小火煮6分鐘，再以太白粉水勾芡，盛入容器內即完成。

主廚秘訣

1. 每個細節、材料的爆香、調味料的炒香一定要到位，味道才會香濃。

沙嗲醬串燒

4~6 人份

帶點南洋佐料調製成的沙嗲醬，濃郁香醇，塗抹至串燒上，進烤箱烤至金黃微甘，
再撒上白芝麻，整串拿取，方便食用，回味無窮的沙嗲醬，會讓您愛不釋手！

材料

食材

豆腸	120克
杏鮑菇	80克
小黃瓜	100克
蒟蒻丸子	10顆

醬汁材料

A
椰漿	1茶匙
花生醬	1茶匙
素沙茶醬	1/4茶匙
東炎醬	1/4茶匙
咖哩醬	1大匙

（參考第29頁做法）

B
無鹽奶油	1茶匙
醬油	1/4茶匙
棕櫚糖	1茶匙

其他材料

嫩薑	3克
紅辣椒	1條
香茅	1支
檸檬葉	3片

椰子粉	1茶匙
熟白芝麻	1克
油（炒醬汁用）	1大匙
油（煎豆腸用）	5大匙

製作步驟

➜ 食材切割
1 杏鮑菇、小黃瓜切菱形塊，豆腸切2公分段，嫩薑切末，紅辣椒含籽切末，香茅取前端蒂頭切末，檸檬葉切末。

➜ 調綜合醬汁
2 醬汁材料A共同混合攪拌在一起。

➜ 製作沙嗲醬
3 鍋中入1大匙油，小火炒香薑末、辣椒末、香茅末至香味溢出。

4 加入混合好的醬汁材料A及醬汁材料B，小火拌合煮香，至醬汁冒出小泡，即可熄火。

5 加入檸檬葉末及椰子粉拌均勻，即完成沙嗲醬。

➜ 處理豆腸、蒟蒻丸子
6 鍋中入5大匙油，將豆腸煎至兩面金黃色。

7 蒟蒻丸子放入滾水中汆燙，取出沖涼。

➜ 組合烘烤
8 用竹籤依序將杏鮑菇、小黃瓜、豆腸、蒟蒻丸子串起。

9 串好的食材表面抹上沙嗲醬，放在鋪鋁箔紙的烤盤上。

10 將串燒放入烤箱（事先預熱），以150度烤10分鐘後取出，烤盤轉向、串燒翻面，入烤箱再烤10分鐘。

➜ 完成
11 取出串燒，表面灑上白芝麻，擺盤，即完成。

十穀吉絲飯

4~6 人份

以白精靈菇撕成一絲絲，如雞肉絲的口感和外觀，淋上特調煉製辛香油及醬汁，完全不遜色於雞肉絲飯，香椿醬及辛香料是這道菜的關鍵。

材料

食材
十穀米	200克
白精靈菇	150克
碧玉筍	10克

煉製素雞油
油	300cc
嫩薑（拍扁）	30克
紅辣椒（拍扁）	1支
香菜（洗淨整株）	5克
芹菜（洗淨整株）	5克
八角	1粒
草菓（拍裂）	1顆
花椒粒	1克

其他材料
水	250cc
小黃瓜	1條
鹽	少許
細砂糖	4大匙

調味料
白胡椒粉	1/4茶匙
香椿醬	1茶匙

醬汁
薑片	2片
醬油	1大匙
細砂糖	1茶匙
鮮味露	1茶匙
白胡椒粉	1/2茶匙
高湯	200cc

（參考第24頁做法）

製作步驟

▶ 煮十穀米

1 十穀米洗淨，加250cc水，放入電鍋蒸，外鍋入1杯水，煮熟後燜10分鐘備用。

▶ 製作配料

2 小黃瓜切0.3公分厚片，醃少許鹽後擠乾水分，加進細砂糖4大匙拌均勻，醃漬30分鐘。

3 白精靈菇拍扁，撕成絲，放入滾水中氽燙30秒後撈出。碧玉筍切珠備用。

▶ 煉製素雞油

4 鍋中入300cc油，放入素雞油全部材料，開小火慢慢炸，炸至所有材料酥乾，即可撈除，剩下的即為素雞油。

▶ 配料調味

5 趁素雞油160度時，將香椿醬加入，等待完全沉澱後過濾出素雞油。

6 醬汁做法：取素雞油2大匙，爆香薑片後，續入醬油、細砂糖、鮮味露一同炒香，再加入200cc高湯和白胡椒粉一起煮開，即完成醬汁。

7 白精靈菇絲、1大匙素雞油、1/4茶匙胡椒粉一起拌勻勻。

8 碧玉筍用素雞油小火炸至青翠，撈起拌入白精靈菇絲中。

▶ 組合完成

9 取一碗，盛入十穀飯，拌製好的白精靈菇絲與碧玉筍鋪在十穀飯上。

10 再將2大匙醬汁、1茶匙素雞油淋至吉絲飯上。最後擺上小黃瓜即完成。

主廚秘訣

1. 煉製素雞油的油溫不能太高，以免焦黑。
2. 素雞油加入香椿醬後，須待香椿完全沉澱，再過濾拌上白精靈菇絲。
3. 小黃瓜亦可不必經過加鹽去菁步驟，直接醃糖。

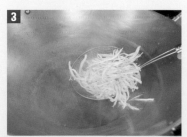

掃描QR code或上YouTube搜尋十穀吉絲飯＆蓮藕甜根湯，即可看到作者親自示範。

101

炸物類

芹香花生酥

4~6 人份

芹菜的葉子也可以拿來炸，拌均勻麵糊和食材，整形出小圓球狀，炸至金黃酥脆，多樣的食材一次充滿口腔，口齒留香，可作為茶餐點或小吃零食。

材料

食材
芹菜葉	100克
金針菇	30克
紅蘿蔔	30克
剖半無鹽花生仁	30克
海苔香鬆	3克
白芝麻	3克

麵糊材料
脆酥粉	150克
中筋麵粉	50克
太白粉	10克
油	1大匙
水	140cc

其他材料
炸油	600cc

調味料
鹽	1/2茶匙
胡椒粉	1/4茶匙
細砂糖	1/2茶匙
芥末椒鹽粉	1/2茶匙

製作步驟

食材切割

1 芹菜葉切小片，金針菇切1公分小段，紅蘿蔔切絲。

2 芹菜葉、金針菇、紅蘿蔔放在大碗中混合，加上鹽、胡椒粉、細砂糖攪拌均勻，靜置10分鐘，瀝乾水分備用。

調製麵糊

3 脆酥粉、中筋麵粉、太白粉置入容器中混合，加1大匙油、140cc水，調合成麵糊。

製作漿糰

4 花生仁、海苔香鬆、白芝麻置入步驟2中，攪拌均勻。

5 徐徐倒入步驟3的麵糊攪拌，與食材融合均勻，即為漿糰。

油炸

6 起油鍋，油加熱至三分熱，取適量的漿糰搓成圓形狀，放入油鍋。

7 炸至金黃酥脆即可。

完成

8 取出盛盤，沾上芥末椒鹽粉食用。

脆皮炸鮮奶

4~6 人份

濃郁的椰漿奶味，鮮奶糕軟硬適中，沾裹麵糊炸至酥脆，外酥內軟，趁熱吃，熱氣香味充滿口腔，奶香味徘徊嘴裏，令人無法忘懷！

材料

食材			其他材料	
鮮奶		500克	水	220cc
A 馬蹄粉		40克	油	10克
玉米粉		60克	炸油	600cc
B 煉乳		80克		
椰漿		80克	**調味料**	
奶水		500克	細砂糖	80克
卡士達粉		20克	鹽	3克
脆酥粉		300克		
泡打粉		5克		

製作步驟

煮粉漿

1 食材A加250克鮮奶，混合攪拌均勻，成為生漿水。

2 剩下的250克鮮奶，與食材B、調味料一起拌勻，移至爐上，小火邊攪拌邊煮滾。

3 將調好的生漿水徐徐倒入步驟2鍋中拌勻，小火攪拌至糊化並起小泡，即熄火。

製作鮮奶凍

4 煮好的粉漿倒入已抹油的托盤中，將表面抹平，放涼待其凝固。

5 凝固的鮮奶凍切為1.5公分的正方型塊狀。

調製麵糊

6 脆酥粉、泡打粉、220cc水、10克油，混勻攪拌成麵糊，靜置10分鐘備用。

炸奶凍

7 起油鍋，燒至油溫160度左右，切好的奶凍沾上麵糊放入油鍋中，炸至金黃酥脆撈起，即完成。

主廚秘訣

1. 奶凍粉漿中加上少許鹽，可避免過甜生膩。
2. 做成鹹的口味也可，不加糖，炸好後拌上椒鹽粉食用。

紫菜蚵仔酥

4~6 人份

肥美顆粒飽滿的蚵仔，也可以這麼像！以紫菜和盒裝豆腐來詮釋，一起混合拌勻調味，沾上乾粉，炸至酥脆，再灑上炸好的九層塔、紅辣椒，是一道鹹酥香脆內嫩的小零嘴。

材料

食材

盒裝豆腐	1盒
紫菜	2張
素干貝絲	5克
芹菜	5克
太白粉	150克
中筋麵粉	150克
奶粉	1茶匙

其他材料

九層塔	5克
紅辣椒	1條
炸油	500cc

調味料

鹽	1/2茶匙
細砂糖	1/4茶匙
椒鹽粉	1茶匙

製作步驟

┌→ 製作豆腐泥

1 盒裝豆腐瀝掉水份，篩磨成泥。

2 芹菜切末，紫菜切絲，與素干貝絲共同加入豆腐泥中。

3 加入鹽、細砂糖、奶粉，混合攪拌均勻。

┌→ 準備豆腐糰

4 太白粉與中筋麵粉混合均勻，成為炸粉。

5 豆腐泥搓成每個10克的小糰狀。

┌→ 油炸完成

6 起油鍋，燒至油溫160度左右，豆腐糰沾上炸粉，放入油鍋炸至金黃酥脆後撈起，即為蚵仔酥。

7 油鍋加熱至180度，放入九層塔與辣椒片炸酥。蚵仔酥與九層塔、辣椒片一起盛入盤中，灑上椒鹽粉即完成。

主廚秘訣

1. 豆腐易出水，豆腐糰沾粉油炸時，最好能迅速沾完粉現炸。

威化白玉捲

4~6 人份

炒好的時蔬末茸料，搭配滑嫩的豆腐，素鬆酥脆的口感，沙拉醬的酸甜，把食材更加融合為一，外皮的喀滋聲響，咀嚼留香，必做的料理喔！

材料

食材

威化紙	9張
盒裝豆腐	1盒
乾香菇	3克
沙拉筍	20克
芹菜	20克
素火腿	10克
菜酥	30克
香菜	5克
沙拉醬	50克
雞蛋	1顆
麵包粉（細）	80克
白芝麻（生）	3克

其他材料

油（爆香用）	1茶匙
炸油	適量

調味料

鹽	1/4茶匙
細砂糖	1/2茶匙
白胡椒粉	1/8茶匙

製作步驟

處理食材

1 盒裝豆腐水分瀝乾，切成3公分條狀備用。

2 乾香菇泡發切小粒，沙拉筍切小粒，素火腿切小粒，芹菜切珠。

炒餡料

3 鍋中入1茶匙油炒香香菇，再加素火腿、沙拉筍、芹菜及所有調味料，共同炒合，即為餡料，盛起備用。

製作威化捲

4 取威化紙一張半鋪平。

5 豆腐灑上些許胡椒鹽。

6 威化紙上依續放上菜酥、豆腐條、沙拉醬、餡料、香菜段。

7 接口處抹上蛋液，捲成圓筒狀。

油炸完成

8 威化捲外表沾上全蛋液，再沾混合好的麵包粉與白芝麻。

9 起油鍋，將油燒至油溫160度左右，威化白玉捲放入油鍋中，炸至金黃酥脆即可。

主廚秘訣

1. 封口處要確實黏緊，以免開口。

2. 油炸時，一次不宜放入太多捲，以防止蛋白分解、油冒泡溢出鍋外。

乳酪三明治

4~6 人份

三明治夾上乳酪絲的效果，油炸後乳酪味濃厚，牽絲不斷，香氣逼人，加上食材酸甜、清脆、帶著果香，是非吃不可的美食，快動手做吧！

材料

食材

白吐司	3片
美生菜	30克
小黃瓜	30克
牛番茄	1顆
素火腿	20克
起士片	2片
乳酪絲	20克
沙拉醬（拌生菜）	50克
沙拉醬（擠吐司）	30克
草莓醬	30克

其他材料

脆酥粉	150克
水（調粉漿用）	120cc
炸油	600cc

製作步驟

準備食材

1 切片白吐司分別切去四邊。

2 美生菜撕成小塊，小黃瓜切片，同時泡入冰水中，約5分鐘，至青脆，撈出瀝乾水分，放入容器內，加上沙拉醬、乳酪絲，拌合均勻備用。

3 牛番茄、素火腿均切成片狀備用。

製作三明治

4 在三片白吐司的一面抹上一層草莓醬。

5 一片吐司放上拌好的乳酪生菜黃瓜沙拉。

6 蓋上一片吐司，再放上起士片、番茄片、素火腿片，擠上沙拉。

7 最後一片白吐司蓋在上面壓緊，四個角落以牙籤固定。

油炸

8 取脆酥粉與水調成脆粉漿，將三明治完全沾上脆粉漿。

9 鍋中放油，加熱至油溫約160度，放入三明治炸至金黃酥脆後撈出。

完成

10 抽掉牙籤，將三明治一切為四，成三角形，擺盤即完成。

主廚秘訣

1. 脆粉漿不可滲透於吐司夾層內，以免影響口感。
2. 須小火慢炸約3分鐘，至食材和乳酪絲融合。

芋香龍鳳腿

4~6 人份

芋頭做成的棒棒腿，以牛蒡做骨幹，芋泥鹹香甜，包覆塑形，口感綿密，軟中帶著香菇頭的嚼勁，宴客炸點的必備項目。

材料

食材		其他材料		調味料	
芋頭	400克	油	1大匙	細砂糖	2大匙
素火腿	50克	炸油	適量	鹽	1/2茶匙
素肉鬆	50克	熱開水	15cc	白胡椒粉	1/4茶匙
香菇頭（乾）	5克			五香粉	1/4茶匙
牛蒡	120克			無鹽奶油	1大匙
澄粉（燙麵）	50克				
澄粉（粉糰）	50克				
糯米粉	20克				

☰ 製作步驟

┌→ 蒸芋泥
1 芋頭去皮切片，放入蒸籠大火蒸20分鐘，趁熱搗成泥狀。

┌→ 炒配料
2 香菇頭泡冷水2小時，待發脹後洗淨，擠乾水分，再切碎粒。素火腿也切成小粒。

3 鍋中放油1大匙，將香菇粒及素火腿粒煸至酥香乾。

┌→ 拌合芋泥
4 素肉鬆切小段，連同炸好的香菇頭、素火腿一起加入芋泥中，攪拌混合均勻。

5 取50克澄粉，沖入熱開水15cc燙熟，揉成光滑粉糰，加進芋泥裡。

6 全部的調味料、糯米粉和澄粉50克，一起加進芋泥裏，揉成糰。

┌→ 製作龍鳳腿
7 牛蒡切長6公分條狀，放入滾水中燙2分鐘至熟。

8 拌好的芋泥分成約35克一糰，包覆在牛蒡條外，並整型成小腿形狀。

┌→ 油炸完成
9 起油鍋，加熱至油溫160度左右，放入龍鳳腿炸5分鐘，至金黃酥脆即完成。

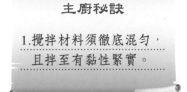

主廚秘訣

1. 攪拌材料須徹底混勻，且拌至有黏性緊實。

起士豆包夾

4~6 人份

充分的乳酪與植物性蛋白，更能品嚐到黃豆香和起士香，與食材夾於豆包中，香菜及黑胡椒粒也映出了香味特色。

材料

食材		其他材料		調味料	
新鮮豆包	3片	香菜	2克	胡椒粉	適量
乳酪絲	10克	水	100cc	黑胡椒粒	適量
素火腿	60克	炸油	500cc		
麵包粉	100克				
白芝麻（生）	5克				
脆酥粉	100克				

製作步驟

準備食材

1 素火腿切0.2公分圓片狀，香菜切1公分段，乳酪絲切碎。

2 找出豆包接口處，將豆包翻開攤平成長方型，共有兩摺需翻出。

包豆包

3 攤平的豆包，灑上適量的胡椒粉及黑胡椒粒，放少許香菜段。

4 再灑上乳酪末，放上一片火腿片。

5 接著將豆包左右各摺回來並壓緊。

沾上麵糊

6 取100克脆酥粉加上100cc的水，調成脆粉漿。

7 豆包夾沾上脆粉漿。

8 再沾上混合好的麵包粉與白芝麻。

油炸完成

9 鍋中放油，加熱至油溫160度左右，將豆包夾放入鍋中，炸至金黃
酥脆，吃時再切即可。

主廚秘訣

1.豆包須挑寬版工整的較
  好包餡。
2.沾脆粉漿時，收口處須
  確實黏緊。

117

月亮鮮霞餅

4~6人份

兩張春捲皮，夾上餡料，是一款豐富有餡料的脆餅，泰式口味的野香，大豆素漿的纖維，蒟蒻的彈牙口感，餐廳料理也可以自己動手做！

材料

食材
春捲皮	2張
素鱈魚漿	100克
蒟蒻明蝦	30克
馬蹄	20克

其他材料
芹菜	3克
香菜	1克
嫩薑	1克
海苔香鬆	2克
油	1大匙

調味料
東炎醬	1茶匙
白胡椒粉	1/4茶匙
泰式甜辣醬	1大匙

▤ 製作步驟

┌→ 食材切割

1 蒟蒻明蝦、馬蹄切成小碎粒。

2 芹菜、香菜、嫩薑分別切末。

┌→ 製作餡料

3 切好的食材全部加入素鱈魚漿中，加入東炎醬、白胡椒粉、海苔香鬆，共同攪拌均勻，成為餡料。

┌→ 製作霞餅

4 把春捲皮用剪刀修整齊。

5 取一張春捲皮當底，光滑面朝下。

6 春捲皮上鋪滿一層餡料（邊緣留約1.5公分）。

7 邊緣抹上麵糊。

8 餡料上方蓋上一張春捲皮，光滑面朝上，壓緊拍打緊實。

┌→ 油炸

9 鍋中加1大匙油，油熱後放入素霞餅，炸至兩面金黃酥脆，即可盛起。

┌→ 完成

10 素霞餅切成三角圓形，擺盤，沾上泰式甜辣醬食用。

主廚秘訣

1. 也可以用別的調理漿來取代。
2. 鋪餡料時要衡量壓扁緊實的空間，才不易使餡料外露。

119

蒸食類

桂圓蒸豆包

4~6 人份

適合氣虛熱補的料理，中藥提味不過重，豆包先煎再蒸，與食材湯底一起蒸，吸附了鮮美甜味，豆包軟而不爛，口感外韌內軟，食而知味！

材料

食材		其他材料		調味料	
新鮮豆包	4片	老薑	30克	鹽	1茶匙
桂圓肉	5克	油（潤鍋）	1大匙	白胡椒粉	1/4茶匙
小冬菇	6朵	黑麻油	1大匙		
紅棗	6粒	米酒	2大匙		
高麗菜	120克	高湯	300cc		
枸杞	1克				
當歸片	半片				
川芎	1片				
碧玉筍	2支				

（A：桂圓肉、小冬菇、紅棗、高麗菜、枸杞、當歸片、川芎）

製作步驟

→ 準備食材

1 老薑切片，高麗菜撕成片狀備用。

2 熱鍋放入1大匙油潤鍋，小火將豆包兩面煎成金黃色。

3 煎好的豆包一切為四，備用。

→ 製作配料

4 鍋中加入1大匙黑麻油，以小火爆香老薑片至金黃。

5 再加入米酒，煮至酒精揮發。

6 加入300cc高湯、食材A、煎好的豆包及全部調味料，一起煮開，盛入容器中。

→ 入籠蒸

7 容器以保鮮膜密封，移至蒸籠裏，中火蒸30分鐘後取出盛盤。

→ 完成

8 碧玉筍切片，汆燙過後放在上面即完成。

主廚秘訣

1.可挑選第一次浮起製作的頭溝漿做成的豆包，鮮嫩軟綿。

奶油金針菇

4~6 人份

有著寬冬粉的Q彈，金針菇的嚼勁，聞得到奶油的香氣，又帶有樹子的鹹甘甜，吃起來吸附滿滿的湯汁，好吃又好做的菜！

食材		其他材料		調味料	
金針菇	200克	薑末	1克	素沙茶醬	1茶匙
水晶冬粉	50克	香菜末	2克	素蠔油	1大匙
鮮香菇	3朵	高湯	200cc	細砂糖	1/2茶匙
黃耳	5克	（參考第24頁作法）		白胡椒粉	1/4茶匙
（參考第19頁介紹）		無鹽奶油	10克	樹子	1大匙
紅蘿蔔	20克				

製作步驟

➔ 處理食材

1 黃茸泡冷水4小時至發脹，挖除蒂頭樹枯部分，洗淨備用。

2 水晶冬粉放入水中浸泡，泡軟後瀝乾備用。

3 鮮香菇剪去蒂頭，於菇面劃出十字花紋。紅蘿蔔周邊刻出條紋，切成0.5公分厚片。

4 金針菇切去底部後洗淨，薑切末。

➔ 排入碗中

5 取一湯碗，鋪入水晶冬粉。

6 依序排入金針菇、鮮香菇、黃茸、紅蘿蔔。

➔ 製作湯汁

7 鍋中加入素蠔油、薑末炒香。再加200cc高湯及全部的調味料。

8 一起煮開後倒入鋪好材料的碗中，並加入奶油塊。

➔ 入籠蒸

9 湯碗移至蒸籠中，大火蒸15分鐘。

➔ 完成

10 取出湯碗，灑上香菜即完成。

主廚秘訣

1. 調味時要注意食材本身是否帶有鹹度，斟酌調味料用量。

南瓜瑤玉椎

4~6 人份

金黃色的橄欖外型，特別吸睛，原始的南瓜加入創意巧思，手工加持一變就是一道創意料理，吃得到南瓜的美味鮮甜，軟嫩的豆腐，吃在嘴裏非常可口！

食材
南瓜	150克
素鱈魚漿	100克
盒裝豆腐	1/4盒

配料
香菇	2朵
馬蹄	2顆
芹菜	3克
嫩薑	1克

水晶琉璃芡
高湯	200cc
（參考第24頁作法）	
鹽	1/4茶匙
香油	1茶匙
太白粉水	2茶匙
（太白粉及水各1茶匙攪勻）	

其他材料
玉米粉	1大匙
青江菜（裝飾用）	適量
番茄皮（裝飾用）	1顆

調味料
鹽	1/4茶匙
細砂糖	1/4茶匙
白胡椒粉	1/4茶匙

製作步驟

↳ 準備南瓜絲

1 南瓜去皮去籽，刨成絲，拌上玉米粉備用。

↳ 製作餡料

2 素鱈魚漿略剁數刀，斷除纖維絲備用。

3 香菇泡冷水30分鐘至發脹，剪去蒂頭，擠乾水分，切末。馬蹄、芹菜、嫩薑均切成末。

4 素鱈魚漿和香菇、馬蹄、芹菜、嫩薑混合，再加入盒裝豆腐。

5 加入全部的調味料再次攪拌均勻，成為餡料。

↳ 製作瑤玉椎

6 將餡料搓成每個25克小圓球狀。

7 餡料球沾上南瓜絲捏緊，整形成長橄欖狀。

↳ 入籠蒸

8 放入蒸籠裏，大火蒸10分鐘。

↳ 製作水晶琉璃芡

9 高湯、鹽、香油放入鍋中煮滾，以太白粉水勾芡。

↳ 完成

10 青江菜汆燙過，番茄皮捲成花狀，與蒸好的瑤玉椎一起擺盤，淋上水晶琉璃芡即完成。

主廚秘訣

1. 南瓜絲不可刨得太粗，否則不易黏緊。
2. 沾南瓜絲時須朝同一個方向黏附，會較美觀。

掃描QR code或上YouTube搜尋南瓜瑤玉椎＆豆酥美人腿，即可看到作者親自示範。

甲餘什錦菜

4~6 人份

無食蛋者也可以用素鹹蛋黃和玉米粉取代，刀功的切割大小一致，能吃到各種食材的口感，有紫菜的提味，蛋液熟成的入口即化，食用時真是一大享受！

食材		其他材料		調味料	
熟鹹蛋黃	2粒	油	1大匙	鹽	1/4茶匙
香菇	5朵	青江菜苗（裝飾用）		細砂糖	1/4茶匙
鮮筍	150克		適量	蔭油	1/2茶匙
紅蘿蔔	80克			香油	1茶匙
馬蹄	3顆			白胡椒粉	1/4茶匙
芹菜	2克				
紫菜	2張				
全蛋	2顆				

製作步驟

準備食材

1. 熟鹹蛋黃切碎備用。

2. 香菇泡冷水30分鐘至發脹，剪去蒂頭，切成丁片狀。

3. 紅蘿蔔，馬蹄均切丁。芹菜切珠備用。鮮筍去殼，切丁，放入滾水中，煮至10分鐘撈出。

炒食材

4. 鍋中入1大匙油，依序放入香菇、鮮筍、紅蘿蔔、馬蹄、芹菜炒香。

5. 加入全部的調味料炒勻，盛出待涼。

製作素甲餘

6. 取碗鋪上保鮮膜，再鋪上2張紫菜，備用。

7. 全蛋打散，倒進炒好的食材裏，再加入熟鹹蛋黃一起拌合均勻。

入籠蒸

8. 拌好的材料倒進鋪好紫菜的碗裏，用保鮮膜封起，移置蒸籠內，大火蒸30分鐘取出。

完成

9. 蒸好的成品倒扣後，切成相連的花形塊狀，擺入盤中。青江菜燙熟，裝飾在素甲餘邊緣即完成。

主廚秘訣

1. 素甲餘可以冷切食用，或用燴、羹等做法。

2. 蛋液須淹過食材高度，蒸出來的甲餘才會飽滿。

筍乾扣封若

4~6 人份

步驟工序很繁瑣，在冬瓜上以刀工、火候來展現料理的精髓所在，能品嚐到古早味的滷筍乾、燒白菜等，按照圖片步驟與要領操作，就能輕鬆上手！

食材
冬瓜	200克
梅乾菜	10克
大白菜	150克
皮絲（乾）	20克

芡汁材料
高湯	200cc
（參考第24頁作法）	
素蠔油	1茶匙
細砂糖	1/2茶匙
太白粉水	1大匙
（太白粉及水各1/2大匙攪勻）	
香油	1茶匙

其他材料
炸油	適量
油	4大匙
醬油（抹冬瓜用）	1大匙
老薑（切末）	5克
老薑（切片）	10克
紅辣椒（切片）	1支
高湯	400cc
玉米粉	1大匙

裝飾
辣椒	少許
香菜	少許

調味料A（滷筍乾）
醬油	2大匙
細砂糖	1茶匙
素蠔油	1茶匙
白胡椒粉	1/2茶匙

調味料B（滷白菜）
鹽	1茶匙
細砂糖	1/2茶匙
白胡椒粉	1/2茶匙
五香粉	1/2茶匙

┌→ 處理食材

1 筍乾泡水4小時，發脹後切段，放入滾水中，以小火滾10分鐘，撈出沖乾淨備用。

2 冬瓜去皮去籽，切9公分正方型厚塊，一面刻劃十字刀紋。

3 梅乾菜以清水沖洗多次，除去泥沙再擰乾水分，切成小段。

4 大白菜切塊。皮絲泡水2小時至軟化，切為小片狀。

┌→ 炸冬瓜

5 起油鍋，加熱至油溫200度，將冬瓜放入，炸至表面微皺撈出，趁熱抹上醬油上色。

┌→ 滷筍乾梅乾菜

6 鍋中放入3大匙油，爆香老薑片、紅辣椒片，至香味溢出，加入梅乾菜炒香，再入筍乾、調味料A及高湯300cc一同煮滾。以小火滷40分鐘至入味上色，撈出，瀝乾湯汁備用。

┌→ 滷白菜

7 鍋中放入1大匙油，爆香薑末，再放入大白菜、皮絲翻炒均勻。加入高湯100cc及調味料B，小火燒5分鐘。

8 燒至白菜軟化熟透，盛入碗中，趁熱加入玉米粉拌均勻，使其熟化凝固。

┌→ 填入碗公

9 取碗公（須大於冬瓜塊），依序填入冬瓜塊、滷好之筍乾梅乾菜，並壓緊實，再放上炒好的大白菜皮絲壓平。

┌→ 入籠蒸

10 密封後移入蒸籠，大火蒸40分鐘，取出扣於盤中。

┌→ 勾芡完成

11 高湯200cc、素蠔油、細砂糖一起煮開，加入太白粉水勾芡，再入香油提香。將芡汁淋在筍乾扣若上，放上辣椒、香菜裝飾即完成。

主廚秘訣

1. 滷筍乾梅乾菜的油脂要添加足夠，吃起來才不會乾澀。

2. 冬瓜塊炸好後可移至冰箱冷凍，冰至軟化，減少蒸的時間。

蟹黃佛手捲

4~6 人份

佛手意指五瓣，也是中餐乙級檢定考題，在創意料理上，可切五瓣以上，越多瓣層
次越多，淋上蟹黃增加鮮豔，搭配食用，可嚐到胡蘿蔔素的香甜！

材料

食材
山東大白菜葉	6片
香菇	2朵
金針菇	50克
鮮筍	30克
豆薯	20克
芹菜	3克

芡汁材料
素蟹黃	1大匙
（參考第25頁做法）	
高湯	200cc
（參考第24頁做法）	
鹽	1/4茶匙
細砂糖	1/4茶匙
太白粉水	1大匙
（太白粉及水各1/2大匙攪勻）	

其他材料
油	2大匙
高湯	50cc
枸杞（裝飾用）	數粒
青豆仁（裝飾用）	數粒

調味料
鹽	1/4茶匙
細砂糖	1/4茶匙
醬油	1茶匙
白胡椒粉	1/8茶匙

➤ 處理白菜

1 山東大白菜切除蒂頭，外面較大的葉片和中心葉片不用，取中間葉片大小適中的來包覆。

2 大白菜葉放入滾水中氽燙3分鐘，使全熟但不可太爛，白菜梗須能彎曲。

3 撈出大白菜葉，泡入冰水中至涼，瀝乾。

➤ 製作餡料

4 香菇泡水至軟，洗淨，擠乾水分，切絲。金針菇切除蒂頭，豆薯去皮切絲，鮮筍去殼切絲、燙熟，芹菜切珠。

5 鍋中放2大匙油，焗香香菇絲，再放入金針菇、豆薯絲、筍絲、芹菜珠，炒至軟化。

6 加入全部調味料及高湯50cc，一同炒合均勻為餡料，撈起備用。

➤ 製作白菜捲

7 白菜葉攤平，頭尾削齊，白菜梗在上，以小刀沿梗脈劃上4刀不斷。

8 取適量餡料放於葉片上，左右向內摺，再向前捲起，成圓筒狀。

➤ 入籠蒸

9 白菜捲移至蒸籠，大火蒸8分鐘，取出擺入盤中。

➤ 煮茨汁

10 鍋內入高湯200cc及鹽、細砂糖、素蟹黃煮開，以太白粉水勾茨，即成蟹黃茨汁。

➤ 完成

11 將蟹黃茨汁淋於白菜捲上，放上枸杞、青豆仁裝飾即完成。

紫衣如意捲

4~6 人份

紫衣指的是紫菜，如意捲即是盒裝豆腐切片，連同紫菜食材一起捲起，黑白相襯，
淋上金茸醬一起食用更有風味，蒸炸皆宜。

食材

紫菜	2張
盒裝豆腐	1盒
嫩薑	8克
香菇	2朵
芹菜	20克
素火腿	20克

芡汁材料

高湯	200cc
（參考第24頁做法）	
金茸醬	1大匙
太白粉水	2茶匙
（太白粉與水各1茶匙攪勻）	

裝飾

秋葵	適量
玉米筍	適量

調味料

A	鹽	1茶匙
	細砂糖	1/2茶匙
	米酒	1茶匙
	香油	1大匙
	椒鹽粉	1大匙

製作步驟

➤ 處理紫菜

1 紫菜一切為三，成為寬5公分的長方形片。

➤ 準備餡料

2 香菇泡軟剪去蒂頭，加入高湯50cc、調味料A，放入蒸籠大火蒸30分鐘，讓香菇完全吸附湯汁，取出切絲備用。

3 嫩薑切絲，素火腿切絲，芹菜切5公分段備用。

4 盒裝豆腐以刀子橫切為0.2公分厚片狀。

➤ 製作紫菜捲

5 取一片紫菜，粗糙面朝上、光滑面朝下，放上豆腐片，撒上少許椒鹽粉。

6 放上香菇絲、薑絲、火腿絲、芹菜段，向前捲緊成圓筒狀，接口處沾少許水黏附。

➤ 入籠蒸

7 紫菜捲放入蒸籠，大火蒸5分鐘，取出擺置盤內。

8 秋葵和玉米筍氽燙熟，放入盤中裝飾。

➤ 製作芡汁

9 鍋中入高湯150cc，加入金茸醬一同煮開，以太白粉水勾芡，成為芡汁。

➤ 完成

10 將芡汁淋至紫衣如意捲上，即完成。

素燥蒸鱈餘

4~6 人份

以紫菜做為外皮，豆包和食材拌至乳化有黏性，做成鱈餘，再配上素肉燥一起吃，非常開胃可口，很下飯的一道菜。

食材

豆包	4片
香菇	2朵
金針菇	20克
馬蹄	3粒
半圓豆皮	1張
紫菜	1張
碧玉筍	2支

其他材料

嫩薑	3克
全蛋	1顆
蛋液	1顆
地瓜粉	100克
素肉燥	4大匙
（參考第27頁做法）	
薑末	3克
炸油	適量
高湯	150cc

調味料A

素沙茶醬	1大匙
黑胡椒粒	1/4茶匙
白胡椒粉	1/4茶匙
五香粉	1/4茶匙
玉米粉	2大匙
鹽	1/4茶匙

調味料B

樹子	1大匙
蔭油	1茶匙
白胡椒粉	1/4茶匙
細砂糖	1茶匙

➤ 處理食材

1 豆包切絲，金針菇去蒂頭切1公分段，馬蹄拍碎切小粒，嫩薑切末。

2 香菇泡水半小時至軟，剪去蒂頭，擠乾水分，切小粒。

➤ 調製餡料

3 豆包、金針菇、馬蹄、薑末、香菇混合，加入調味料A及全蛋1顆，拌均勻為餡料。

➤ 製作素鱈餘

4 半圓豆皮攤平，抹上蛋液，紫菜（光滑面在下）疊放於半圓豆皮中央，排成菱形。

5 將餡料鋪在紫菜上，半圓豆皮左右向中間摺進來。

6 從下方捲向右上方，成為長三角圓錐狀，接口處沾上蛋液黏緊。

7 做好的鱈餘用保鮮膜包緊，放入蒸籠內，中火蒸30分鐘，取出待冷。

➤ 油炸

8 把蒸好的鱈餘橫剖對半，沾上蛋液，再沾上地瓜粉。

9 起油鍋，加熱至油溫約180度，鱈餘放入油鍋中炸至金黃酥脆，切1公分斜片，擺入盤中。

➤ 煮湯汁

10 鍋中入素肉燥、薑末炒香，再入高湯150cc及調味料B，小火煮滾，起鍋淋於鱈餘上。

➤ 完成

11 碧玉筍切絲置於鱈餘之上即完成。

主廚秘訣

1. 吃全素者，可將蛋改為中筋麵粉加水，以1：1比例調製成麵糊取代。
2. 蒸的火候不可大火，以免豆皮破裂爆開。

湯品類

南杏木瓜湯

4~6 人份

養顏潤肺，帶有杏仁香味，挑選微紅青木瓜，熟度適中，顏色鮮紅，適合煮湯，脆中帶綿，鮮甜可口。

材料

食材

微紅青木瓜	200克
南杏	6克
紅棗	8粒
珊瑚菇	80克

其他材料

嫩薑	5克
水	1200cc

調味料

鹽	1茶匙
香油	1/8茶匙
米酒	1/8茶匙

⌐▶處理食材

1 青木瓜去皮去籽，除去內膜，切成菱形塊。

2 南杏、紅棗洗淨備用。

3 嫩薑去皮，切菱形片。

4 珊瑚菇撕成小朵備用。

主廚秘訣

1. 青木瓜挑半生熟，口感、味道、顏色皆美。
2. 南杏、紅棗須先煮才容易熟透。

⌐▶製作湯底

5 湯鍋內放入清水1200cc，加入薑片、南杏、紅棗，煮滾後轉小火，再煮15分鐘。

⌐▶燉煮

6 加入青木瓜、珊瑚菇及鹽，以小火煮30分鐘，至食材熟透，香味溢出。

⌐▶完成

7 起鍋前淋上香油、米酒，即可盛碗。

藥膳大補湯

4~6 人份

補充元氣，湯料講究，以黃耆片為主，甘甜不苦，好喝潤喉，藥膳香味傳千里，讓您一碗接一碗！

材料

食材
皮絲（乾）	50克
小冬菇	6朵
杏鮑菇	30克
桂圓肉	2克
紅棗	6粒
素羊肉	30克

藥材
黃耆片	80克
當歸片	10克
黨參	10克
油桂	3克
桂枝	8克
枸杞	10克

其他材料
水	1500cc
老薑	10克
黑麻油	1大匙

調味料
米酒	1大匙
鹽	1茶匙

製作湯底

1　湯鍋加水1500cc，放入所有藥材煮開，轉小火熬煮1小時，約剩1000cc水量，做為湯底。

處理食材

2　小冬菇泡水1小時，剪去蒂頭，洗淨。皮絲泡水2小時，至發脹變軟，洗淨，擠乾水分，切小片。

3　杏鮑菇切厚片，入鍋中乾煸成金黃色。

燉煮完成

4　老薑洗淨切片，鍋中放入黑麻油及老薑片，小火爛至焦黃。

5　將步驟1的湯底倒入鍋中（把藥材過濾掉）。

6　皮絲、杏鮑菇、小冬菇、素羊肉、桂圓肉和紅棗一起放入湯中。

7　加米酒、鹽調味，小火煮40分鐘，即可盛入碗中。

主廚秘訣

1.麵筋類或加工素料，不可以大火煮，易使湯頭顏色混濁。

2.可改將食材、調味料加入湯中，再放入電鍋蒸40分鐘即成。

花瓜巴西湯

4~6 人份

花瓜的鹹甘甜，越煮越濃郁，巴西蘑菇的提味及黃茸的膠質，讓整個湯頭清甜好喝，愛不釋口！

食材		其他材料	
巴西蘑菇（乾）	15克	水	800cc
冬瓜	60克	嫩薑	3克
腰果	20克	**調味料**	
黃茸（乾）	5克	鹽	1茶匙
（參考第19頁介紹）		米酒	1大匙
秀珍菇	30克		
花瓜	2克		

主廚秘訣

1.黃茸不可泡水過久，否則會糊爛掉。
2.此道湯熬愈久湯頭愈濃郁。

製作步驟

↱處理食材

1 巴西蘑菇剪去蒂頭，以清水將灰塵沖洗乾淨。

2 冬瓜去皮去籽，切成塊。嫩薑切絲。

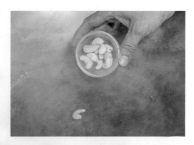

3 腰果放入滾水中汆燙1分鐘，去除表面蠟膜及雜質，撈出備用。

4 黃茸泡冷水4小時，至發脹變軟，剪去蒂頭和雜質，洗淨備用。

↱燉煮

5 鍋中加水800cc，放入全部的食材和嫩薑絲一起煮開。

↱完成

6 加入鹽、米酒，轉小火再煮30分鐘，即可盛入碗中。

蓮藕甜根湯

4~6 人份

蓮藕、甜菜根加上猴頭菇、熟花生，品嚐口感的好湯頭，蓮藕微甜脆口，猴菇香，有了甜根菜，湯品不怕黑。

材料

食材

蓮藕	150克
甜菜根	50克
猴頭菇（乾）	10克
（參考第22頁介紹）	
熟花生	20克
黃金蟲草（乾）	1克
（參考第20頁介紹）	
嫩薑	2克

其他材料

水	800cc

調味料

鹽	1茶匙
米酒	1大匙
香油	1/2茶匙

主廚秘訣

1.此道湯以根莖類為主食，蓮藕本身易氧化變黑，搭配的甜菜根含豐富的鐵質、葉酸、甜菜鹼，可抑制蓮藕氧化，湯頭顏色呈現金黃色。

製作步驟

↱ 處理食材

1 蓮藕去皮，切成塊。

2 甜菜根去皮，切成塊。

3 黃金蟲草泡水5分鐘，去蒂頭沖洗乾淨。嫩薑切片。

↱ 處理猴頭菇

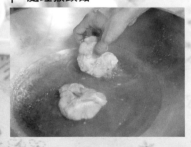

4 猴頭菇泡水4小時，至發脹變軟，撕成小塊狀，放入滾水中燙10分鐘，撈出沖水10分鐘，去除苦味，再擰乾水分。

↱ 燉煮

5 湯鍋加入水800cc，將處理好的所有食材加入，煮開後轉小火。

↱ 完成

6 放入鹽、米酒，再煮30分鐘，滴上香油，即可盛入碗中。

掃描QR code或上YouTube搜尋十穀吉絲飯＆蓮藕甜根湯，即可看到作者親自示範。

素豚骨蔬湯

熬出了蔬菜的鮮甜，融合淡淡的中藥香味、昆布的海味，起鍋前滴上奶水增香，並且能取代大骨的蛋白質乳白色。

食材

高麗菜	80克
秀珍菇	30克
玉米條	60克
鮮筍	30克
素火腿	20克
昆布帶	3克
甘草	2片
當歸片	1/4片

其他材料

嫩薑	2克
芹菜	2克
水	800cc

調味料

鹽	1茶匙
白胡椒粉	1/4茶匙
奶水	50cc

製作步驟

處理食材

1 高麗菜撕成大片狀，秀珍菇撕開。

2 玉米條切成2公分厚片。

3 鮮筍去殼，放入滾水中燙20分鐘，撈出沖水，切片備用。

4 素火腿切片，昆布帶切1公分段。

5 嫩薑切片，芹菜切珠。

燉煮

6 鍋內加水800cc，放入甘草、當歸片，和處理好的食材（芹菜除外）一起煮開。

7 加入鹽、白胡椒粉調味，再轉小火煮20分鐘。

8 起鍋前加入奶水攪拌均勻。

完成

9 完成的湯盛入碗中，最後灑上芹菜珠即可。

主廚秘訣

1. 奶水除了能增加濃郁風味，也仿豬大骨經熬煮的蛋白質碰撞，所呈現的乳白色湯頭。
2. 將所有食材、水、調味料加在一起，放入電鍋蒸20分鐘，取出再加奶水亦可。

五花果鮮湯

營養價值很高，湯頭可潤肺清熱、化痰整胃，十分清甜，富含菇類的胺基酸及多醣體，讓整個湯頭越喝越順口。

材料

食材	
無花果（乾）	10粒
山藥	120克
杏鮑菇	50克
鮮香菇	50克
素燉肉	30克
紅棗	6粒
當歸片	半片

其他材料	
水	800cc
香菜	1克

調味料	
鹽	1茶匙
米酒	1大匙
香油	1茶匙

⌐ 處理食材

1 無花果洗淨備用，紅棗洗淨備用。

2 山藥去皮，切滾刀塊，杏鮑菇亦切滾刀塊。

3 素燉肉切成小塊備用。

4 鮮香菇剪去蒂頭，切對半，放入滾水中，汆燙10秒，撈出備用。

⌐ 燉煮

5 鍋中加水800cc，放入當歸片、鮮香菇、素燉肉、紅棗、杏鮑菇一起煮開，轉小火再煮10分鐘。

6 續加入無花果、山藥，以小火燉煮10分鐘，放入鹽、米酒調味。

⌐ 完成

7 起鍋前滴上香油，盛入湯碗中，放上香菜點綴即完成。

佛跳牆上湯

4~6 人份

豐富的什錦菜，融合各種食材的鮮甜美味及膠質，中藥的提香不過重，湯頭經由老薑爆香再熬煮，順口好喝。

材料

食材		藥材		調味料	
大白菜	50克	紅棗	6粒	香油	1大匙
小冬菇	6朵	枸杞	1克	米酒	1大匙
芋頭	30克	當歸	半片	醬油	1大匙
栗子	6粒	川芎	1小片	素蠔油	1大匙
馬蹄	6粒	桂皮	1小片	素沙茶醬	1大匙
洋菇	6粒			白胡椒粉	1/2茶匙
草菇	6粒	其他材料			
蓮子	10粒	炸油	200cc		
皇帝豆	6粒	老薑	3克		
鮮筍	30克	水	1200cc		
麵腸	50克				

製作步驟

┌→ 處理食材

① 大白菜切片,洗淨放入滾水中燙軟,撈起備用。老薑切片備用。

② 小冬菇泡冷水30分鐘至軟,剪去蒂頭,洗淨。

┌→ 油炸

③ 芋頭去皮,切滾刀塊,放入油鍋中,炸至金黃色。

④ 油鍋加熱至180度,將栗子、馬蹄放入炸至金黃色。

⑤ 麵腸撕小塊,由內往外翻,放入油鍋中,先以180度油溫炸至金黃色,再轉小火炸至酥硬。

┌→ 汆燙

⑥ 洋菇、草菇、蓮子、皇帝豆、鮮筍均分別放入滾水中,燙熟備用。

┌→ 食材置入圓盅內

⑦ 先將大白菜入圓盅內做底,再放入芋頭,依序放入處理好的食材與藥材。

┌→ 加入湯頭

⑧ 鍋中入香油,小火焗香老薑片,下米酒提香,再入醬油、素蠔油炒香,加入清水1200cc和素沙茶醬、白胡椒粉一同煮開,轉小火熬煮30分鐘,即為湯頭。

⑨ 湯頭過濾掉渣,倒入圓盅內至九分滿。

┌→ 完成

⑩ 圓盅密封,移入蒸籠,大火蒸1小時即完成。

主廚秘訣

1. 入蒸籠時圓盅須密封好,以免水蒸氣滴入,味道走失。

2. 芋頭經過油炸,除了增加香味,芋頭也較不易蒸散。

紅燒牛若湯

湯頭清香，料好實在，豆瓣香氣誘人，滷包的藥材黃金比例，帶點辛香辣，開胃加分，素羊肉入味，讓您越嚼越香！

材料

食材
素羊肉	200克
白蘿蔔	120克
紅蘿蔔	60克
香菇	10朵
玉米條	1條

藥材
草菓（拍破）	1錢
八角	6顆
花椒	3錢
大茴香	3錢
小茴香	2錢
三奈	1錢
陳皮	1錢
甘草	1錢
肉桂	5錢
桂枝	5錢

其他材料
芹菜	1克
香菜	1克
紅辣椒	3條
老薑	30克
花椒油	1大匙

調味料A
辣豆瓣醬	2大匙
豆瓣醬（紅）	1大匙
沙茶醬	1茶匙
辣醬油	1茶匙
素蠔油	1茶匙

調味料B
鹽	1/4茶匙
細砂糖	1茶匙
白胡椒粉	1/2茶匙
五香粉	1/4茶匙
米酒	1大匙

製作步驟

⌐→ 處理食材

1 紅、白蘿蔔去皮，切滾刀塊。玉米條切2公分厚片。

2 香菇泡水30分鐘至軟，剪去蒂頭，再切對半。老薑切片，紅辣椒整支拍扁，芹菜切珠，香菜切小段備用。

⌐→ 製作藥包

3 鍋中放入花椒油，小火爆香老薑片、紅辣椒、花椒、八角、拍破的草菓至微黃且香味溢出，撈起。

4 爆香好的藥材，連同其他所有藥材，一起裝入布袋內綁緊，成為藥包。

⌐→ 熬製湯底

5 鍋中放入調味料A炒香，並加水7000cc。將藥包放入，加入調味料B一起煮開，轉小火煮1小時。

⌐→ 煮紅燒湯

6 將湯汁過濾至湯桶內，取2000cc湯汁倒入鍋中。

7 把全部的食材加入鍋中，小火熬30分鐘至熟透入味，即可熄火。

⌐→ 完成

8 將湯盛入碗裏，撒上芹菜、香菜即可。

主廚秘訣

1. 藥材請中藥房抓好直接放入藥包亦可。

2. 此藥材的量搭配7000cc的水，小火熬煮1小時後，餘5500cc湯汁，再將湯汁過濾，取2000cc湯汁熬煮食材。

3. 可加入燙好的麵條和青菜，即成紅燒麵。

焗烤類

茄汁墨西哥捲

4~6 人份

捲起酸甜的餡料及乳酪的濃郁，餅皮烤得外脆內軟，一口咬下，醬汁包裹著餅皮，
乳酪絲香味動人，實在美味可口！

材料

食材		其他材料	
墨西哥餅皮	2張	無鹽奶油	15克
鮑魚菇	150克	番茄醬（劃線條用）	適量
青椒	30克		
黃甜椒	30克	**調味料**	
牛番茄	1顆	番茄醬	2大匙
鳳梨	30克	素蠔油	1大匙
黃金素鴨	30克	細砂糖	1茶匙
乳酪絲	30克	黑胡椒粒	1/2茶匙
		義式綜合香料	1/4茶匙

製作步驟

┌─▶ 處理食材

1 鮑魚菇切0.2公分片狀。

2 青椒、黃甜椒去籽，切成絲。

3 牛番茄切小丁，鳳梨肉切絲。

4 黃金素鴨切絲。

┌─▶ 拌炒餡料

5 鍋中入無鹽奶油塊，開小火將奶油溶化，轉中火，放入牛番茄丁炒香，再放鮑魚菇片炒至熟化變軟。

6 加進鳳梨、黃金素鴨一同炒勻。

7 加入全部的調味料，拌炒均勻收汁，再入青椒、黃甜椒拌炒一下，盛出後拌入乳酪絲，成為餡料。

┌─▶ 包墨西哥捲

8 餅皮攤平、放上餡料，向前捲起成圓筒狀。

9 用番茄醬在捲餅上畫上線條。

┌─▶ 焗烤完成

10 做好的捲餅移入預熱好的烤箱，以溫度180度烤10分鐘，上色後取出切段，即可擺盤。

主廚秘訣

1. 墨西哥餅皮可事先蒸軟，在捲時較好操作。

2. 餡料不可炒得太濕，否則難以捲起。

咖哩麵包盅

4~6 人份

香濃的咖哩椰香，帶著洋芋乳化的滋味，豐富的食材，搭配麵包盅一起吃，享受乳酪絲拔絲的美味、麵包烤過的香氣，味蕾充分滿足！

材料

食材
麵包盅	6個
馬鈴薯	100克
紅蘿蔔	30克
洋菇	30克
玉米筍	30克
牛奶乳酪	30克
焗烤粉	1/2杯

（參考第30頁做法）

其他材料
水	1/2杯
高湯（參考第24頁做法）	1杯
無鹽奶油	15克
乳酪絲（拌入餡中）	10克
乳酪絲（鋪在麵包盅上）	60克

調味料
咖哩醬	2大匙
（參考第29頁做法）	
椰漿	1大匙
鮮奶油	1茶匙
鹽	1/2茶匙
細砂糖	1/2茶匙
白胡椒粉	1/4茶匙

裝飾
藍莓、草莓、熟腰果 數顆

製作步驟

處理食材

1 馬鈴薯、紅蘿蔔去皮切丁,放入蒸籠大火蒸10分鐘,至8分熟,取出備用。

2 洋菇、玉米筍、牛奶乳酪分別切丁備用。

3 焗烤粉半杯,加半杯水(粉:水＝1:1),用果汁機攪拌均勻成麵糊備用。

拌炒餡料

4 鍋中放入無鹽奶油塊,小火加熱至奶油溶化。

5 放入洋菇、玉米筍,炒至軟化,再加入咖哩醬一起炒香。

6 加入馬鈴薯、紅蘿蔔拌炒均勻。

7 加高湯1杯和椰漿、鮮奶油、鹽、細砂糖、白胡椒粉,小火煮開。

8 徐徐倒入調好的麵糊勾芡成濃稠狀,即可熄火。加進牛奶乳酪、乳酪絲10克拌均勻,即成餡料。

填入麵包盅

9 將餡料盛入麵包盅內8分滿,上頭撒上乳酪絲鋪滿。

焗烤完成

10 烤箱預熱至180度,麵包盅放在鋪錫箔紙的烤盤上,入烤箱烤12分鐘,烤至金黃色即可取出,加上藍莓、草莓、熟腰果裝飾即可。

主廚秘訣

1. 餡料的作法相同,可放入不同的食材,例如紅甜椒、黃甜椒、小南瓜、日本茄子等。

2. 咖哩麵包盅餡料可一次多做一點,放冷凍庫保存,需要時再取出解凍,盛入麵包盅,放進烤箱,亦可達到外酥內軟的口感。

番茄焗豆腐

4~6 人份

隨手可得的好食材，簡單好製作，是一道老少皆宜的美食。番茄的微酸、鳳梨的開胃、乳酪的鹹香、沙拉醬的酸甜，融化在一起，美味無比！

材料

食材

牛番茄	1顆
鳳梨	30克
盒裝豆腐	1盒
沙拉醬	100克
乳酪絲	60克
海苔粉	1克

其他材料

胡椒鹽	1茶匙

製作步驟

食材切割
1 盒裝豆腐瀝乾水分，切0.6公分片狀，一刀斷，一刀不斷。
2 牛番茄切去蒂頭，對切剖半再切片。
3 鳳梨切0.2公分片。
4 乳酪絲切碎。

製作豆腐夾
5 豆腐片中間夾上番茄片、鳳梨片。
6 夾好的豆腐夾平放，灑上少許胡椒鹽，鋪上乳酪絲。
7 用沙拉醬在乳酪絲上擠上線條。

焗烤
8 烤箱預熱至220度，豆腐夾放入烤箱烤7分鐘，至沙拉醬表面呈現微焦的黃色。

完成
9 取出，表面灑上海苔粉，排入盤中即完成。

主廚秘訣

1.沙拉醬遇熱易油水分離，所以須等到烤箱溫度達到220度，才可放進烤箱，以高溫將沙拉醬表面烤至微焦。

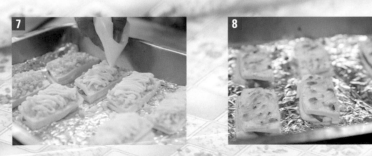

孜然杏菇片

4~6 人份

杏鮑菇的原味不流失，拌著新疆、蒙古常用的香料，獨樹一格，地瓜絲脆口，再搭
配油醋生菜沙拉，擺盤典雅，味覺清爽解油膩！

材料

食材		醬汁材料		調味料	
杏鮑菇	200克	海苔醬	1大匙	鹽	1茶匙
地瓜	80克	蘋果醋	2大匙	細砂糖	1茶匙
綠捲鬚	30克	橄欖油	2大匙	白胡椒粉	1/2茶匙
紅生菜	30克			孜然粉	1茶匙
乳酪絲	60克	**其他材料**			
		炸油	200cc		
		起士粉	1茶匙		

製作步驟

┏→醃杏鮑菇

1 杏鮑菇切約長6公分、寬2公分、厚0.5公分片。與全部的調味料拌合均勻（可加少許水濕潤），醃漬半小時入味。

┏→焗烤杏鮑菇

2 杏鮑菇片鋪上乳酪絲，放進鋪錫箔紙的烤盤裡。

3 烤箱預熱至180度，放入烤盤烤8分鐘，烤至金黃色即可，取出備用。

┏→製作配料

4 地瓜切細絲，走水（以流動的水沖洗）3分鐘，至澱粉去除，入油鍋，以油溫160度炸至酥脆，擺入盤中。

5 將烤好的杏鮑菇放在地瓜絲上。

6 綠捲鬚、紅生菜修剪成小片，泡冰水數分鐘，至青脆，撈起瀝乾，擺入盤中。

┏→製作醬汁

7 取海苔醬、蘋果醋、橄欖油混合調成醬汁。

┏→完成

8 把醬汁淋在杏鮑菇、生菜上，最後灑上起士粉即完成。

羅勒烤鮮蔬

4~6 人份

富含膳食纖維的蘆筍，以冷榨橄欖油拌勻，烤至熟透微乾，封鎖住蘆筍的鮮甜，還能品嚐到香料的提味，作法既簡單又健康！

食材		調味料	
小蘆筍	150克	椒鹽粉	1茶匙
紅甜椒	30克	橄欖油	2大匙
黃甜椒	30克	羅勒葉（乾的）	1/4茶匙
鮮香菇	50克		

主廚秘訣

1.烤鮮蔬火候宜用中火，在150至170度之間，溫度過低，烤起來香味較差，溫度過高則容易焦黑。

製作步驟

→ 食材切割

1 小蘆筍切除尾巴一小段纖維較粗的部分，再切對半。

2 紅、黃甜椒去籽，切適當大小的條狀。

3 鮮香菇去蒂頭，切斜片狀。

→ 食材調味

4 小蘆筍、紅甜椒、黃甜椒、鮮香菇混合在一起。

5 加入全部的調味料拌合均勻。

→ 焗烤完成

6 拌好的食材倒入烤盤裡，移進已預熱的烤箱，以160度烤12分鐘，烤至表面呈現微焦黃色，即可取出擺盤。

彩椒鑲洋芋

4~6 人份

一次讓您品嚐到外層的脆皮乳酪絲，和內餡軟綿細緻的洋芋泥，還有堅果的可口香脆，及甜椒的多汁香甜，這是一道讓您端得上檯面的手工菜。

材料

食材		調味料	
紅甜椒	半顆	鹽	1/4茶匙
黃甜椒	半顆	細砂糖	1茶匙
馬鈴薯	200克	白胡椒粉	1/4茶匙
玉米粒	30克	西式綜合香料	少許
綜合堅果	60克	沙拉醬	50克
乳酪絲	100克		

製作步驟

處理食材

1 紅、黃甜椒去籽洗淨,一切為三,修剪成帆船狀。

2 馬鈴薯去皮切片,移入蒸籠,大火蒸15分鐘,至熟透。

3 取出馬鈴薯,趁熱倒入碗公內壓成泥。

製作餡料

4 馬鈴薯泥中加入玉米粒、綜合堅果及所有的調味料,一同拌合均勻,成為餡料。

鑲洋芋

5 紅、黃甜椒上填入餡料,表面抹平。

6 乳酪絲切碎,撒在餡料上。

焗烤完成

7 烤箱先預熱,將彩椒鑲洋芋放進鋪錫箔紙的烤盤上,入烤箱,以上火200度,下火180度,烤10至12分鐘,表面呈金黃色,即可取出盛盤。

主廚秘訣

1. 沙拉醬有助於提味,但不宜太多,會讓餡料過濕,難以操作。
2. 烤箱須達到所需的溫度,才能將彩椒鑲洋芋放入烤箱,使表面先烤至上色固形。

點心類

紅藜珍珠丸

4~6人份

紅藜融入料理已成為一個趨勢，營養價值甚高，摻入糯米中，色澤耀眼，口感豐富，時蔬鮮甜味美，食材的原味完全釋出！

材料

食材		其他材料		調味料	
長糯米	120克	嫩薑	2克	鹽	1/4茶匙
紅藜	30克	芹菜	2克	細砂糖	1/4茶匙
素鱈魚漿	150克	油	1大匙	白胡椒粉	1/4茶匙
馬蹄	3粒			香油	1茶匙
香菇	3朵				

製作步驟

→ 處理食材

1 長糯米和紅藜混合，洗淨後泡水兩小時（水量為糯米的兩倍），瀝乾備用。

2 馬蹄拍扁切碎粒，嫩薑切末，芹菜切珠。

3 香菇泡冷水30分鐘至軟發脹，擠乾水分，切成小粒。

→ 製作餡料

4 鍋中入1大匙油，陸續放入香菇、嫩薑、芹菜、馬蹄炒香，加入全部的調味料拌勻。

5 炒好的配料與素鱈魚漿混合，拌成餡料。

→ 搓丸子

6 取餡料20公克，搓成小圓糰，表面沾上糯米和紅藜。

→ 蒸熟完成

7 將珍珠糯米丸放入蒸籠，大火蒸12分鐘，即可取出盛盤。

主廚秘訣

1. 要使珍珠糯米丸看起來立體美觀，沾糯米時不要握得太緊，米粒才能完整貼附於餡料上。

173

黃色小鴨包

4 人份

以南瓜調製外皮，口感軟硬適中，Q彈香甜，白蘿蔔絲蒸熟，保留了甜味，再拌製調味，鹹甜可口，加點天馬行空的概念，做成可愛的小鴨外觀。

材料

食材
南瓜	180克
紅蘿蔔	30克
白蘿蔔	130克
香菇	5朵
白芝麻（熟）	2克

外皮材料
糯米粉	180克
澄粉	20克
細砂糖	50克
油	10克
滾水	10克

其他材料
鹽（軟化蘿蔔）	少許
油（炒香菇）	少許
太白粉	2大匙
百香果籽	8粒

內餡調味料
鹽	1茶匙
白胡椒粉	1/4茶匙
香油	1茶匙

製作步驟

處理食材

1 白蘿蔔去皮切絲，拌上鹽，靜置10分鐘，待軟化、除去菁味後，將水分擠乾。

2 香菇泡冷水30分鐘，至軟化發脹，剪去蒂頭，擠乾水分，切絲。

製作餡料

3 鍋中加少許油，炒香香菇絲，盛出備用。白蘿蔔絲和香菇絲拌在一起，加上內餡調味料、熟白芝麻，再加太白粉，一起拌勻。

4 拌好的白蘿蔔絲和香菇絲移入蒸籠，中火蒸15分鐘，取出放涼，成為餡料。

製作外皮

5 南瓜、紅蘿蔔去皮切片，放入蒸籠，大火蒸15分鐘後取出。

6 取澄粉20克與滾水10cc調成燙麵糰，分成大小兩份（約19：1）。

7 大份燙麵糰加入蒸好的南瓜中，小份燙麵糰加入蒸好的紅蘿蔔中，南瓜中再加入170克左右糯米粉及細砂糖、油，紅蘿蔔再加入10克左右糯米粉，分別搓揉均勻成糰。

8 紅蘿蔔麵糰分成4等份。南瓜麵糰分成4等份，每一份南瓜麵糰再分成一大（做成身體）、三小（做成頭及翅膀）共四塊。

包入餡料

9 取大塊南瓜麵糰壓扁包入餡料，捏成黃色小鴨的身體。

10 另三塊南瓜麵糰分別搓成頭部及兩個翅膀黏在身體上，用胡蘿蔔麵糰做成鴨嘴黏上，再鑲上百香果籽作為眼睛。

入籠蒸熟完成

11 成品放入蒸籠，中火蒸8分鐘，即可取出。

主廚秘訣

1. 拌揉外皮時，須達到三光狀態：手光、麵糰光、鋼盆光，才好操作包餡。

2. 糯米製的南瓜包不可蒸過頭，以免倒塌。

175

杏菇香椿餅

4~6 人份

多了點九層塔香、黑胡椒粒的微辛辣,讓內層抹料的香味層次更豐富,餅皮香酥可口,外層皮脆,裏面柔軟,趕快自己動手做吧!

材料

食材		餅皮材料		其他材料		調味料	
杏鮑菇	200克	中筋麵粉	250克	嫩薑	1克	鹽	1/2茶匙
碧玉筍	2支	高筋麵粉	50克	油	2-3大匙	白胡椒粉	1/4茶匙
九層塔	5克	滾水	150克	太白粉	1大匙	黑胡椒粒	1/4茶匙
香椿醬	1大匙	冷水	20克				

⤷製作餡料

1 杏鮑菇切細粒，放入鍋中，加少許油，炒至金黃色撈起備用。

2 九層塔取葉切末，嫩薑切末，碧玉筍切小粒。

3 鍋中放入1大匙油，小火炒香薑末、杏鮑菇，加入香椿醬與全部的調味料，拌炒均勻，盛入碗中。

4 碗中再放進九層塔末、碧玉筍粒攪拌均勻，拌上少許太白粉，成為餡料。

⤷製作餅皮

5 鋼盆內放入中、高筋麵粉混合，沖入滾水（半燙麵），以擀麵棍攪拌均勻。

6 再加冷水，用手慢慢拌揉。麵糰揉至三光（手光、鋼盆光、麵糰光）狀態後，包上保鮮膜，鬆弛20分鐘。

7 取出麵糰分割成2個（每個約230克），整形成圓形，蓋上保鮮膜，再鬆弛10分鐘。

⤷香煎完成

8 麵糰以擀麵棍擀成長圓形，鋪上薄薄一層餡料。

9 麵皮左右往內摺，將餡料包起來，捲成螺旋圓形，再用擀麵棍擀壓成圓形。

10 鍋中入1大匙油，以中小火，將杏菇香椿餅煎至兩面金黃即可。

主廚秘訣

1. 麵糰黏手時，抹上少許油較好操作。
2. 鬆弛後的麵糰須軟硬適中，才可擀麵。
3. 捲時頭尾要收好，以免餡料露出。

蜂巢馬拉糕

4~6 人份

外型坑坑洞洞像蜂巢狀的蛋糕，鬆軟美味，是馬來人愛吃的一種傳統糕點，按照步驟要領做法，放入蒸籠裏蒸熟，您也可以輕鬆做出美味好吃的糕。

材料

食材
全蛋	5顆（約250克）
中筋麵粉	230克
玉米粉	20克
奶粉	30克
吉士粉（卡士達粉）	30克
細砂糖	250克
奶水	130克

其他材料
無鹽奶油	60克
沙拉油	60克
泡打粉	15克
水	20cc

製作步驟

→ 製作糕體

1 中筋麵粉、玉米粉、奶粉、吉士粉、細砂糖一起放入鋼盆中拌勻。

2 全蛋充分打散，慢慢倒入鋼盆中，邊倒邊攪拌，至無顆粒。

3 再徐徐加入奶水，慢慢攪拌，至表面有氣泡，成為麵糊。

4 融化的奶油及沙拉油倒入麵糊中攪拌均勻。

5 泡打粉用水調開，使泡打粉能均勻擴散。

6 泡打粉水倒入麵糊中，攪拌均勻。

→ 入籠蒸

7 麵糊倒進鋪有烤盤紙的容器，移入蒸籠，大火蒸30分鐘。

→ 完成

8 以牙籤試戳糕體，若無粉漿黏附，即可取出切塊，盛盤。

主廚秘訣

1. 攪拌麵糊時不可速度太快，否則麵粉會產生筋性。
2. 蒸時須注意不要滴到水，也不可開蓋或轉小火，以免糕體膨脹不均。

糯米智慧糕

4~6 人份

Q口彈牙的糯米糕，帶有紫菜及香椿的美味，附著五味醬的酸、甜、鹹、辣，辛辣香氣，別具風味，還有濃濃花生香，令人無法抵擋，一口接一口。

 材料

食材

圓糯米	200克
紫菜	4張
菜酥	80克
花生粉	120克

煮糯米

水	2000cc
工研醋	1大匙
沙拉油	1大匙

其他材料

芹菜	10克
嫩薑	10克
紅辣椒	1條
香菜	30克

調味料A

鹽	1/2茶匙
白胡椒粉	1/4茶匙
香椿醬	1大匙
太白粉	2大匙
沙拉油	1大匙

調味料B

番茄醬	2大匙
辣椒醬	1茶匙
素蠔油	1茶匙
細砂糖	1大匙
工研醋	1大匙
烏醋	1茶匙
香油	1大匙

製作步驟

熟成圓糯米

1 圓糯米洗淨，泡水2小時，瀝乾。

2 準備一鍋水2000cc，加入工研醋、沙拉油，水滾時放入圓糯米，煮2分鐘。

3 蒸籠內鋪上蒸飯巾，圓糯米撈出瀝乾，放在蒸飯巾上，大火蒸15分鐘，取出。

製作智慧糕

4 圓糯米倒入碗盆內，加進泡軟撕成碎片的紫菜、菜酥及調味料A拌均勻，最後拌入太白粉。

5 拌好的圓糯米盛入托盤內，壓平，蒸15分鐘，取出放涼後切塊（刀子抹油較好切）。

調製五味醬

6 芹菜、薑、辣椒切末，香菜切碎（留少許裝飾用），與調味料B混合拌勻，成為五味醬。

完成

7 糯米智慧糕抹上五味醬，再沾花生粉，以香菜點綴即完成。

主廚秘訣

1. 蒸糯米時注意不要滴到水，以免蒸得太爛。
2. 加進太白粉是讓智慧糕的口感更Q，若要更硬或Q，可酌量添加。

自製米碗粿

4~6 人份

真正的自製米漿，吃得更安心，碗粿Q彈可口，碎蘿蔔乾鹹甘，香味十足，味噌調合的醬汁，百吃不膩，秘笈公開給您，就等您來做囉！

食材

在來米	半斤
碎蘿蔔乾	80克
香菇	4朵
麵腸	1條
素火腿	80克
素蛋黃	5顆

醬汁材料

味噌	40克
番茄醬	3大匙
甜辣醬	3大匙
細砂糖	3大匙
水	400cc
粉漿水	2大匙

（玉米粉1大匙加水1大匙）

其他材料

油	1大匙
冷水	500cc
熱水	650cc
香菜	少許

調味料A

醬油	1茶匙
細砂糖	1/2茶匙
白胡椒粉	1/4茶匙
香油	1/4茶匙

調味料B

鹽	1大匙
細砂糖	1茶匙
玉米粉	50克

製作步驟

⌐→ 製作配料

1 碎蘿蔔乾洗淨，泡水10分鐘，擠乾水分。

2 香菇泡水30分鐘至軟化發脹，擠乾水分，切丁。麵腸、素火腿均切為小丁。香菜切小段。

3 鍋中加入1大匙油，小火焗香碎蘿蔔乾，再入香菇丁、麵腸丁、素火腿丁，炒至金黃色微香，約7、8分鐘，加入調味料A，共同炒勻成為配料。

⌐→ 製作碗粿

4 在來米洗淨，泡水2小時，瀝乾。

5 在來米和冷水500cc用調理機打成漿（須均勻無顆粒）後，倒入桶鍋內，加調味料B拌勻，添入幾湯匙配料，再拌勻。

6 熱水650cc煮沸，沖入上述米漿中，攪拌均勻成糊化狀。

7 米漿舀入抹油的碗裏，至八分滿，鋪上剩餘的配料和素蛋黃。

8 填好的碗粿移入蒸籠，大火蒸30分鐘，用筷子插於中央，如無黏漿，即是蒸熟。

⌐→ 製作醬汁

9 味噌加水400cc調勻，加入番茄醬、甜辣醬、細砂糖拌勻，倒入鍋裡，小火邊煮邊攪拌，煮沸後，徐徐加入粉漿水勾芡。

⌐→ 完成

10 蒸好的碗粿淋上少許醬汁，以香菜點綴即完成。

主廚秘訣

1. 煮沸的熱水必須一次沖入米漿中，溫度夠才能糊化。
2. 若調理機的轉速不夠，攪拌出來的米漿有顆粒，可過濾後再用。

國家圖書館出版品預行編目資料

蔬食創意料理好上手：68 道天然養
生、好吃有創意的蔬食食譜與烹飪
解析／蔡長志著. --初版. -- 新北
市：葉子，2017.11
　　面；　公分. --（銀杏）

ISBN 978-986-6156-24-3（平裝）

1.素食食譜

427.31　　　　　　　　　106013877

 Ginkgo

蔬食創意料理好上手

——68 道天然養生、好吃有創意的蔬食食譜與烹飪解析

作　　者／蔡長志
協助製作／陳玉峰、黃國瑋
出　　版／葉子出版股份有限公司
發 行 人／葉忠賢
總 編 輯／閻富萍
企劃編輯／謝依均
攝　　影／王盛弘（囍色攝影）、楊柏宣
封面設計／觀點設計工作室
美術設計／趙美惠

地　　址／新北市深坑區北深路三段 260 號 8 樓
電　　話／886-2-8662-6826
傳　　真／886-2-2664-7633
服務信箱／service@ycrc.com.tw
網　　址／www.ycrc.com.tw

印　　刷／威勝彩藝印刷事業有限公司
ＩＳＢＮ／978-986-6156-24-3
初版一刷／2017 年 11 月
定　　價／新台幣 380 元

總 經 銷／揚智文化事業股份有限公司
地　　址／新北市深坑區北深路三段 260 號 8 樓
電　　話／886-2-8662-6826
傳　　真／886-2-2664-7633

廣 告 回 信
台 北 郵 局 登 記 證
台北廣字第03827號

222-04
新北市深坑區北深路三段260號8樓

揚智文化事業股份有限公司　　收

□□□-□□
地址：　　　市縣　　鄉鎮市區　　路街　段　巷　弄　號　樓
姓名：

Leaves
Publishing

 L5126　　　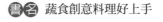 蔬食創意料理好上手

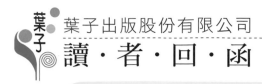

葉子出版股份有限公司
讀・者・回・函

感謝您購買本公司出版的書籍。
為了更接近讀者的想法，出版您想閱讀的書籍，在此需要勞駕您詳細為我們填寫回函，您的一份心力，將使我們更加努力！！

1.姓名：＿＿＿＿＿＿＿＿＿

2.性別：□男　□女

3.生日／年齡：西元＿＿＿＿年＿＿＿月＿＿＿日＿＿＿歲

4.教育程度：□高中職以下□專科及大學□碩士□博士以上

5.職業別：□學生□服務業□軍警□公教□資訊□傳播□金融□貿易
　　　　　□製造生產□家管□其他＿＿＿＿

6.購書方式／地點名稱：□書店＿＿＿＿□量販店＿＿＿□網路＿＿＿□郵購＿＿＿
　　　　　　　　　　　□書展＿＿＿□其他＿＿＿

7.如何得知此出版訊息：□媒體＿＿＿□書訊＿＿＿□書店＿＿＿□其他＿＿＿

8.購買原因：□喜歡作者□對書籍內容感興趣□生活或工作需要□其他

9.書籍編排：□專業水準□賞心悅目□設計普通□有待加強

10.書籍封面：□非常出色□平凡普通□毫不起眼

11.E-mail：＿＿＿＿＿＿＿＿＿＿＿＿＿＿＿＿＿＿＿＿＿＿

12.喜歡哪一類型的書籍：＿＿＿＿＿＿＿＿＿＿＿＿＿＿＿＿＿＿

13.月收入：□兩萬到三萬□三到四萬□四到五萬□五到十萬以上□十萬以上

14.您認為本書定價：□過高□適當□便宜

15.希望本公司出版哪方面的書籍：＿＿＿＿＿＿＿＿＿＿＿＿＿＿＿＿

16.本公司企劃的書籍分類裡，有哪些書系是您感到興趣的？

　　□忘憂草（身心靈）□愛麗絲（流行時尚）□紫薇（愛情）□三色堇（財經）

　　□銀杏（健康）□風信子（旅遊文學）□向日葵（青少年）

17.您的寶貴意見：
　＿＿＿＿＿＿＿＿＿＿＿＿＿＿＿＿＿＿＿＿＿＿＿＿＿＿＿＿＿＿

☆填寫完畢後，可直接寄回（免貼郵票）。
　我們將不定期寄發新書資訊，並優先通知您
　其他優惠活動，再次感謝您！！

中餐丙級
技能檢定【第三版】

葉子編輯部◎編著

國家圖書館出版品預行編目資料

中餐丙級技能檢定／葉子編輯部編著.
-- 三版. -- 新北市：葉子，2014.09
面；　公分. --（考照叢書）

ISBN 978-986-6156-17-5（平裝）

1.烹飪　2.食譜　3. 考試指南

427　　　　　　　　　　　103017687

中餐丙級技能檢定

作　　　者／葉子編輯部
出　　　版／葉子出版股份有限公司
發 行 人／葉忠賢
總 編 輯／閻富萍
攝　　　影／徐博宇、林宗億（迷彩攝影）
印　　　務／許鈞棋

地　　　址／新北市深坑區北深路三段 260 號 8 樓
電　　　話／886-2-8662-6826
傳　　　真／886-2-2664-7633
服務信箱／service@ycrc.com.tw
網　　　址／www.ycrc.com.tw
印　　　刷／鼎易印刷事業股份有限公司

I S B N　／978-986-6156-17-5
二版一刷／2010 年 9 月
三版一刷／2014 年 9 月
新 台 幣／400 元

總 經 銷／揚智文化事業股份有限公司
地　　　址／新北市深坑區北深路三段 260 號 8 樓
電　　　話／886-2-8662-6826
傳　　　真／886-2-2664-7633

　　自從中餐烹調技術士檢定實施以來，其成效普獲社會大眾的肯定，不僅令餐飲烹調從業者的烹調技藝更形精湛，而食品餐飲安全與衛生的考量也更受到重視，此實為消費者之福。

　　本書由多位具乙、丙級證照的專業名師特別針對檢定評審規定及授課的評分標準，經沙盤推演彙整後，提供考生各項術科實作技巧及方法，包括刀工、火候、材料處理要訣，以及盤飾的學習要點，並貼心搜羅報考相關資訊、學科測驗題庫等，甚至表列術科考試各道試題操作速記表，以供考生考前10分鐘加強背誦記憶。種種用心，無非為了幫助考生從容應試，避免犯錯。

　　最後再次提醒叮嚀：考前的反覆操作練習，以及穩定的信心，是通過檢定考試的必要條件，而勤練是達到成功的唯一法門，別無捷徑！願每位喜愛中餐烹調的人，或以身任中餐廚師為職志的人，都能從本書獲益，此為出版本書之終極目的。

編輯部謹識

目錄

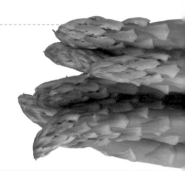

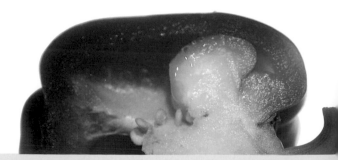

2

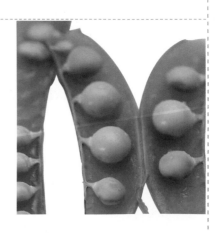

▶ **學科測驗** ——— 193

Q&A報名看這裡

Q 什麼人可以報考中餐丙級檢定？該繳交什麼證件？

A **任何想從事飲食行業或純粹只是有興趣的人，都可以報名參加考試。**

考生身分	報檢資格	繳驗證件
一般考生	1.年滿15歲或國中畢業。 2.參加各級衛生機關或其認可之機構所辦理之衛生講習至少8小時。	1.報名表。 2.國民身分證影本2份。 3.參加衛生講習8小時累計時數卡（新舊卡皆可使用；使用新卡者必須包含有8小時為丙級之衛生講習）影本1份。 4.1吋正面半身脫帽照片3張。
資深廚師	1.民國45年8月31日以前出生者。 2.國民小學畢（肄）業，或未受國小教育者。 3.相關廚師工作年資15年以上且現在仍在職。 4.參加各級衛生機關或其認可之機構所辦理之衛生講習至少8小時。	1.報名表。 2.國民身分證影本2份。 3.參加衛生講習8小時累計時數卡（新舊卡皆可使用；使用新卡者必須包含有8小時為丙級之衛生講習）影本1份。 4.1吋正面半身脫帽照片3張。
免考學科考生	報檢人曾參加學科測試及格者，其當年成績得自翌年起保留3年，但資深廚師應檢者之學科成績不得保留。	1.報名表。 2.國民身分證影本2份。 3.參加衛生講習8小時累計時數卡（新舊卡皆可使用；使用新卡者必須包含有8小時為丙級之衛生講習）影本1份。 4.1吋正面半身脫帽照片3張。 5.學科成績單影本1份。
免考術科考生	參加技能（藝）競賽得申請免試術科測試者規定如下： 1.國際技能競賽前三名或獲得優勝獎，自獲獎之日起五年內，參加相關職類各級技能檢定者。 2.全國技能競賽成績及格，自及格之日起三年內，參加相關職類乙級或丙級技能檢定者。 3.經中央主管機關認可之機關（構）學校或法人團體舉辦之技能及技藝競賽前三名，自獲獎之日起三年內，參加相關職類丙級技能檢定者。	1.報名表。 2.國民身分證影本2份。 3.參加衛生講習8小時累計時數卡（新舊卡皆可使用；使用新卡者必須包含有8小時為丙級之衛生講習）影本1份。 4.1吋正面半身脫帽照片3張。 5.獎狀及競賽資格成績證明影本。

Q 應該如何報名？
A 報名程序重點說明

一、報名表購買（報名表販售期間）
　　1.少量購買：於販售期間至全國之7-11超商購買。
　　2.大量或少量購買：臺北市政府勞工局職業訓練中心、高雄市政府勞工局訓練就業中心、
　　行政院勞工委員會中部辦公室技能檢定服務中心、各縣市簡章販售點（販售期間可電洽
　　05-536-0800 詢問或逕至網站查詢，網址http://skill.tcte.edu.tw）或洽技專校院入學測驗中
　　心技能檢定專案室。

二、報名資料準備
　　1.報名表正表及副表各欄位請以正楷詳細填寫並貼妥身分證影本及相片一式3張，字跡勿潦
　　草，所留資料必須正確，以免造成資料建檔錯誤；若報檢人填寫或委託他人填寫之資料不
　　實，而造成個人權益損失者，需自行負責。
　　2.檢附報名所需資格證件影本，請於各影本明顯處親自簽名或蓋章，並書寫「與正本相符如
　　有偽造自負法律責任」。
　　3.報名所需資格證件請詳閱簡章內容，若報檢資格為年滿15歲者，報名表填寫正確並貼妥身
　　分證影本及相片一式3張即可；持3年內學科或術科及格成績單申請免試學科或免試術科，
　　檢附成績單影本並親自簽名或蓋章切結，不需另外檢附資格證件。
　　4.身心障礙或學習障礙需提供協助者、符合口唸試題申請資格者（限定職類）、特定對象申
　　請免繳報名費者，需另填申請表。

三、郵寄報名表件
　　一律採通信報名，報檢人可就下列方式擇一報名：
　　1.團體報名：20人以上得採團體報名，請報檢人詳細填寫報名書表，並檢附資格證件影本統
　　一繳交團體承辦人，正副表之團體報名欄位請蓋團體章，由團體承辦人確認報檢人數與總
　　報名費用後，於各梯次報名受理期間，將團報清冊、劃撥收據及所有報檢人報名表件統一
　　彙寄至技專校院入學測驗中心技能檢定專案室。為便利團體承辦人辦理報名作業，報名前
　　可至全國技術士技能檢定網站（http://skill.tcte.edu.tw）之團體報名單位報名前登錄系統登
　　錄報檢人各職類／級別／免試別之報檢人數，由系統自動核算經費並列印郵政劃撥特戶存
　　款單與團報清冊。
　　2.個別報名：請報檢人詳細填寫報名書表並檢附資格證件影本，於劃撥報名費用後，檢附收
　　據正本，連同報名資格證件一起寄出。

四、資格審查不符者
　　以電話或簡訊或E-MAIL或書面通知，請注意所填寫之手機號碼、通信地址等聯絡資料務必正
　　確，資格審查不符者，報名表及相關資格證件影本由承辦單位備查不退回。

五、繳納報名費及核發准考證
　　1.團體報名：報名費請以團體為單位一筆先行繳納，資格審查通過後，准考證統一寄送團體
　　承辦人，成績單及術科通知單個別寄送。
　　2.個別報名：請確認報考職類級別並先行繳費，資格審查通過後，依通信地址寄送准考證。
　　※未於規定期限繳納報名費者視同未完成報名手續。

技術士技能檢定報名流程及報名方式

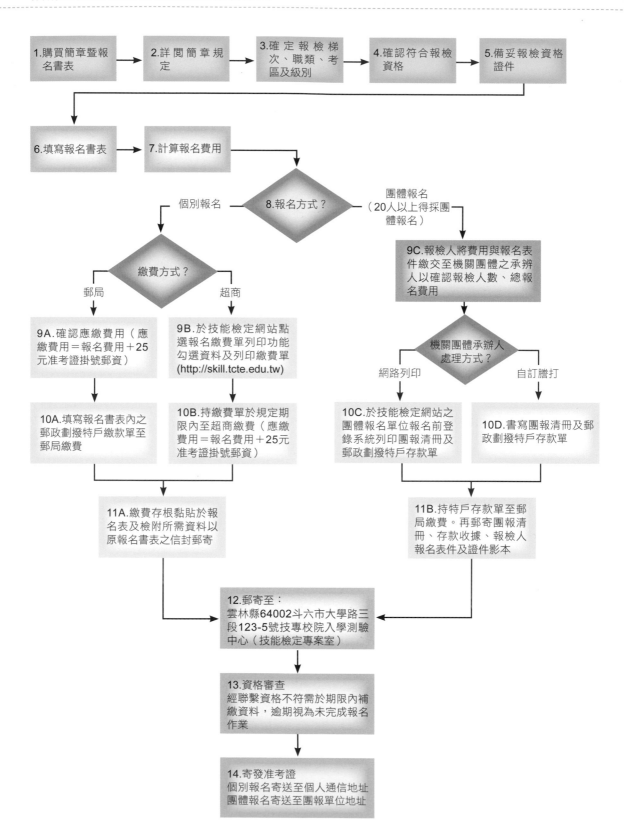

Q 如何報名即測即評？
A 即測即評報名重點說明

一、簡章及報名書表販售地點及期間

1.販售地點：至全國之7-11超商或各即測即評學科測試、即測即評即發證承辦單位購買。
2.販售期間：自每年1月中至10月底止，確切販售時間請於1月至行政院勞工委員會中部辦公
室網站http://www.labor.gov.tw查詢。

二、確定報檢梯次及職類

先詳閱報名簡章或至行政院勞工委員會中部辦公室網站http://www.labor.gov.tw查詢，確認自
己要報檢項目的測試地點及時間。

三、報名地點及方式：

1.地點：即測即評學科測試各承辦單位及即測即評即發證各承辦單位，請參閱簡章說明。
2.方式：現場報名為原則，親自或可委託他人代為報名。訂有名額限制之職類，1人至多可代
理10人報名，惟承辦單位另有規定者，從其規定。

四、報名流程

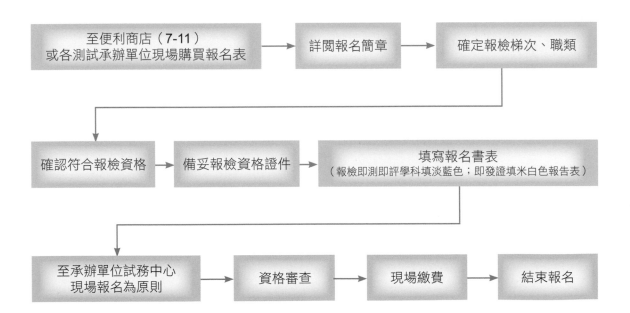

99年度丙級技術士技能檢定報名表（正表）

外籍人士請依居留證姓名填寫
無中文姓名者請填英文姓名

考區代碼	2 3	考區名稱	中正				職類名稱	職類項目

大寫與護照相同或以漢語拼音翻譯

| 中文姓名 | 陳筱玲 | | | | | | | |
| 英文姓名 | CHEN,XIAO-LING | | 0 7 6 0 2 | | 中餐烹調 | | | |

（與護照相同，如未填寫請送以漢語拼音轉換，不得具填）

身分證統一編號	A	3 4 5 6 7 8 9 0	出生年月日	57 年 6 月 5 日

外籍人士填統一證號

聯絡方式	行動電話:0911-536536 E-mail: skill@www.tcte.edu.tw (使用e管家者請務必詳填E-mail)	通信地址	11114-90 台北市內湖區葫洲里1鄰民權東路六段283巷165弄218號 ☑同通信地址 □□□-□□ 戶籍地址

學歷	□國小 ☑國中 □高中 □專科 □大學 □碩士 □博士 □其他	【是否為身心障礙或學習障礙學科需申請協助】 ☑否 □是（請檢附附件10申請表）
身分	☑0.一般報檢人 □1.原住民 □2.身心障礙 □3.生活扶助戶 □B.中高齡非自願性失業者 □C.更生受保護人 □D.長期失業者 □E.獨力負擔家計者 □F.莫拉克颱風受災者 □4.其他經行政院勞工委員會指定者（ ）	【是否為特定對象申請免繳費】 ☑否 □是（符合申請免繳費資格者請填寫附件28申請表並繳驗相關證明文件，須於報名時一併提出申請，報名後補申請概不受理）

依實際情況勾選

	□申請免試學科	□96 □97 □98 □99年參加同職類同級別技能檢定學科成績及格（請檢附學科及格分數成績單影本）	口啥試題職類（申請表為附件11、12、13）
須依勾選項目繳驗經簽名切結之資格證件影本	□申請免試術科	□96 □97 □98 □99年參加同職類同級別技能檢定術科成績及格（請檢附術科及格分數成績單影本） □符合參加技能競賽免試規定者（附件6，檢附獎狀影本，但必須先符合該職類之報檢資格）	□01 外籍配偶國語口啥丙（一）級試題：中餐烹調、女子美髮、照顧服務員、美容職類。 □02 中餐烹調（限資深廚師）丙級國、台語口啥試題。 □03 營造職類資深人員國、台語口啥試題：鋼筋、模板、混凝土職類為限。	1.限外籍及大陸地區配偶。 2.檢附戶籍謄本。 3.須符合檢定職類應檢資格。 1.45/08/31 以前出生。 2.國小畢(肆)業證書或未就學證明。 3.廚師年資15年以上且仍在職。 4.衛生講習8小時。 1.45/08/31 以前出生。 2.國小畢(肆)業證書或未就學證明。 3.營造工作年資15年以上且仍在職。
	項次	一般報檢職類資格	
	☑01	年滿15歲或國中畢業（未滿15歲需檢附國中畢業證書）	◆學科測試地點限北部地區、中部地區、南部地區、東部地區，實際測試考區以准考證通知為準。
		特殊職類報檢資格	◆術科測試地點分配以學科測試地點為準。
	□02	中餐、西餐烹調：一般資格+衛生講習8小時	
	□03	保母人員： 年滿20歲，包含大陸地區配偶取得長期居留證、依親居留證者及合法取得外僑居留證之外籍人士+右列一之 93年以前以80小時托育訓練結業證書 93年以前兒童福利甲、乙、丙訓練證書 94年以後保母、教保或保育人員課程證明書 20學分或360小時的托相關訓練課程或通結結業證書，其中保母人員訓練7學分或126小時 高中職以上幼保相關學程、科系或大專相關科系所在校最高年級取得其輔系畢業證書者	
	□04	照顧服務員： 年滿20歲，包含大陸地區配偶取得長期居留證、依親居留證者及工作件可證明文件及取得外僑居留證之外籍人士+右列一之 92年2月13日前居家服務員職前訓練或病患服務員訓練或照顧服務員職前訓練結業證明文件。 92年2月14日以後之照顧服務員結業證明書。 高中(職)以上照顧服務員職類相關所系科(含綜合高中教育學程)畢業，請參閱簡章P.30。	
	□05	職業潛水： 年滿18歲+1年內期間醫院合格潛水體檢表及「健康檢查表」正本及「病歷表」+右列一之 領有經認可國外相當職業潛水丙級以上之執照 丙級潛水作業人員安全衛生教育訓練合格 依法設立登記其訓練項目載有職業潛水職種之職業訓練機構所辦理4週至少180小時訓練結訓證書者。 國際所所屬單位訓練時數12週且達420小時。	
	□06	年滿16歲：升降機裝修、鍋爐操作、固定式起重機操作、移動式起重機操作、人字臂起重桿操作、第一種壓力容器操作。	
	□07	堆高機操作：堆高機操作人員安全衛生教育訓練期滿證明者。	
		◆按摩：視障並領有身心障礙者手冊且年滿15歲 測驗方式：□大字 □點字 □錄音帶	
本表所載之各項資料及所附文件均經本人詳實核對無誤。 報檢人簽章： 陳筱玲	※初審簽章	※複審簽章	※審查結果 □合格 □不合格	團體報名聯

報檢人簽名或蓋章

報名費另+25元准考證寄送郵資

中華民國國民身分證 姓名 陳筱玲 樣本 出生年月日 民國57年6月5日 性別 女 發證日期 民國94年7月1日(北市)換發 統一編號 A234567890 住址 民權東路六段283巷165弄218號 0000133805

99年度丙級技術士技能檢定報名表（副表）

考區代碼	2 3	考區名稱	中正	●報考 07003 重機械操作-裝載機，術科選擇小山貓者，正副表職類項目欄加註(山貓)填寫方式：裝載機(山貓)。						
中文姓名	陳 筱 玲			職類代號		職類名稱			職類項目	
英文姓名	CHEN,XIAO-LING (與護照相同，如未填寫請逕以漢語拼音轉換，不得具縮)			0 7 6 0 2		中餐烹調				
身分證統一編號	A 2 3 4 5 6 7 8 9 0				出生年月日		57 年 6 月 5 日			

戶籍地址	114-90 台北市內湖區葫洲里1鄰民權東路六段 283巷 165弄 218號	聯絡方式	電話(公)：05-5360800 電話(宅)：05-5379000 行動電話：0911-536536 E-mail：skyll@www.tcte.edu.tw

【是否為身心障礙或學習障礙術科需申請協助】 ☑否 □是(請檢附附件 10 申請表)	●報檢中式麵食加工(09606)、圖文組版、電腦輔助立體製圖、氣銲、一般手工電銲、半自動電銲、氬氣鎢極電銲，術科測試請另填寫術科勾選表，並請貼於副表後之浮貼處。

	自來水管配管－自來水管 (01601) (一試兩證) (加貼照片欄1) (請實貼)	自來水管配管－自來水管 (01601) (一試兩證) (加貼照片欄2) (請實貼)	照片留供檢定合格發證之用，報檢人皆應依規定粘貼

中華民國國民身分證
樣 本
姓名 陳 筱 玲
出生年月日 民國 57 年 6 月 5 日
性別 女
發證日期 民國 94年 7 月 1 日(北市)換發
統一編號 A234567890

父	陳德明	母	吳春美
配偶	金大昇	役別	
出生地	臺北市		
住址	臺北市內湖區葫洲里1鄰民權東路六段283巷165弄218號		

0000133805

團體報名使用欄 (團報單位請加蓋團體單位戳章) 單位名稱： 地址：	填	一、本報名表上加註※欄表示由承辦單位填寫。 二、報名表正表、副表均需填寫，報檢人填表前請詳閱簡章並依填表說明填寫(不得以鉛筆書寫)。報名表各欄資料必須以正楷填寫，若因字跡潦草，導致資料錯誤，概由報檢人自行負責；如報檢職類與職類項目塗改者須加蓋私章，以免影響自身權益。 三、(略)不實資格證件，經發現將取消資格或撤銷合格證照外，其他涉法者依有關法令規定辦理。 四、下欄為術科測試單位寄發通知用備用回條，未填寫者以通信地址為收件地址，報檢人不得有異議。報名後如欲變更術科測試通知單收件地址，請主動與術科測試辦理單位聯繫。

採團體報名者加蓋團體戳章

術科辦理單位寄發通知用

●本寄用地址條除免試術科或學、術科同日測試者免填外，其餘報檢人務必填寫完整，如有變更請立即自行逕向術科測試單位變更。

郵寄用地址條	報檢人姓名	陳 筱 玲	收件地址	114-90 台北市內湖區葫洲里1鄰 民權東路六段 283巷 165弄 218號
郵寄用地址條	報檢人姓名	陳 筱 玲	收件地址	114-90 台北市內湖區葫洲里1鄰 民權東路六段 283巷 165弄 218號

11

技術士技能檢定報檢人工作證明書

●工作證明書使用時機：本工作證明用於報檢資格中需檢附工作證明者。

●工作證明書使用注意事項如下：

(1)本工作證明書所有欄位必須填寫完整，且應加蓋服務單位及負責人章方才有效。

(2)本工作證明書若內容有塗改應加蓋負責人章方有效。

(3)本工作證明書若工作期間與服役期間重疊應扣除。

技術士技能檢定報檢人 工作證明書

報檢人姓名		生日	年　　月　　日
身分證統一編號		職稱	
任　職　起　迄　時　間		擔任工作內容	
自民國　年　月　日至民國　年　月　日 服務年資：　年　月　日(應扣除服役年資) 　　□現仍在職　　　　□現已離職 服役狀況： □服役期間：　年　月　日～　年　月　日 □尚未服役或不須服役者			
上列證明如有不實，願負一切法律責任 　　　　　　證明公司(全銜)：　　　　　　　　　　　　(簽章) 　　　　　　負責人姓名：　　　　　　　　　　　　　(簽章) 　　　　　　公司統一編號(或機構立案證號)： 　　　　　　機構地址： 　　　　　　電話號碼： 　中　華　民　國　　　　　　年　　　　　　月　　　　　　日			

技術士技能檢定報檢人學歷證明書

●如無法提供畢業證書或學生證或在校最高年級證明者請填寫（若內容塗改，塗改處加蓋學校主管職章）。

技術士技能檢定報檢人 學歷證明書

報檢人姓名		生日	年　　月　　日
身分證 統一編號		修業期間	年　　月　～　年　　月
學校名稱(全銜)		學制	□高中 □高職 □五專 □其它_____ □二專 □四技 □二技 □大學(含)以上
科系/所(全銜)		修業狀況	□在學_____年級 □屬最高年級 □畢業 □肄業 □其它_____
上列證明如有不實，願負一切法律責任 　　　　　　證明學校蓋章： 　　　　　　證明主管職章： 　中　華　民　國　　　　　　年　　　　　　月　　　　　　日			

衛生講習8小時證明

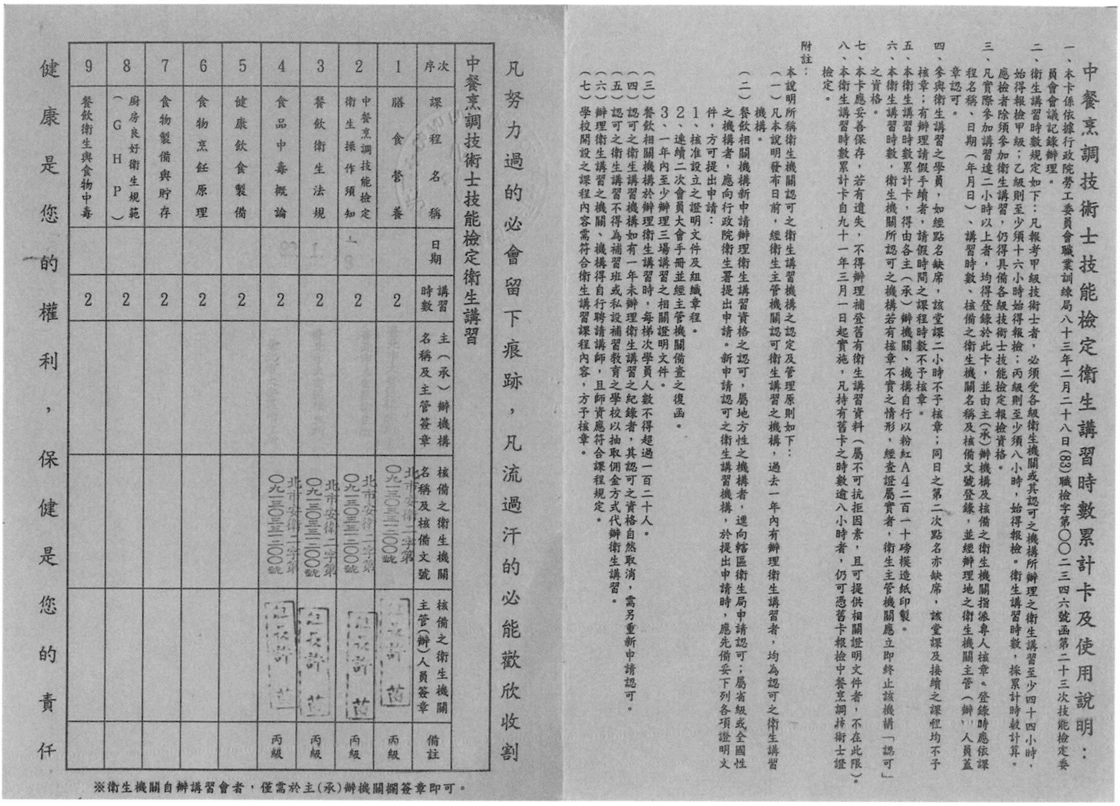

中餐烹調技術士技能檢定衛生講習時數累計卡及使用說明：

一、本卡係依據行政院勞工委員會職業訓練局八十三年二月二十八日(83)職檢字第〇〇二三四六號函第二十三次技能檢定委員會會議記錄辦理。

二、衛生講習時數規定如下：凡報考甲級技術士者，必須受各級衛生機關或其認可之機構所辦理之衛生講習至少四十四小時，始得報檢甲級；乙級則至少須十六小時始得報檢；丙級則至少須八小時，始得報檢。衛生講習時數，採累計時數計算。

三、凡實際參加講習達二小時以上者，均得登錄於此卡，並由主(承)辦機構及核備之衛生機關指派專人核章。登錄時應依課程名稱、日期（年月日）、講習時數、核備之衛生機關名稱及核備文號登錄，並經辦理地之衛生機關主管（辦）人員蓋章認可。

四、參與衛生講習之學員，如經點名缺席，該堂課二小時不予核章；同日之第二次點名亦缺席，該堂課及接續之課程均不予核章；有辦理請假手續者，請假時間之課程時數不予核章。

五、本衛生講習時數累計卡，得由各主（承）辦機關、機構自行以粉紅A4二百一十磅模造紙印製。

六、本衛生講習時數，衛生機關所認可之機構若有核章不實之情形，經查證屬實者，衛生主管機關應立即終止該機構「認可」之資格。

七、本卡應妥善保存，若有遺失，不得辦理補登舊有衛生講習資料（屬不可抗拒因素，且可提供相關證明文件者，不在此限）。

八、本衛生講習時數累計卡自九十一年三月一日起實施，凡持有舊卡之時數逾八小時者，仍可憑舊卡報檢中餐烹調技術士證檢定。

附註：

本說明所稱衛生機關認可之衛生講習機構之認定及管理原則如下：

（一）凡本說明發布日前，經衛生主管機關認可衛生講習之機構，過去一年內有辦理衛生講習者，均為認可之衛生講習機構。

（二）餐飲相關機構新申請辦理衛生講習資格之認可，屬地方性之機構者，逕向轄區衛生局申請認可；屬省級或全國性之機構者，應向行政院衛生署提出申請。新申請認可之衛生講習機構，於提出申請時，應先備妥下列各項證明文件，方可提出申請：

1、核准設立之證明文件及組織章程。

2、連續二次會員大會手冊並經主管機關備查之復函。

3、一年內至少辦理三場講習之相關證明文件。

（三）餐飲相關機構於辦理衛生講習時，每梯次學員人數不得超過一百二十人。

（四）認可之衛生講習機構如有一年未辦理衛生講習之紀錄者，其認可之資格自然取消，需另重新申請認可。

（五）認可之衛生講習不得為補習班或私設補習教育之學校以抽取佣金方式代辦衛生講習。

（六）辦理衛生講習之機關、機構得自行聘請講師，且師資應符合課程規定。

（七）學校開設之課程內容需符合衛生講習課程內容，方予核章。

凡努力過的必會留下痕跡，凡流過汗的必能歡欣收割

中餐烹調技術士技能檢定衛生講習

次序	課程名稱	日期	講習時數	主（承）辦機構名稱及主管簽章	核備之衛生機關名稱及核備文號	核備之衛生機關主管(辦)人員簽章	備註
1	膳食營養		2		北市安衛二字第〇九一三〇三三二〇〇號		丙級
2	中餐烹調技能檢定衛生操作須知		2		北市安衛二字第〇九一三〇三三二〇〇號		丙級
3	餐飲衛生法規		2		北市安衛二字第〇九一三〇三三二〇〇號		丙級
4	食品中毒概論		2		北市安衛二字第〇九一三〇三三二〇〇號		丙級
5	健康飲食製備		2				
6	食物烹飪原理		2				
7	食物製備與貯存		2				
8	廚房良好衛生規範（GHP）		2				
9	餐飲衛生與食物中毒		2				

健康是您的權利，保健是您的責任

※衛生機關自辦講習會者，僅需於主(承)辦機關欄簽章即可。

中餐丙級技術是如何檢定的？

檢定的方式包含「學科測驗」與「術科測驗」兩種。

◎「學科測驗」即是考「筆試」，考題共80題選擇題，考試時間共100分鐘， 60分算及格。

◎「術科測驗」即是考「實作」，必須在3小時內完成6道菜餚的製作，每道菜均為6人份。術科成績採百分法計算，也是60分算及格。

「學科測驗」與「術科測驗」兩項測驗的成績都必須及格，才算檢定合格，在繳交證照費後，即由主辦單位製發「中華民國技術士證」。取得證照後，如需要輔導就業，可透過全國就業服務機構優先輔導就業。

◎全國技術士檢定筆試為劃卡測驗，另行通知術科考試地點及日期。而即測即評發證檢定為學科及術科同一日進行，學科為電腦即時測驗，當日即知檢定結果。

Q 中餐丙級技術檢定如何評分？

A
1. 學科測驗成績60分以上算及格。

2. 學科測驗的正確答案於考試完畢後第二天公布於勞委會中部辦公室網站（www.labor.gov.tw）。

3. 學科測驗成績在考完4週內會評定完畢，並寄發成績通知單。

4. 術科測驗成績按中餐丙級職類試題所定評分標準的規定辦理。

5. 考生如對成績有疑義，想要申請成績複查，必須在接到成績通知單之日起15日內（以郵戳為憑），填寫「成績複查申請表」，並貼足額25元掛號回郵信封（寫清楚申請人的姓名與地址），寄給辦理單位，逾期不受理，並且複查成績以一次為限。

6. 考生如在測驗完畢35天內沒有收到成績單，可向受理報名的單位洽詢。

7. 申請學科成績複查應繳交複查成績費，收費標準由中央主管機關訂定。

成績複查申請表

全國技術士技能檢定學科成績複查申請單

申請人姓名		職 類 名 稱			級別	
身分證統一編號		准考證號碼		電話		
事 由	申請　　年度第　　梯次技能檢定■學科測試成績複查					
	原得成績：　　　申請日期：　　　　申請人簽名或蓋章：					
檢附資料	□身分證明文件影本　　□貼妥掛號郵資及填妥收件人資料之回件信封					
申請流程	填寫本申請單→備妥檢附資料→寄至技專校院入學測驗中心技能檢定專案室 ※應檢人須在接到學科成績通知後15日內以書面申請(郵戳為憑)					

✂ -

全國技術士技能檢定術科成績複查申請單

申請人姓名		職 類 名 稱			級別	
身分證統一編號		准考證號碼		電話		
事 由	申請　　年度第　　梯次技能檢定■術科測試成績複查					
	原得成績：　　　申請日期：　　　　申請人簽名或蓋章：					
檢附資料	□身分證明文件影本　　□貼妥掛號郵資及填妥收件人資料之回件信封					
申請流程	填寫本申請單→備妥檢附資料→寄至右列受理單位 ※應檢人須在接到術科成績通知後15日內以書面申請(郵戳為憑)	□全國(不含北高二市)－勞委會中部辦公室 □臺北市考區－臺北市職業訓練中心 □高雄市考區－高雄市訓練就業中心				

考前總複習

刀工●

火候●

盤飾●
材料前處理●

服儀●

用具

烹調法●

熟記各項監評標準，避免扣分！

除了平日技能與知能應有的準備外，還有一項要做的工作——那就是熟記各項扣分項目及扣分標準，要知道，檢定當日，一進入考場範圍，監評便已展開，而不是只有在術科試場或學科試場才會有監評、才會被扣分的喲！

一、術科測試應檢人須知【一般注意事項】

1. 報到時，應檢人應出示檢定通知單、准考證、身分證或其他法定身分證件。
2. 完成時限為3小時，製作6道菜餚。
3. 測試之大題由術科辦理單位於寄發測試參考資料時一併通知；另中央主管機關（勞委會中部辦公室）於全國檢定職類協調會（在校生專案檢定於年度總召學校召開工業類分區工作協調會）抽題確認後，將公告測試之二大題題號於辦公室網站（www.labor.gov.tw/最新消息及公告專區／ 重要訊息）。另有關辦理即測即評即發證之測試試題，以當梯次受理報名第一天主管機關網站所公告之大題辦理（全國檢定各梯次之大題）。
4. 測試當日上午場抽一大題測試，另一大題由下午場測試，當場由應檢人抽出一組（6道菜餚）測試。遲到者或缺席者不得有異議。
   (1) 每道菜取用材料以製作6人份的菜餚一盤，取用量以所發予之材料自由搭配、取用為原則，故取用量亦占分數，需慎取之。
   (2) 菜色、材料選用與作法，依檢定場所準備之材料與器具設備製作，需切合題意。
   (3) 應檢人所使用之用具與器材不得有破損情事發生，如有破損照市價賠償。用具與器材用畢後清理乾淨，物歸原處。
   (4) 使用材料以一次為限。
   (5) 需在規定時限內完成，否則不予計分。
   (6) 應檢人在進入考場後，先檢查用具設備、材料，如有問題在測試前即應當場提出，測試開始後，不得再提出疑義。
   (7) 主管單位公告本職類採用電子抽題方式後，電子抽題方式如下：
      ① 術科測試辦理單位依時間配當表規定時間辦理電子抽題事宜。術科測試辦理單位應準備電腦及印表機相關設備各一套，依時間配當表規定時間辦理電子抽題事宜並將電腦設置到抽題操作界面，會同監評人員、應檢人，全程參與抽題，處理電腦操作及列印簽名事項。
      ② 上午場次辦理抽題前，術科測試辦理單位應再告示已抽定之二大題。測試當日到場檢定序號最小之應檢人由二大題中抽一大題測試，另一大題供下午測試。下午場次辦理抽題前，術科測試辦理單位應再告示已抽定之二大題及上午場次抽定之大題。各場測試之題組，由到場檢定序號最小之應檢人代表抽題組（從A、B、C、D、E五組中抽出一組）進行測試。
      ③ 電子抽題結束後，術科測試辦理單位立即於明顯處公告抽題結果。術科測試辦理單位不及準備電子抽題事宜，得依現行試題規定抽題。
      ④ 未規定部分，依現行試題規定辦理。
   ※ 應檢人盛裝成品所使用之餐具，由術科測試辦理單位服務人員負責清理。
5. 術科測試應檢人有下列情事之一者，予以扣考，不得繼續應檢，其已檢定之術科成績以不及格論：
   (1) 冒名頂替者。
   (2) 傳遞資料或信號者。
   (3) 協助他人或託他人代為實作者。

(4)互換工件或圖說者。

(5)隨身攜帶成品或規定以外之器材、配件、圖說、行動電話、呼叫器或其他電子通訊攝錄器材等。

(6)不繳交工件、圖說或依規定需繳回之試題者。

(7)故意損壞機具、設備者。

(8)未遵守本規則，不接受監評人員勸導，擾亂試場內外秩序。

6.應檢人除無穿著制服外，有下列情事者亦不得進入考場（測試中發現時，亦應離場不得繼續測試）：

(1)著工作服於檢定場區四處遊走者。

(2)有吸煙、嚼檳榔、隨地吐痰等情形者。

(3)罹患感冒（飛沫或空氣傳染）未戴口罩者。

(4)打噴嚏或擤鼻涕時，未「先備妥紙巾，並向後轉將噴嚏打入紙巾內，再將手洗淨」者。

(5)工作衣帽未保持潔淨者（剁斬食材噴濺者除外）。

(6)除不可拆除之手鐲（應包紮妥當）及眼鏡外，有手錶、配戴飾物、蓄留指甲、塗抹指甲油、化粧等情事者。

(7)有打架、滋事、恐嚇、說髒話等情形者。

(8)有辱罵監評及工作人員之情形者。

7.每一檢定場，每日排定測試場次為上、下午各乙場；程序表如下：

時間	內容	備註
07：30−08：00	1.監評前協調會議（含監評檢查機具設備）。 2.上午場應檢人報到、更衣。	
08：00−08：30	1.應檢人抽題及確認工作崗位。 2.場地設備及供料、自備機具及材料等作業說明。 3.測試應注意事項說明。 4.應檢人試題疑義說明。 5.應檢人檢查設備及材料。 6.其他事項。	
08：30−11：30	上午場測試（含菜餚製作及工作區域清理）	三小時
11：30−12：00	監評人員進行成品評審	
12：00−12：30	1.下午場應檢人報到、更衣。 2.監評人員休息用膳時間。	
12：30−13：00	1.應檢人抽題及確認工作崗位。 2.場地設備及供料、自備機具及材料等作業說明。 3.測試應注意事項說明。 4.應檢人試題疑義說明。 5.應檢人檢查設備及材料。 6.其他事項。	
13：00−16：00	下午場測試（含菜餚製作及工作區域清理）	三小時
16：00−16：30	監評人員進行成品評審	
16：30−17：00	檢討會（監評人員及術科測試辦理位單視需要召開）	

二、術科測試評審標準

1.依據「技術士技能檢定作業及試題規則」第39條第2項規定：「依規定須穿著制服之職類，未依規定穿著者，不得進場應試。」

    (1)職場專業服裝儀容正確與否，由公推具公正性之監評長擔任；遇有爭議，由所有監評人員共同討論並判定之。

    (2)應檢人服裝參考圖示及相關規定如本書第40頁圖。

2.衛生項目：衛生項目評分標準合計100分，成績未達60分者，以不及格計。

3.成品品評：

    (1)在規定時間內製作完成的菜餚，分衛生、取量、刀工、火候、調味、觀感等項目評分。製作菜餚不分派系，衛生符合規定，取量、刀工、火候切題，調味適中，觀感以清爽為評分原則。

    (2)組合菜單每組六道菜，每道菜個別計分，以100分為滿分，總分數未達360分者以不及格計。

    (3)調味包含口感—軟、硬、酥、脆……，觀感包含排盤裝飾，取量包含取材，刀工包含製備過程，如抽腸泥，去外皮、根、內膜、種子、內臟，洗滌……。

4.成品或衛生成績，任一項未達及格標準，總成績以不及格計。

5.其他事項：

    (1)其他未及備載之違規事項，依三位技術監評人員研商決議處理。

    (2)其他規定：現場說明。

三、衛生評審標準

項　目	監 評 內 容	扣分標準
一般規定	1.除不可拆除之手鐲外，有手錶、化妝、配戴飾物、蓄留指甲、塗抹指甲油等情事者。	41分
	2.手部有受傷，未經適當傷口包紮處理及不可拆除之手鐲，且未全程配戴衛生手套者（衛生手套長度須覆蓋手鐲，處理熟食應更新手套）。	41分
	3.衛生手套使用過程中，接觸他種物件，未更換手套再次接觸熟食者（衛生手套應有完整包覆，不可取出置於檯面待用）。	41分
	4.使用免洗餐具者。	20分
	5.測試中有吸菸、喝酒、嚼檳榔、隨地吐痰等情形者。	41分
	6.打噴嚏或擤鼻涕時，未掩口或直接面向食材或工作台或事後未洗手者（掩口者需洗手再以酒精消毒）。	41分
	7.以衣物拭汗者。	20分
	8.如廁時，著工作衣帽者（僅須脫去圍裙、廚帽）。	20分
驗收（A）	1.食材未經驗收數量及品質者。	20分
	2.生鮮食材有異味或鮮度不足之虞時，未發覺卻仍繼續烹調操作者。	30分
洗滌（B）	1.洗滌餐器具時，未依下列先後處理順序者： 餐具→鍋具→烹調用具→刀具→砧板。	20分
	2.餐器具未徹底洗淨或擦拭餐具有污染情事者。	41分

洗滌（B）	3.餐器具洗淨後，未以有效殺菌方法消毒刀、砧板及抹布者（例如熱水燙洗、化學法之消毒）。	30分
	4.洗滌食材，未依下列先後處理順序者：乾貨（如香菇、蝦米……）→加工食品類（素，如沙拉筍、酸菜……）→加工食品類（葷，如皮蛋、鹹蛋、水發魷魚……）→蔬果類（如蒜頭、生薑……）→牛羊肉→豬肉→雞鴨肉→蛋類→魚貝類。	30分
	5.將非屬食物類或烹調用具、容器置於工作檯上者（如：洗潔劑、衣物等，另酒精噴壺應置於熟食區層架）。	20分
	6.食材未徹底洗淨者： 　①內臟未清除乾淨者。 　②鱗、鰓、腸泥殘留者。 　③魚鰓或魚鱗完全未去除者。 　④毛、根、皮、尾、老葉殘留者。 　⑤其他異物者。	20分 20分 41分 30分 30分
	7.以鹽水洗滌海產類，致有腸炎弧菌滋生之虞者。	41分
	8.將垃圾袋置於水槽內或食材洗滌後垃圾遺留在水槽內者。	20分
	9.洗滌各類食材時，地上遺有前一類之食材殘渣或水漬者。	20分
	10.食材未徹底洗淨或洗滌工作未於四十分鐘內完成者。	20分
	11.洗滌期間進行烹調情事（即洗滌期間不得開火）。	30分
	12.食材洗滌後未徹底將手洗淨者。	20分
	13.洗滌時使用過砧板（刀），切割前未將砧板（刀）消毒處理者。	30分
切割（C）	1.洗滌妥當之食物，未分類置於盛物盤或容器內者。	20分
	2.切割生食食材，未依下列先後順序處理者：乾貨（如香菇、蝦米……）→加工食品類（素，如沙拉筍、酸菜……）→加工食品類（葷，如皮蛋、鹹蛋、水發魷魚……）→蔬果類（如蒜頭、生薑……）→牛羊肉→豬肉→雞鴨肉→蛋類→魚貝類。	30分
	3.切割按流程但因漏切某類食材欲更正時，向監評人員報告後，處理後續補救步驟（應將刀、砧板洗淨拭乾消毒後始更正切割）。	15分
	4.切割妥當之食材未分類置於盛物盤或容器內者（汆燙熟後可併放）。	20分
	5.每一類切割過程後未將砧板、刀及手徹底洗淨者（尤其在切割完成後烹調前更應徹底洗淨雙手）。	20分
	6.蛋之處理程序未依下列順序處理者：洗滌好之蛋→用手持蛋→敲於乾淨容器上（可為裝蛋之容器）→剝開蛋殼→將蛋放入第二個容器內→檢視蛋有無腐壞，集中於第三容器內→烹調處理。	20分
調理、加工、烹調（D）	1.烹調用油達發煙點或著火，且發煙或燃燒情形持續進行者。	41分
	2.菜餚芶芡濃稠結塊、結糰者。	30分
	3.除西生菜、涼拌菜、水果菜及盤飾外，食物未全熟，有外熟內生情形或生熟食混合者（涼拌菜另依丙級烹調通則或乙級題組文字說明規定行之）。	41分
	4.未將熟食砧板、刀（洗餐器具時已處理者則免）及手徹底洗淨拭乾消毒，或未戴衛生手套切割熟食者。	41分
	5.殺菁後之蔬果類，如需直接食用，欲加速冷卻時，未使用經減菌處理過之冷水冷卻者（需再經加熱食用者，可以自來水冷卻）。	41分

調理、加工、烹調（D）	6.切割生、熟食，刀具及砧板使用有交互污染之虞者。 　①若砧板為一塊木質、一塊白色塑膠質，則木質者切生食、白色塑膠質者切熟食。 　②若砧板為二塊塑膠質，則白色者切熟食、紅色者切生食。	41分
	7.將砧板做為置物板或墊板用途，並有交互污染之虞者。	41分
	8.成品為涼拌菜餚未有良好防護措施致遭污染者。	41分
	9.烹調後欲直接食用之熟食或滅菌後之盤飾置於生食碗盤者（即烹調後之熟食若要再烹調，可置於生食碗盤）。	41分
	10.未以專用潔淨布巾、紙擦拭用具、物品及手者。	30分
	11.烹調時有污染之情事者 　①烹調用具置於檯面或熟食匙、筷未置於熟食器皿上。	30分
	②菜餚重疊放置、成品食物有異物者、以烹調用具就口品嚐、未以合乎衛生操作原則品嚐食物、食物掉落未處理等。	41分
	12.烹調時蒸籠燒乾者。	30分
	13.可利用之食材棄置於廚餘桶或垃圾筒者。	30分
	14.可回收利用之食材未分類放置者。	20分
	15.故意製造噪音者。	20分
盤飾及沾料（E）	1.成品菜餚盤飾少於二盤者【即至少要二盤】。	30分
	2.生鮮盤飾未滅菌（飲用水洗滌或燙煮）或多於主菜（滅菌後之盤飾可接觸熟食）。	30分
	3.以非食品或人工色素做為盤飾者。	30分
	4.以非白色廚房用紙巾或以衛生紙、文化用紙墊底或使用者（廚房用紙巾應不含螢光劑且有完整包覆或應置於清潔之承接物上，不可取出置於檯面待用）。	20分
	5.配製高水活性、高蛋白質或低酸性之潛在危險性食物（PHF, Potentially Hazardous Foods）的沾料且內置營養食物者（沾料之配製應以食品安全為優先考量，若食物屬於易滋生細菌者，則應將安全性之沾料覆蓋於其上）。	30分
清理（F）	1.工作結束後，未徹底將工作檯、水槽、爐檯、器具、設備及工作區之環境清理乾淨者（即時間內未完成）。	41分
	2.拖把、廚餘桶、垃圾桶置於清洗食物之水槽內清洗者。	41分
	3.垃圾未攜至指定地點堆放者（如有垃圾分類規定，應依規定辦理）。	30分
其他（G）	1.每做有污染之虞之下一個動作前，未將手洗淨造成污染食物之情事者。	30分
	2.操作過程，有交互污染情事者。	41分
	3.瓦斯未關而漏氣，經警告一次再犯者。	41分
	4.其他不符合食品良好衛生規範規定之衛生安全事項者（監評人員應註明扣分原因）。	20分

註1：洗滌後與切割中可做烹調及加熱前處理。

註2：熟食（係指將為熟食用途之生食及煮熟之食材）在切配過程中任一時段切割皆可，然應符合衛生原則並注意食材之區隔（即生熟食不得接觸）。

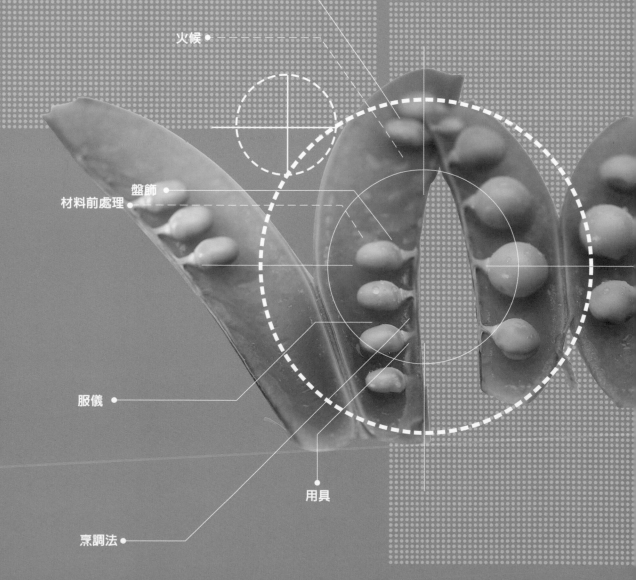

烹飪技術與材料處理

刀工●

火候●

盤飾●
材料前處理●

服儀●

用具●

烹調法●

熟練基礎刀工

刀工精準與否，關係著是否能做出適合題意的菜餚，如果連什麼是絲、什麼是條都弄不清，也搞不清楚什麼是丁、什麼是塊，即使能夠在限定時間內完成檢定的菜餚，恐怕也很難順利通過檢定考試！

一、正確拿刀的方式

右手 以大拇指及食指夾住靠近刀柄的刀面，其餘三指則握住刀柄。不可手指伸過長或翹起小指。

左手 五指微微彎曲，指尖朝向手心，彎曲關節，輕輕壓住材料。

切時 左手第一指關節靠近右手之刀面，切割各種材料（習慣左手拿刀者，則相反之）。

右手拇指及食指夾住刀面；另三指握住刀柄。

左手五指微彎，指尖朝向手心。

切時左手第一指關節靠近右手之刀面。

二、站姿

做菜時，兩腳應稍微站開與肩同寬，站在工作檯前約20公分處，微微側身（以輕鬆，自然的姿勢站立），比較方便操作。不可以把身體斜靠在工作檯上，或是兩腳交疊，或是站所謂的「三七步」。

三、刀具

使用不同材料時，所選用的刀具也會有所差別，如果用錯了刀，不但刀工外形沒辦法整齊合一，影響外觀，甚至還可能會弄壞刀具。

菜刀一般分為薄刀與厚刀。

薄刀 就是「片刀」，也就是用來切不帶骨的材料，像是切片、塊、絲或條時，都應該使用薄刀。

厚刀 又稱為「斬刀」，用來剁帶骨的材料，如：剁排骨、雞塊……等。

刀具至少應準備薄刀與厚刀，以切割不同材料。

四、砧板的使用

為了食品衛生，切割食物時，應該把生食、熟食分開，並且用不同的砧板來切割，以免熟食受到細菌污染，引起食物中毒。

通常在考場中，大多備有兩塊砧板，一塊木製砧板是用來切割生食；另一塊塑膠製砧板則用來切割熟食。如果以顏色區分時，淺色用來切熟食，深色用來切生食。

木製砧板切生食，塑膠砧板切熟食。

紅色砧板切肉類，藍色砧板切魚貝類，綠色砧板切蔬果類，白色砧板切熟食。

五、基本切割方法

　　菜餚的外觀，常是引起人們食欲的第一印象，而材料的形狀是否一致、尺寸是否相等，都是外觀的重要考量。刀工是基本的烹調技術之一，一定要常常練習，才能在考試或平常做菜時舉一反三，依不同菜餚的特色，創意變化出各種花樣來。

　　如果依材料的外形來分，切割方法大致不出下列幾種：

塊

長、寬各約在1公分以上，適用於紅燒、燉湯、燜或油炸，可依不同材料來決定大小與外形。記得，下刀之前一定要先決定好尺寸，一般常見的塊狀有四方塊、菱形塊、滾刀塊。

- **四方塊**　切厚片→粗條→四方塊。
- **菱形塊**　切厚片→粗條→斜切塊。
- **滾刀塊**　技巧是一手握住材料，一邊旋轉，另一手則一邊斜切塊，就可以切出類似三角錐體的塊狀。

四方塊

切四方塊——先將食材分切成厚片。

再改刀切成粗條。

最後切成四方塊。

菱形塊

食材切成粗條後，改刀斜切成菱形塊。

滾刀塊

一邊旋轉食材，一切斜切塊，即為滾刀塊。

片

先決定所需要的尺寸，切割的順序為先切大塊，再切成薄片或厚片。可依食材的性質及菜餚的特色來決定厚、薄程度，如：「煎黑胡椒雞脯」，可切大約0.8公分厚片；「茄汁肉片」則應切成薄片。
片通常是應用在炒、炸、燒、燴或煮湯等烹調法。

- **四方薄片**　切大塊→切片。
- **菱形片**　切長條→長條片→斜切菱形片。

四方薄片

切片時，應先將材料分切成大塊狀，再改刀切成四方薄片。

菱形片

先將食材分切成長條片，再斜切，即得菱形片。

條

切割順序為先切大塊，再切厚片，最後切成條。條的寬度大約0.5～1公分，長度則約2.5～7公分之粗細，如：「麵托絲瓜條」中的絲瓜。

條的標準為：寬約0.5～1公分，長約2.5～7公分之粗細。

絲

切割順序為先切大塊，再切薄片，然後切絲。通常應用於爆炒、涼拌、燴或煮湯等烹調法。絲的寬度約0.5公分以下，長度約2.5～7公分，如：「三絲涼拌豆芽」、「三絲米粉湯」。

絲與條極為相似，但其寬度僅約0.5公分以下。

段

切割順序為先切條，再切成段，有的材料也可直接切成段。段的長度通常約為4～5公分，可依材料所需長度來切段。一般而言，材料性質不同，所切出來的段粗細也會不同，適合用來切段的材料有：四季豆、蘆筍、綠葉蔬菜、蔥、絲瓜、鱸魚段等。

段的長度通常約為4～5公分。

末

切割順序為先將材料切極細絲，再切成末。末比粒更小，常用來當作點綴裝飾或作成肉餡，如：肉末、火腿末。

先將食材切成極細的絲狀，再改刀細切，就可成為更細小的末。

丁

切割順序為先切大塊，再切厚約0.5～1公分的片狀，然後切成條，最後再切成丁。通常應用於炒、羹、燴……等烹調法。丁的長度與寬度約是0.5～1公分，與塊類似，但尺寸更小，可分為四方丁、三角丁或菱形丁，刀法與切塊類似，如：「白果炒肉丁」、「竹筍爆三丁」。

丁與塊相似，但其長、寬僅各約為0.5～1公分。

粒

切割順序為先切細絲，再切粒，或直接將材料切粒。粒比丁小，尺寸有如綠豆般，或更小如米粒。如：「蘿蔔乾雞粒炒飯」或「蔥花」。

粒比丁要小，應如綠豆或米粒般大小。

泥

切割順序為先切細絲，再切成末，最後剁成泥。把切末的材料再剁細成具有黏性的泥狀，就是剁泥，又稱為茸，如：蒜泥。剁泥可用刀背或刀鋒。

例如：先用刀身將蒜頭拍碎，再剁細，即可輕鬆剁成蒜泥。

切花

為了增加菜餚的美觀，有時可將材料切成花樣後再入菜，而且也可幫助烹調時更容易熟及入味。常用來切花的材料有：魷魚、花枝、魚片、雞肫、腰子……等。

切花時，每一刀應切到材料的1/2～2/3厚度深，但不可切斷，間隔要寬窄一致，間距依不同材料而決定，但不可以切得太寬，否則花樣會不明顯。切花的刀法大致可有下列兩種：

- **直切** 刀面與材料垂直，先直刀切紋→再橫面直刀切紋→最後切菱形片或四方片。
- **斜切** 刀面斜切紋→交叉斜切紋→切菱形片或四方片。

直刀紋——刀面與食材垂直。

斜刀紋——刀面與食材呈約30°斜切。

瞭解烹調法

中國菜享譽國際，烹調法的種類大約有三、四十種之多，這麼多樣性的烹調法可是一門大學問呢！不同烹調法所用的調味、火候、器具也都不同，而且各具特色，在這裡我們要特別探討與丙級檢定項目比較有關的烹調法。

炒 將鍋燒熱，放入食物與調味料，利用大火熱油使材料在短時內翻炒熟透。又細分為：

- **清炒** 炒的食物只有主料，而沒有再添加其他配料。
- **燴炒** 一定要含有主料和配料，或者是葷素相配合，例如：「三色炒筍絲」、「豆乾炒高麗菜」、「雞絲蛋炒飯」等。
- **爆炒** 爆炒的材料大多是細嫩易熟的，為了保持顏色不變，有的食材需先入熱油中過炸一下；有的食材則需先入滾水中汆燙一下，然後回鍋加調味品，快速炒勻即成。例如：「西芹炒雞片」、「蘆筍炒蝦仁」、「茄汁肉片」。

燒 食物經過煎、炒之後，仍留在鍋裡，再加入調味品、水（或醬油）以及香料，用中小火慢燒，使食物熟透。例如：「紅燒肉塊」、「芋頭燒小排」、「咖哩燒小排」、「紅燒筍尖」等。

蒸 將食物裝入容器內，架設於鍋內的水面上，或是放在蒸籠內用水蒸氣的熱力，使食物熟透。例如：「粉蒸肉片」、「樹子蒸魚」、「豆豉蒸小排」、「蒜味蒸魚」等。

炸 食材經處理後，放入多量的滾油中，利用油的熱能，使食物在短時間內均勻熟成，並使外皮金黃酥脆。例如：「麵托絲瓜條」、「椒鹽鱸魚塊」、「椒鹽白果雞丁」等。

爆 將準備好的食材，利用大火、熱油或熱醬、熱湯的熱能，在很短的時間內熟成，此種烹飪的方法即稱為爆，例如：「竹筍爆三丁」。

煎 鍋內放少量油，並燒至6～7分熱（即：將油加熱至已產生細微紋路但還不至於冒煙的程度），才把食物入鍋，慢慢用小火把食物煎熟，且無湯汁，例如：「蝦皮煎蛋」、「乾煎鱸魚」、「煎黑胡椒雞脯」等。

醃 食材經處理好後，放入容器內，以鹽或醬油將食物醃漬入味。多用於前處理，如：醃蝦仁、醃肉片、醃雞絲等。

涼拌 將生或熟的食物處理好後，放入乾淨容器內，加入各種調味料，並拌勻，待其入味後，可裝盤供食。例如：「蒜味四季豆」、「豆乾涼拌豆芽」。

燴 將數種食材分別烹調處理後，再回鍋一同混合烹煮，最後勾芡使其帶有湯汁。例如：「香菇燴絲瓜」、「香菇燴蝦仁」。

燙 將食材放入燒滾的水或湯中，待食材燙熟後，撈出瀝乾，再回鍋加熱及調味或加配菜，即可烹成一道可口的菜餚。多用於前處理，如：燙筍絲、燙紅蘿蔔或燙蝦仁等。

煮 將食物放入冷水或滾水（高湯）中，再用大、中、小等火候煮至食物熟透或爛為止，例如：「香菜魚塊湯」、「蝦皮絲瓜薑絲湯」等。

燜 將食材先以炒或燒或煮等方式處理過，再加入少量的高湯或清水及調味品，蓋好鍋蓋，以小火煮至湯汁收乾，且菜餚熟透。例如：「雞肉燜筍塊」即是利用燜的方法來使菜餚入味。

酥 將食物利用熱油炸熟，取出放冷後，再回鍋炸一次，使其質酥，例如：「椒鹽排骨酥」等。

扣 將主菜處理好之後，按一定的順序排入扣碗中，不使其散亂，上放佐料及調味品，入蒸籠蒸至熟，吃時將湯汁倒出，反扣於盤上，再將湯汁勾芡淋於其上，例如：「粉蒸肉片」等。

扒 將經過初熟處理的主材料和配料在鍋內擺配成整齊形狀，輕輕倒入湯汁及調味汁，以小火加熱入味，再淋入薄芡汁勾芡，邊淋芡汁邊搖晃鍋子，使芡汁均勻，最後順鍋邊淋入麻油，原封不動的將菜餚以「扒入法」移入盤中的一種烹調法，例如：「香菇片扒青江」。

掌控火候

火候掌控是否得宜，關係到烹調菜餚的品質優劣。而不同的烹調法所使用的火候也不相同，在中餐烹調上，按照火力的強弱，可分為「旺火」、「中火」、「小火」、「微火」四個等級。

旺火 （或稱強火、大火、武火）

指瓦斯爐的內外火全開。旺火適用於質地柔軟、體積較小的食材，以較短時間加熱來保持食物的新鮮度和嫩度。旺火一般多用於炒、爆、燙等烹調法，如：「炒咕咾雞脯」、「竹筍爆三丁」、「白果炒花枝捲」等。

中火 （或稱文武火）

指瓦斯爐的內外火皆半開，或是只開內火。一般煮、燒等烹調方法，都使用中火，如：「紅燒筍尖」、「三絲米粉湯」。

小火 （或稱弱火、文火）

介於中火與微火之間，指瓦斯爐的內火半開。大部分用於煎，可使食材呈現外表金黃，內部柔軟，保水性佳，例如：「三色煎蛋」、「乾煎鱸魚」等。

微火

火焰小到幾乎看不見，適合大體積、質地硬的菜餚長時間燉煮，多用於燜、燉、煨等烹調方式，例如：「雞肉燜筍塊」或高湯的熬製等。

熟悉材料的前處理

檢定時，會場所有食材都是未處理過的，應考時，以當場抽取到的考題配發食材，所以檢定前一定要能先瞭解、熟悉各項食材的正確處理方法，多多操練基本功，檢定當天才不會一拿到食材就驚慌失措、腦子一片空白！

一、海鮮類

魚

• 應考時，若抽到有魚料理，考場所配發的都是未宰殺、處理過的魚，應考者必須現場處理，所以一定要學會正確殺魚的方法。

• 殺魚時，應一手抓住魚頭，一手用刮鱗器，以逆鱗片方向，從魚尾往魚頭方向刮除鱗片，然後切開魚腹部，取出內臟，用剪刀或刀尖將鰓去除，沖洗乾淨，並檢視鱗片、內臟與鰓是否確實除淨。

• 片魚時，刀鋒應沿著魚骨平切，再切開魚片與魚頭連接處，即可切下魚片。注意魚片應刀法平整、乾淨，勿碎爛。

• 為使魚較易熟及入味，可在魚身上斜切數刀，以縮短烹調時間，幫助保持魚的鮮度，且於下鍋前，在魚身抹上鹽巴，或加蔥、薑、酒、鹽醃一下，以增加味道，再入鍋炸或蒸。

殺魚時應一手抓住魚頭，一手持刮鱗器以逆鱗方向刮鱗。

刮淨鱗片後，再切開魚腹，去除內臟。

再剪除魚鰓。

確實處理乾淨後，再於魚身斜劃數刀。

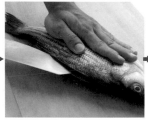
片魚時刀鋒沿著魚骨平切。

以刀尖繼續切開魚肉。

切開魚片與魚頭連接處，即可切下魚片。

注意魚片應刀法平整、乾淨，勿碎爛。

片好魚後，將骨頭去除，再切片。

蛤蜊

• 外表先搓洗乾淨，汆燙後取出蜊肉，見有腥臭者則挑出丟棄，而帶泥沙者，則需再次清洗過才能再入菜。

蝦

挑除腸泥。

由背部切開2/3深度成蝦球狀。

- 考場若發給全蝦，欲取蝦仁，可直接摘取蝦頭，剝殼，取出蝦仁，再用牙籤挑去腸泥即可。若無牙籤，亦可用手指小心抓出腸泥。
- 蝦仁若大顆，可由背部切開2/3深度，待熟即會捲曲成蝦球狀，既美觀又易入味。
- 蝦易熟，烹調時間短，通常當蝦在鍋內呈漂亮紅色及蝦身捲曲時，即表熟透。再煮下去，則肉老而不美味了。

花枝

花枝去除外膜、內臟後，應先在內側切交叉花紋。

- 花枝（或魷魚、烏賊、透抽等）具有外膜，烹調前應先撕去，且去除內臟，並在內側（即原來沒有外膜的那一面）切上花紋，以便加熱時捲出花形。頭部去除眼珠及嘴，洗淨，直接切塊即可。
- 花枝易熟，不可烹調過久，否則肉易老而口感不佳。為去腥味，可先汆燙過再入菜。

二、肉類

培根

- 為煙燻半成品，通常經過炒焙愈發具有香氣，炒到乾爽再入菜。

火腿

- 洋火腿已是半成品，通常切去四周的硬皮，再切成所需的形狀入菜，烹調時間不必過久。

豬肉

切豬肉時，應逆紋切片。

逆紋切絲。

- 豬瘦肉的肉質瘦嫩，適合燒、煮、炒、烤、爆、炸等烹調法。
- 切肉時，應逆著紋路切片或切絲，以免遇熱時影響收縮及口感。
- 通常將肉片或肉絲醃過，並過油後，取出，再與配料炒在一起，肉質較嫩及入味。
- 剁排骨時，若是肋骨相連的小排骨，則先切開相連的肋骨，再一根根斬成大小一致的塊狀，為防止不熟，剁成長、寬各約3公分的塊狀即可。
- 炸排骨時，應小火炸熟，以免外熟內生，若外表要酥脆，可在炸熟後取出，再回鍋以大火炸上色，並炸酥即可，如：「椒鹽排骨酥」。

雞肉

- 考場發的若是帶骨的雞胸肉，可沿著骨頭切下雞胸肉，且需將肉內的白筋去除後，再切丁、絲或片入菜。
- 切雞柳（即雞條）或雞絲時，可先平切雞胸肉成薄片狀，再直切成雞柳或雞絲狀。
- 無論雞丁或雞片，外型都應該一致，厚薄、大小適中，先醃過調味料並過油，再做烹調，肉質才會嫩，口感也會較好。

雞胸肉先去皮與油。

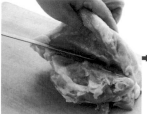
沿著骨頭切下。

將骨頭與肉拉開。

分離成雞骨頭與雞胸肉。

片取雞胸肉，應先去淨肉內的白筋。

將片下的雞胸肉平切成片。

雞肉順紋切成條狀即稱雞柳。

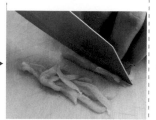
雞肉順紋切成雞絲。

三、蔬果類

紅蘿蔔

- 色彩鮮艷，常用於配色，應先削皮，入鍋煮熟後，再切形狀入菜，或先切再汆燙。

蘆筍

- 近根處常帶有粗梗外皮，所以先削去外皮，留下內部嫩莖，再切段入菜。

蘆筍削去粗梗外皮。

青椒

- 有青椒、黃椒、紅椒之分，處理方式為切對半、去籽，由內面切成所需形狀，直接入鍋炒，或過油後再入菜（先過油，青椒會較油亮），但不可炒太久，以保持翠綠。

青椒切對半、去籽後，從內面切成所需要的形狀。

筍

• 先剝外殼，削除老纖維處，入冷水鍋煮熟後，再切形狀入菜。

先在外殼上劃一刀。　　再剝除外殼。　　切除底部較老的纖維。　　並將外觀修整一下。

玉米筍

• 若為新鮮玉米筍，需確實煮熟再入菜；若是罐裝玉米筍，則略為汆燙即可。

白果

• 分真空包裝和罐裝，均需汆燙過再炒菜或燴菜。

四季豆

• 兩側帶有纖維絲，清洗時，需先剝除再切段。

金針菇

• 常紮成束，需先切除根部再清洗，剝開成散枝狀，再對切成兩半入菜。

草菇

• 屬蕈菇類，富含鐵質，口感帶彈，大顆者可對半切再烹調。

韭菜

• 摘除葉子尖端枯黃部分，洗淨、切段，先炒梗再炒葉，比較易熟。

綠豆芽

• 應以大量清水沖洗、汆燙後使用，若做涼拌菜，就必須在汆燙後再泡入冷開水中，以保持爽脆、衛生；但炒粄條時，可直接入炒。

小黃瓜

• 用手或菜瓜布搓洗表面，再切形狀入菜。可直接生食；若炒菜，不必過久，以保翠綠。

絲瓜

• 需先削皮，再切片或條，烹煮時要煮軟，若帶白色表示未熟透，但也不可煮久過爛，因放久會轉黑，就不美觀了，所以煮至透明軟綠即可。

絲瓜切條後，去除白色內膜。

西洋芹

• 即西洋芹菜，會有粗纖維，必須去除後再斜切片，或順紋直切成條狀炒菜。

青豆仁

• 常用冷凍食品或罐頭，可直接入菜，或汆燙一下即可。

洋蔥

• 先剝除外皮，切去頭、尾，切對半後，順著纖維方向切成絲或切成片。

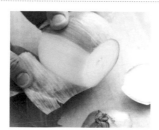  

去除外皮後。　　洋蔥先對切。　　再順紋切絲。

31

香菜

• 又稱芫荽，整株是嫩莖嫩葉，帶辛香氣味，無論生食涼拌和加熱調味均很適宜。

青江菜

• 去除老葉，對切成兩半或四半熱炒，或分葉切段熱炒，也可汆燙後泡冷開水（加少許油、鹽）當盤飾用。

高麗菜

• 為整顆包球狀，需對切兩半，切去內梗，即可一葉葉剝開洗滌，再切絲、切片，或用手掰成片狀。

蔥

• 使用最多，常當爆香或去腥用，可切段、切絲或切碎，葷食可用，素食不可用。

紅辣椒

• 常用來爆香、配料或裝飾用，切絲或菱形片時，需先切開內面，洗去內籽，由內面切割。

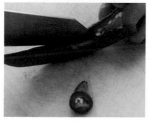  

切除蒂頭，劃刀切開。　　去除內籽。　　由內面切成需要的形狀。

四、乾貨類及加工食品類

乾香菇

• 泡冷水或溫水軟化後，先切除蒂頭，再切絲或片。

蝦米

• 泡冷水或溫水軟化後，爆香用。若蝦米較大隻，可切成小粒再入炒。

乾木耳

• 需泡水成濕木耳才可切割，考場一般發的會是已泡發的濕木耳，切時先切去蒂結，再取尺寸切割。

蝦皮

• 蝦的幼苗，烹調前略為洗過，即可爆香用。

蘿蔔乾

• 為白蘿蔔鹽醃曬乾而成，具有特殊香氣，帶鹹味，用來炒菜時需斟酌調味料的用量。

鳳梨片

• 罐頭裝，有整片與切好扇型的，使用方便。

柴魚片

• 可直接使用於煮湯；若做涼拌菜時，則需先經乾鍋炒焙一下，再加入即可。

粄條（河粉）

• 為米製半成品，呈整片摺疊狀，寬細可依個人喜好切割，炒時需加少許水使其散開。

米粉

• 為米製乾貨，烹調前需以水泡軟後汆燙或直接入炒；因較長，可剪短再炒。

紫菜

• 可直接食用，煮湯時撕成小片入煮；涼拌時，先剪成條狀，以乾鍋炒焙一下，再加入。

豆豉

• 有乾豆豉與濕豆豉兩種。乾豆豉應先泡水軟化，略切小粒再使用。濕豆豉則可於洗淨後，略切小粒使用。

鹹冬瓜

• 為醃製的冬瓜，蒸魚
或煮菜都很入味，切塊
烹調即可。

樹子

• 為醃製品，洗淨直接
入菜即可。

枸杞

• 為中藥食材，有補
血、補氣之效，使用前
略為泡水漲發即可。

太白粉

• 多溶於水中，作湯汁
勾芡用，芡水大約比例
為水：太白粉＝2:1。
亦可拍粉在材料外表，
入炸呈金黃酥脆口感；
或是於醃料時加入少
許，用以增加食材的嫩
滑度。

麵粉

• 較常使用的是中筋麵
粉。可拍粉於材料外表
入炸，或是加蛋、水等
調成濕麵糊，裹在食材
外表成一層裹衣入炸，
如：「麵托絲瓜條」。

33

五、蛋類

雞蛋

• 入菜前，要先洗淨外
殼，放入容器內備用。
使用時，應先於乾淨的
碗緣敲破外殼、打開，
置於另一容器內檢視，
確定為新鮮且完整的蛋後，再進行各種烹調，切不可
在不淨的容器或桌邊敲殼。

皮蛋

• 可直接生食或煮菜，
蛋黃有時呈半凝固，所
以切時要小心，勿弄髒
菜餚。也可以事先烹熟
蛋黃，待涼後，蛋黃凝
固，較容易切割。

鹹蛋

• 生的鹹蛋外裏有一層紅黏土，需先洗過，入鍋煮熟，剝殼後再入菜。熟的鹹蛋
外無紅黏土，可直接剝殼後使用。
• 由於本身已有鹹味，故菜餚之調味千萬不可過重，如：「鹹蛋炒青江」。

六、素料類

豆腐

• 有嫩豆腐及板豆腐之分。前者質嫩，切時需小心，且炒時易碎，千萬不可用力翻炒。後者則較好製作，豆腐味濃，但質亦偏軟，也要小心翻炒才是。涼拌豆腐時，取盒裝豆腐使用，需注意衛生要求，戴手套以礦泉水洗過後，才可放到平盤上。

豆包

• 為豆類油炸品之一，常當素食用，若未炸的新鮮豆包，炒時易爛，可趁起鍋前再加入同炒；若炸過豆包太油膩，則可汆燙去油後再入炒，如：「豆包炒青江」。

豆乾

• 有黑、黃、大、小之分，為黃豆類產品，先平切薄片再切絲入菜。

素火腿

• 已是半成品，直接切片或切絲入菜即可。

七、調味類及辛香料

沙拉油

• 熱油時，不可燒至冒煙，易起火而引發危險，且不可滴入生水，否則容易油爆而誤傷自己。炒菜之前，先加少許油入鍋，再放菜入炒；油炸時，油量應蓋過食物，以免炸不均勻。

醬油

• 可調味並增加菜的色澤，如紅燒或醃肉時加入。有加醬油則鹽巴需少放些，以免太鹹。

酒

• 可去腥或添加菜餚的香氣，如醃魚時可加少許酒來去腥。

醋

• 有白醋及烏醋之分。白醋味酸，色透明，常使用在糖醋、茄汁等烹調法中，如：「茄汁肉片」、「茄汁吳郭魚」。烏醋味香色黑，久煮會影響香味，所以應在起鍋前再加即可。兩者色香味皆不同，應依不同菜餚酌量添加。

糖

• 中和鹹味，如紅燒或滷味時，可適量添加。

麻油（或香油）

• 可調味並增加菜的色澤，如紅燒或醃肉時加入。

辣椒醬

• 色紅，似辣豆瓣醬，味辣且鹹，調味時注意鹹度。

辣油

• 為辣椒油，味道極辣，可依各人喜好酌量添加。

芝麻醬

• 芝麻味香，可直接涼拌食用，通常用冷開水調稀後使用，稠度可自行調整。

辣豆瓣醬

• 色紅、味辣且鹹，調味時需注意鹹度。烹調時，必須先入鍋炒過，色澤較鮮艷，也較出味，然後再下其他材料同炒。

番茄醬

• 色艷紅，味道酸中帶甜，常用來作糖醋汁、茄汁或作為沾醬。

甜麵醬

• 為麵粉醱酵、調味而成，色暗黑，鹹中帶甜，適合醬爆類菜餚。

黃豆醬

• 黃豆與糯米做的醃製品，有特殊香氣，常用於台式菜餚中。

蠔油

• 似醬油，但有生蠔鮮味，可做為紅燒、熱炒等烹調法的調味，也可當作沾醬使用。

白胡椒粉

• 具辛辣及特殊香味，可在菜餚中少量添加。將白胡椒粉加鹽拌勻，即成椒鹽，可當沾料使用。

黑胡椒粒

• 黑胡椒粒可磨成粗細之分，具有濃厚香氣，並帶辛辣味。

35

蒸肉粉

• 為糯米與再來米加入花椒、八角等香料，經炒香後再輾碎而成。市售有粗細之分，使用時要加少許水使米粒吸水飽和才易熟透；因本身已有鹹味，故注意食物調味勿過鹹。

咖哩粉

• 是由薑黃、辣椒、荳蔻、小荳蔻、胡椒、肉桂、小茴香……等十數種香料調和而成，味道辛香濃厚，現今口味多變，有偏甜或辛辣等不同風味，先炒過最香，但易炒焦變黑、變苦，故炒時火不可太大。

花椒

• 四川菜常用。爆香後，油中有濃郁花椒香，可撈除花椒粒後再炒菜，或滷味時加入滷汁中增加香味。
• 將花椒粒乾炒後，磨成粉末，即成花椒粉，加鹽巴拌勻，即成花椒鹽，可當作沾料使用。

沙拉醬

• 又稱「美乃滋」，乃是沙拉油、蛋、醋攪打乳化而成，色白呈乳狀，遇熱會融化，故需待食材降溫後再加入，常用來作為冷盤的調味醬。

八角

• 為辛香料之一，常使用在滷味或紅燒等烹調法時，加少數幾顆，即有特殊香味。

油蔥酥
• 切碎的紅蔥頭油爆出香氣後收集而成的乾料，香氣十足，可直接加入調味，使用方便。

菜餚的盤飾

盤飾可襯托出菜餚特色，增加菜餚的精緻性和價值感。檢定時規定每一組題目中，一定要有二盤以上菜餚有做盤飾，需注意的重點是配置得當與衛生考量。

盤飾作法是利用刀工和雕刻技巧來點綴或裝飾菜餚，使菜餚更具有觀賞。

一、盤飾的方法

常見的盤飾方法有三種：一是菜餚的點綴，二為菜餚的圍邊，三是點綴加圍邊（由於考試的時間有限，比較不建議使用此種較複雜的方式）。

點綴 烹調完成裝盤時，在主材料表面、盤子中央或盤子邊緣局部擺放適當的切割或雕刻材料，來襯托菜餚，增添美感。

- 主材料表面的點綴 　當菜餚的原料、形狀較簡單，且色彩單調時，可在菜餚製作過程或裝盤後，將盤飾材料置於菜餚的表面，以增加菜餚的美觀性及可看性。如：「蒜泥蒸魚」就常以蔥絲與薑絲來裝飾。

- 盤中心的點綴 　將盤飾材料放在盤子中間，菜餚圍放在其四周。此種盤飾材料最好不要低於菜餚的高度，以免產生凹陷觀感，一般常會使用立體的食雕作品，以單件的雕刻玫瑰花、辣椒花等，或是組合方式，放在盤中間，較適合冷菜（冷盤）或無湯汁的菜餚裝飾。

盤中心的點綴。

- 盤緣局部點綴 　將盤飾材料放在盤子的一邊或對邊來襯托菜餚。依擺放方式又分單一局部點綴、對稱局部點綴、雙對稱局部點綴及三頂點局部點綴四種形式。其中對稱、雙對稱及三頂點局部點綴方式所用的盤飾材料、形式、大小都必須相同，才能產生視覺的對稱與協調。

36

單一局部點綴。

對稱局部點綴一。

對稱局部點綴二。

雙對稱局部點綴。

三頂點局部點綴一。

三頂點局部點綴二。

圍邊 （鑲邊、花邊） 是指將刀工形狀一致、大小相同的材料圍放於盤邊緣的裝飾方法。依材料擺放方式可分為半圍或全圍兩種。

- 半圍　是指圍放於盤子邊緣部分，可呈現出對稱或不對稱但協調的效果，一般較適合腰盤或圓盤。

對稱半圍邊。

不對稱半圍邊。

- 全圍　指圍放盤緣的一整圈，呈現出整齊、規律、重複的美感及視覺效果。圍邊需注意菜餚與盤飾材料的比例（裝飾食材不可喧賓奪主），以及色彩與形狀的搭配。

全圍形式一。

全圍形式二。

全圍形式三。

全圍形式四。

點綴並圍邊　點綴與圍邊兩種盤飾方式除了單獨使用，也可以互相搭配活用。其中以局部點綴與圍邊兩種盤飾方式搭配效果最佳。

常見局部點綴與圍邊組合盤飾一。

常見局部點綴與圍邊組合盤飾二。

常見局部點綴與圍邊組合盤飾三。

二、盤飾的注意事項

成功的盤飾對菜餚是一種加分作用，但若使用不當，恐怕反而會成為扣分的主要因素了。

- 盤飾材料應講求新鮮、衛生，擺放時要注意不可因材料本身不夠乾淨而污染到菜餚本身。
- 盤飾過的菜餚在整體效果上應該呈現整齊、有序、清爽、協調的感覺，切忌雜亂、參差不齊、感覺不協調。
- 盤飾不應過分複雜，更不可喧賓奪主。因盤飾屬襯托角色，擺放在盤子的面積不宜超出盤子的1/3，以免主客易位，混淆了目的。
- 盤飾擺放範圍不宜超出盤緣，以免有盤器太小或盤器使用不當的感受。
- 羹、燴、燒、燉等有湯汁的菜餚，較不適宜盤飾，若要盤飾，必須考慮材料可能接觸到湯汁，最好使用熟料來做盤飾，才不會產生衛生安全問題。
- 煎、炸、炒、溜、爆等無湯汁的菜餚較適合盤飾，但盤飾最好使用較不易出汁的蔬果類，以免影響到菜餚的外觀和口味，並切記要避免盤飾接觸菜餚。
- 若菜餚本身的色彩豐富，或是材料的形狀較為細小，則盤飾應盡量簡單、整齊、不複雜、不瑣碎，以免感覺凌亂。
- 善用考場所配發的材料來靈活運用做盤飾，每道菜的盤飾最好不要重複，應使其富有變化。

三、盤飾常用的材料

盤飾應選用可食性的食材，不要使用非食材的材料，如：不可食用的花朵、樹葉等。若以顏色區分，一般天然食材的色彩有：

- **紅色（或橘色）**　如紅辣椒、櫻桃、蘋果、火腿、番茄、紅蘿蔔、紅（橙）甜椒。
- **綠色**　大黃瓜、小黃瓜、青椒、香菜、蔥、巴西利、西洋芹、四季豆、青江菜、蘆筍、檸檬等。
- **黃色**　鳳梨、香吉士、黃甜椒、南瓜、玉米、玉米筍等。
- **白色**　筍、豆腐、白蘿蔔、白花椰菜。
- **紫色**　茄子、紫高麗菜、葡萄、芋頭。
- **黑色**　香菇、木耳、髮菜等。

考前再叮嚀

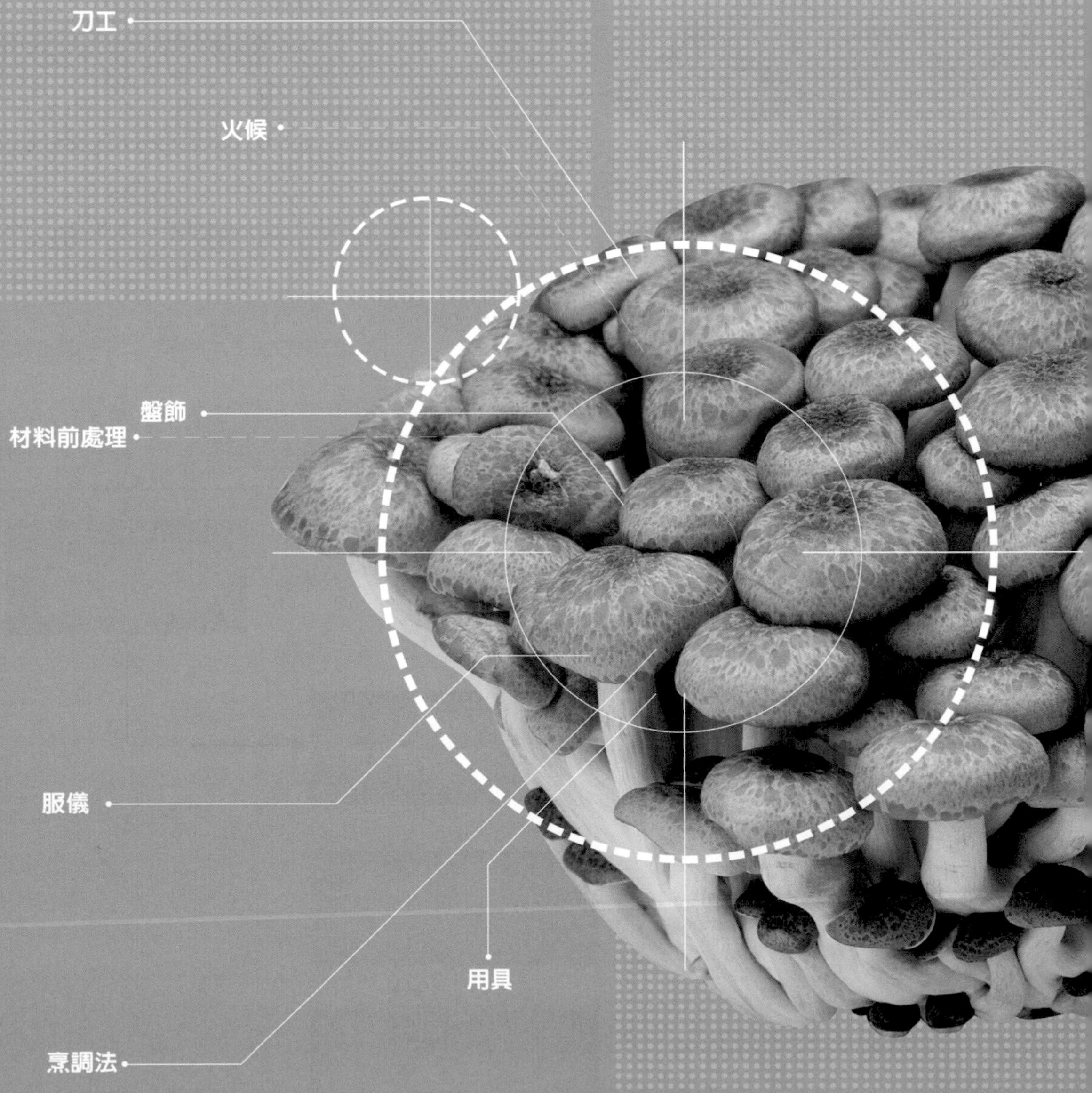

刀工·

火候·

盤飾·

材料前處理·

服儀·

用具

烹調法·

服裝儀容要標準

在廚房中，經手的都是容易孳生細菌的食材，因此對操作者的服裝儀容要求特別嚴格，一定要符合衛生原則。

【應檢人服裝參考圖】以下規定之上衣需為廚師專用服裝

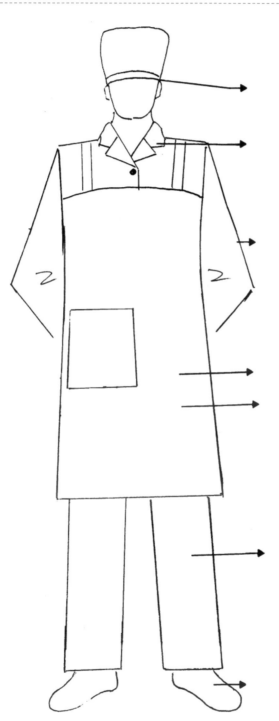

一、帽子

1. 帽型：帽子需將頭髮及髮根完全包住；髮長未超過食指、中指夾起之長度，可不附網，超過者需附網。
2. 顏色：白色。

二、上衣

1. 衣型：廚師專用服裝（可戴領巾）。
2. 顏色：白色（滾邊、標誌可）。
3. 袖：長袖、短袖皆可。

三、圍裙

1. 型式不拘全身圍裙、下半身圍裙皆可。
2. 顏色：白色。
3. 長度：過膝。

四、工作褲

1. 黑、藍色系列，專業廚房之素色小格子之工作褲，長度至踝關節。
2. 不得穿緊身褲、運動褲及牛仔褲。

五、鞋

1. 黑色工作鞋（前腳掌及後跟不能外露）。
2. 不得著雨鞋。
3. 內須著襪。
4. 需具止滑功能。

備註：
帽、衣、褲、圍裙等材質以棉或混紡為宜。

○ 標準的服裝儀容

✕ 錯誤的服裝儀容

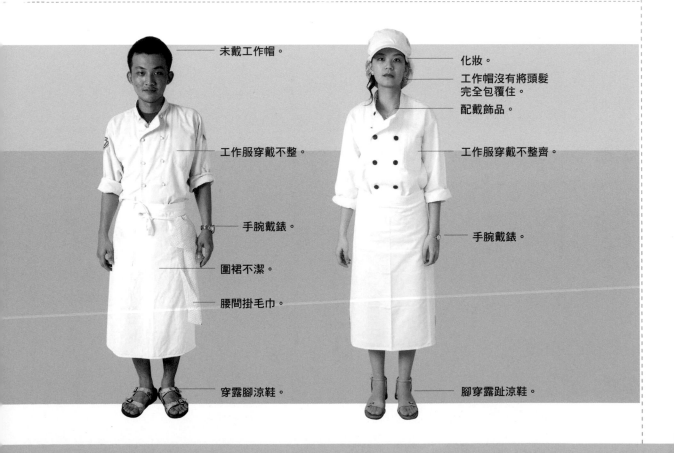

未戴工作帽。

化妝。

工作帽沒有將頭髮
完全包覆住。

配戴飾品。

工作服穿戴不整。

工作服穿戴不整齊。

手腕戴錶。

手腕戴錶。

圍裙不潔。

腰間掛毛巾。

穿露腳涼鞋。

腳穿露趾涼鞋。

自備適用順手的器具

檢定時，因各個試場內所提供的器具不盡相同，建議考生最好能攜帶自己平日用慣的刀具、器皿及免洗用品，考試時比較能得心應手，不會使自己因對環境不熟悉而手忙腳亂！

刀具

含「片刀」、「剁刀」、「水果刀」、「剪刀」、「刮鱗器」、「削皮刀」。

用具

包括白色廚房紙巾2捲（包）以下、包裝飲用水1瓶（礦泉水、白開水）以上、衛生手套、乳膠手套、口罩、計時器等。其用途如下：

- **白色紙巾** 選用抽取式較滾筒式的方便，且較不會造成污染。考試時用來擦盤子、鍋子、砧板和手，用完即丟，切勿重複使用。
- **乳膠手套** 手部有傷口時，包紮後，需戴上乳膠手套操作，避免污染菜餚。
- **衛生手套** 即俗稱手扒雞手套。處理熟食時，如：切「三色煎蛋」、「蘿蔔乾煎蛋」，或者涼拌菜時，都必須戴上手套，用完即丟。
- **包裝飲用水** 於冷卻涼拌菜時使用，以省去燒開水再待其冷卻的工夫及時間。
- **口罩** 若感冒者需戴上口罩應考，否則不必戴口罩。
- **計時器** 音量應不影響他人操作。

考生自備的器具包括：剁刀與片刀、衛生手套、包裝飲用水、抽取式紙巾、水果刀、剪刀、刮鱗器、削皮刀。

手部若有傷口，需戴上乳膠手套。

42

應考注意事項

終於到了檢定的日子，之前所有辛苦的操練，在這一天就要見真章了。把心情放輕鬆，還要對你做最後10分鐘的提醒。

參加術科考試，要記得一踏進考區，檢定就正式開始了！

進入考場，待承辦單位宣布更換工作服後，考生穿著整齊工作服，按照承辦單位所編配給你的號碼就定位，等所有考生都就定位、點完名後，由一名考生代表抽取考題，並當眾宣布考題，承辦單位說明有關考試的各個注意事項，包括：術科試場內有那些共同設備、器具、用品，擺放於何處，檢定時應該注意些什麼，這些都攸關考試的成敗，考生應仔細聆聽並牢記。說明完畢後，考生帶著自備用品及抽到的考題，在監試人員帶領下進入試場開始術科考試。

現在讓我們就考生應考時一定要注意的事項，做個總整理：

＊記得攜帶准考證及自備的器具與用品，報到時應穿一般服飾，不可直接穿工作服在檢定單位的園區內走。

＊不可遲到，應於檢定前半小時抵達。

＊考前在考區、考場或校園內均不可抽煙或嚼食檳榔。即使不是在考試時間內抽煙或嚼檳榔，但只要讓監評人員看見，就會被判定有此習慣而遭嚴重扣分，因為身為專業廚師應具備好的衛生習慣，不可有抽煙或嚼檳榔的嗜好。

＊考試當天若正好感冒或仍感冒未癒、有咳嗽或打噴嚏的症狀時，應自行攜帶口罩。並且打噴嚏時必須先轉身，用衛生紙遮住口鼻，待處理乾淨後，洗淨雙手，才可以再繼續作業，否則易導致嚴重扣分。

＊考前請上廁所，避免考試時上廁所而浪費時間，並且要切記，若正在考試當中想上廁所，一定要先將工作服脫下，上完廁所後，再穿上工作服繼續操作。

＊關掉手機。

＊進入操作區，應確認自己的操作檯與應考號碼是否一致。

＊考前必須檢查器具是否齊備完整。一般而言，操作檯的設備包括：洗滌區、調理區及爐具台；操作檯的器具應包括：炒菜鍋、蒸籠、盛菜盤、配菜盤、各類調味料、砧板、篩網、剪刀、清潔用品……等等。考試前一定要確實檢查，例如：蒸籠蓋是否緊密；湯碗、深盤……等是否齊全，才不會影響自己的權益。

＊領取材料後，操作前應確實檢查材料是否有遺漏或者破損不佳，如：豆腐、蛋是否完整，若有破損會影響到菜的外觀。

＊有任何疑問，可詢問監評人員，以免喪失自己的權益。

＊操作前，記得一定要先洗手。

＊考試時可補充水分，但不可進食。

不銹鋼製的碗盤屬配菜盤，方便操作時洗、泡、醃等，並可依每一道菜分別盛裝前處理完成的食材。

瓷盤只可用於盛裝烹製完成後的菜餚。

※每個考場備有的設備與器具不盡相同，以砧板為例，有些考場會於每個操作檯都給予生食砧板及熟食砧板，有些只備有生食砧板，熟食砧板則另位放置，或者區分紅、白、藍、綠等數塊砧板以供不同食材切割，包括生、熟食菜刀是否不同把，亦應注意。報到時，檢定人員會明確告知各項考場的設備、器具、各項材料及用品，應仔細聽明白檢定人員所宣告的事宜！

考場上絕對不可犯的錯誤

1.菜餚與題目不符，包括材料、刀工、烹調法和調味。 例如：

• 材料方面──若題目是「素料炒米粉」，卻加了「肉絲」去炒，即是錯誤。

• 刀工方面──若題目是「青椒炒雞柳」，卻做成「青椒炒雞絲」，即不符合題意。

• 烹調法方面──「乾煎鱸魚」做成「炸鱸魚」；「香菇燴蝦仁」變成「香菇炒蝦仁」就拿不到分數。

• 調味方面──如「辣味四季豆」必須有辣味；「煎黑胡椒雞脯」必須使用黑胡椒調味。

2.菜餚分量沒有掌握好──菜餚應以「6人份」為主，分量必須掌握好，取量適當，不可不足，也不可造成浪費，譬如：煎蛋必須切成六片；椒鹽鱸魚塊的魚必須切成六塊。有些材料如紅蘿蔔只需少許片或絲作裝飾，並不需要把整個都切完。

3.遇有冰凍的食材，處理不當，例如：魚、肉放在一起解凍，或直接讓食材在空氣中解凍，都會導致扣分。

錯誤解凍─食材直接放於水中解凍。　正確解凍─食材包於袋內，隔水解凍。　魚、肉不可放在同一容器內解凍！　不可以直接將食材暴置於空氣中，使其自然解凍。　將食材裝於袋內解凍。

4.材料洗滌順序和切割順序錯誤或顛倒，例如生、熟食未分開切割，造成菜餚的污染，就會被扣分。

5.不可在砧板上整理菜餚──砧板是用來切割食物，不可在上面操作，當成工作檯來使用，例如：不可將製作好的菜餚於盛盤後，整盤置於砧板上，作整理菜餚的動作。

6.不同道菜的配料不可擺在一起。 例如：將「肉片燴絲瓜」的肉片和「白果炒蝦仁」的蝦仁放在同一個盤子內。

7.食材切製好後，未正確擺放在配菜盤中，就會遭扣分。

 食材切製好後，蔬菜與乾貨類應與魚肉類分開擺放。　　 食材切製好後，蔬菜、乾貨類與魚肉類擺放在一起。　　 食材切製好後，蔬菜、乾貨類雖與魚肉類分開盛裝，卻又疊放在一起。

44

8.蛋不可幾個同時打在同一容器中。正確應是單獨打在乾淨碗中,倒入另一容器檢視後,再集中倒入同一容器攪打成蛋液。

 於乾淨容器敲開蛋殼。

 打入第二個容器檢查蛋液。

 若正常,再集中倒入第三個容器。

9.處理食材時,工作檯沒有保持整潔。

 處理食材時應保持工作檯的整齊,食材切裝完畢後,應分菜餚擺放在配菜盤上。

10.不可讓油鍋空燒,或將油燒至冒煙,才將材料下鍋烹煮。

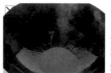 油鍋切忌空燒,亦不可以將油燒至冒煙。

11.炒菜時不可甩鍋、翻鍋。

 炒菜時嚴禁甩鍋、翻鍋。

12.忘了留意火候,導致油鍋產生火舌,或起火燃燒,或將蒸鍋內的水燒乾,甚至把蒸鍋燒壞了,不但要賠錢,還會被嚴重扣分。

13.每一盤食物,不論製作前或製作後,皆需注意清洗餐盤,並確實擦拭乾淨。擦拭時不可使用抹布,應用自備的餐巾紙,由盤內→盤外擦拭乾淨,否則容易扣分。

14.盛菜時,不可將鍋子拿近盤邊倒入盤中。正確應是將盤子拿近鍋邊,才將菜盛起。

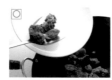 盛菜時,應將盛菜盤拿近鍋子邊盛裝。

 盛菜時,嚴禁將鍋子拿近至盛盤邊盛裝。

15.製作油炸類食物或擦拭餐盤時,不可用有色的餐巾紙吸乾食物的油分。應該自備白色且無任何印花的紙巾。

 嚴禁以有顏色之餐巾紙吸乾油炸過的食物。

16.不可在烹調完成的菜餚上撒入未烹煮的生食,如:香菜、蔥花……等。

17.菜餚一定要完全熟透,不可有夾生的情況。成品絕對不可外熟內生,只要有一道菜沒有完全煮熟,分數即不合格。

菜餚外熟內生,衛生即不及格!

18.過油的菜餚不可出現焦黑糊味。

19.菜餚的外表要美觀,例如:菜葉不可烹調過久而墨黃,勾芡不可過於濃稠。

20.菜餚完成後不可置於洗手槽(水槽)旁,易因水花濺入菜餚中造成污染而扣分。

21.盤飾未經煮熟,並接觸到菜餚,容易造成污染,會遭到扣分。

嚴禁盤飾沒有煮熟,並接觸到菜餚。

22.直接用手排放盤飾,未戴手套處理,也會遭到扣分。

23.涼拌菜燙熟後不可置於鋼盤中。正確應置於熟食盤中,加調味料以筷子攪拌或戴上手套用手抓拌,才不會使菜餚受污染。

24.垃圾、菜渣不可丟置於水槽,垃圾袋不可掛於水籠頭上,考試結束後要記得倒垃圾。

垃圾袋切忌掛於水籠頭上!

25.洗完手後不可甩手。正確應用餐巾紙將手擦乾,絕對不可以甩手或擦在圍裙上。

26.地上有菜渣或垃圾應馬上撿起,並將手洗淨乾,否則扣分。

27.出菜至評分檯時,應確認自己的號碼,不可放置錯誤,否則也會被扣分。

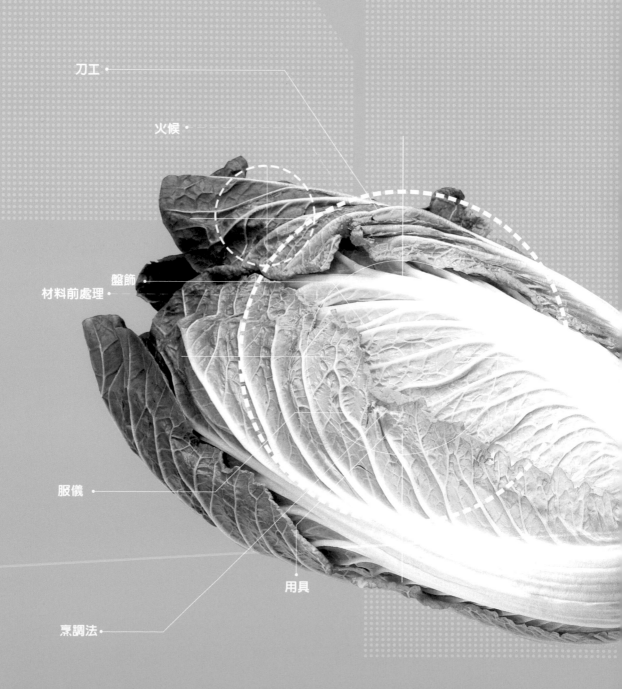

術科實戰

刀工・
火候・
盤飾・
材料前處理・
服儀・
用具
烹調法・

術科考試概要

一、完成時限 3小時製作6道菜餚。

二、測驗試題 測驗時，當場由公布諸題類組中，抽籤某一大類之其中一組測驗。

301 試題編號：07602-910301

組別 ＼ 主材料	豬瘦肉	蝦仁	竹筍	青江菜	豆腐（涼拌菜）	粄條
A組	粉蒸肉片	鳳梨拌炸蝦仁	三色炒筍絲	培根炒青江	皮蛋蔥花拌豆腐	香菇炒粄條
B組	茄汁肉片	蘆筍炒蝦仁	竹筍爆三丁	鹹蛋炒青江	皮蛋肉鬆拌豆腐	開陽炒粄條
C組	金菇炒肉絲	蝦仁炒蛋	紅燒筍尖	紅蘿蔔絲炒青江	皮蛋紫菜拌豆腐	銀芽炒粄條
D組	紅燒肉塊	白果炒蝦仁	雞肉炒筍絲	香菇片扒青江	皮蛋柴魚拌豆腐	培根炒粄條
E組	咖哩肉片	香菇燴蝦仁	雞肉燜筍塊	豆包炒青江	皮蛋芝麻拌豆腐	肉絲炒粄條

302 試題編號：07602-910302

組別 ＼ 主材料	豬小排	吳郭魚	蛋	高麗菜	四季豆（涼拌菜）	米
A組	芋頭燒小排	樹子蒸魚	蝦皮煎蛋	木耳豆包炒高麗菜絲	蒜味四季豆	翡翠蛋炒飯
B組	豆豉蒸小排	醬汁吳郭魚	蘿蔔乾煎蛋	枸杞拌炒高麗菜	三色四季豆	培根蛋炒飯
C組	椒鹽排骨酥	蒜泥蒸魚	三色煎蛋	豆乾炒高麗菜	培根四季豆	鳳梨肉鬆炒飯
D組	咖哩燒小排	茄汁吳郭魚	紅蘿蔔煎蛋	培根炒高麗菜	辣味四季豆	雞絲蛋炒飯
E組	鳳梨糖醋小排	鹹冬瓜豆醬蒸魚	培根煎蛋	樹子炒高麗菜	芝麻三絲四季豆	蘿蔔乾雞粒炒飯

組別主材料	鱸魚	雞胸肉	絲瓜	白果	豆芽菜	米粉
A組	蒜味蒸魚	三色炒雞絲	麵托絲瓜條	椒鹽白果雞丁	豆乾涼拌豆芽	蘿蔔絲蝦米炒米粉
B組	香菜魚塊湯	炒咕咾雞脯	蜊肉燴絲瓜	白果炒肉丁	雙鮮涼拌豆芽	香菇蛋皮炒米粉
C組	乾煎鱸魚	青椒炒雞柳	蝦皮薑絲絲瓜湯	白果炒花枝捲	韭菜涼拌豆芽	三絲炒咖哩米粉
D組	新吉士鱸魚	煎黑胡椒雞脯	肉片燴絲瓜	白果炒蝦仁	三絲涼拌豆芽	素料炒米粉
E組	椒鹽鱸魚塊	西芹炒雞片	香菇燴絲瓜	白果涼拌枸杞	豆包炒豆芽	三絲米粉湯

三、烹調製作通則

1. 製作成品為六人份之菜餚。
2. 菜需洗淨，不可以有泥土及異物。
3. 刀工需形狀、大小、粗細、寬窄、長短、厚薄力求近似。
4. 調味適中，不可太甜及太鹹（以民眾一般常態分佈之調味）。
5. 火候控制適宜，不可有焦、苦。
6. 經烹調後之食材需全熟。
7. 不可有菁味、澀味及腥味。
8. 添加乾貨為配料時，此乾貨需經適當處理（如：泡軟）。
9. 主材料二種以上者，其烹調順序及擺飾方法由應檢人自行決定。
   (1) 主材料：菜名上的材料不論主從皆為主材料。
   (2) 副材料：即配材料，為達菜餚色、香、味及營養均衡之需求而添加之食材。
   (3) 辛香料：為達菜餚風味強化作用之需求而添加之食材，而辛香料可以在特殊的菜色中適宜地當配料，如缺綠色或紅色的菜餚中可以加入蔥、香菜、紅辣椒等食材來配色。
10. 盤飾以勻稱、美觀、可食用為原則，適宜即可，不可喧賓奪主。

四、製作說明

1. 每道菜取用材料以製作6人份的菜餚一盤,取用量可在現有的材料內自由搭配、取用,取用量也佔分數,因此必須謹慎。
2. 菜色、材料選用與做法,依考場所準備之材料與器具設備製作,須切合題意。
3. 所使用之用具與器材不得破損,如有破損照市價賠償。用具與器材用畢後清理乾淨,物歸原處。
4. 領用材料以一次為限。
5. 須在規定時限內完成。
6. 考生在進入考場後,先檢查用具設備及食材,如有問題在考試前先行告知術科承辦單位,檢測完畢後即無權提出異議。

五、應考時千萬要注意的小叮嚀

1. 所有生鮮材料都是未經處理過的。
2. 一進入考場,應先檢視自己所分得的材料,有無不新鮮或缺少、發錯等現象,若有,需立即向主辦單位反應、處理。
3. 作菜前的簡單流程:驗菜、驗器具→洗手→洗碗、洗用具(不必用沙拉脫)→洗菜→熱鍋、燒水→切菜→烹調。
4. 術科檢定時以正確的前處理方法,依乾貨→加工食品類(素)→加工食品類(葷)→蔬果類→牛羊肉→豬肉→雞鴨肉→蛋類→魚貝類的清洗順序,一一處理,分類放置在不同的配菜盤內,然後再依上述順序切割各個材料,將6道菜的材料分別配置於不同鋁盤,魚類、肉類另用碗碟盛裝,置於所屬之配菜盤邊,然後進行烹調。過程中,必須有條不紊、清潔衛生,並於時間內完成。
5. 魚蝦等海鮮類前處理完成後,40分鐘內必須入鍋烹調,勿拖延太久,易致細菌滋長。

六、評分標準

成品品評

1.在規定時間內製作完成的菜餚，分衛生、取量、刀工、火候、調味、觀感等項目評分。製作菜餚不分菜系，衛生符合規定，取量、刀工、火候切題，調味適中，觀感以清爽為評分原則。

2.共計6道菜，每道菜個別計分，各以100分為滿分，6道菜餚總分數未達360分者不及格。

3.調味包含口感——軟、硬、酥、脆……；觀感包含排盤裝飾；取量包含取材；刀工包含製備過程，如：去外皮、去根、去內膜、去種子、去內臟、抽腸泥、洗滌……

衛生項目評分標準合計100分，未達60分者，總成績以不及格計。其他未及備載之違規事項，依三位監評決議處置。

測驗前考場已公開張貼材料表及場地機具設備表，可供參閱；測驗時可核對抽中之一組材料。

其他規定暨應檢人須知請參閱職訓局中部辦公室（網址：http://www.labor.gov.tw）有詳細規範及當梯次所公告之三大題組中二大考題之題號。

301菜單組合

在「301」這一大類組中，計有A、B、C、D、E五小組試題，每一小組均有六道菜。在這一大類組中，主要是檢定考生對「豬瘦肉」、「蝦仁」、「竹筍」、「青江菜」、「豆腐」（涼拌菜）、「粄條」的認識、處理及烹調技能。

主材料 組別	豬瘦肉	蝦仁	竹筍	青江菜	豆腐（涼拌菜）	粄條
A組	粉蒸肉片	鳳梨拌炸蝦仁	三色炒筍絲	培根炒青江	皮蛋蔥花拌豆腐	香菇炒粄條
B組	茄汁肉片	蘆筍炒蝦仁	竹筍爆三丁	鹹蛋炒青江	皮蛋肉鬆拌豆腐	開陽炒粄條
C組	金菇炒肉絲	蝦仁炒蛋	紅燒筍尖	紅蘿蔔絲炒青江	皮蛋紫菜拌豆腐	銀芽炒粄條
D組	紅燒肉塊	白果炒蝦仁	雞肉炒筍絲	香菇片扒青江	皮蛋柴魚拌豆腐	培根炒粄條
E組	咖哩肉片	香菇燴蝦仁	雞肉燜筍塊	豆包炒青江	皮蛋芝麻拌豆腐	肉絲炒粄條

52

注意事項

1.「茄汁肉片」、「咖哩肉片」以滑、溜、燴擇一烹調法製作。

2.豆腐類用盒裝豆腐。

3.豆腐涼拌菜中之蔥花、紫菜、芝麻均須經過加熱減菌處理。

301 考場提供材料表

組別	A組	B組	C組	D組	E組
菜餚	粉蒸肉片	茄汁肉片	金菇炒肉絲	紅燒肉塊	咖哩肉片
	鳳梨拌炸蝦仁	蘆筍炒蝦仁	蝦仁炒蛋	白果炒蝦仁	香菇燴蝦仁
	三色炒筍絲	竹筍爆三丁	紅燒筍尖	雞肉炒筍絲	雞肉燜筍塊
材料名稱	培根炒青江	鹹蛋炒青江	紅蘿蔔絲炒青江	香菇片扒青江	豆包炒青江
	皮蛋蔥花拌豆腐	皮蛋肉鬆拌豆腐	皮蛋紫菜拌豆腐	皮蛋柴魚拌豆腐	皮蛋芝麻拌豆腐
	香菇炒粄條	開陽炒粄條	銀芽炒粄條	培根炒粄條	肉絲炒粄條
1.豬瘦肉	11兩	11兩	11兩	半斤	11兩
2.蝦仁	6兩	6兩	6兩	6兩	6兩
3.雞胸				1/2副	1/2副
4.培根	3片			3片	
5.肉鬆		2大匙			
6.雞蛋			3個		
7.鹹蛋		1個			
8.皮蛋	1個	1個	1個	1個	1個
9.豆包					2片
10.盒裝豆腐	1盒	1盒	1盒	1盒	1盒
11.竹筍（或熟筍）	1支	1支	1支	1支	1支
12.青江菜	6兩	6兩	6兩	6兩	6兩
13.洋蔥		1/4個		1/2個	1/2個
14.青椒	1/2個	3/4個	1/4個	1/4個	3/4個
15.地瓜	1條				
16.蘆筍		半斤			
17.紅蘿蔔	3/4支	3/4支	1.5支	1支	1/4支
18.白果				1/4杯	
19.金針菇			4兩		
20.綠豆芽			4兩		
21.鳳梨片	4片				
22.蔥	3支	2支	5支	4支	2支
23.薑		1塊	1塊	1塊	1塊
24.紅辣椒		1支			
25.粄條(河粉)	半斤	半斤	半斤	半斤	半斤
26.香菇	7朵	7朵	7朵	11朵	9朵
27.紫菜			1張		
28.蝦米		2大匙	1大匙		
29.蒜頭	3瓣	3瓣		1瓣	1瓣
30.柴魚片				2大匙	
31.白芝麻(生)					1茶匙
32.八角			2個	2個	

301A 操作示範建議流程

菜名	本組材料	清洗流程

菜名

粉蒸肉片

鳳梨拌炸蝦仁

三色炒筍絲

培根炒青江

皮蛋蔥花拌豆腐

香菇炒粄條

本組材料

試場不同，材料可能會有些許差異

鳳梨、香菇、粄條、盒裝豆腐、皮蛋、培根、竹筍、青江菜、蒜頭、蔥、辣椒、青椒、地瓜、小黃瓜、紅蘿蔔、豬瘦肉、蝦仁

本組調味料

以符合題意為準，個人可彈性變化

酒、醬油、醬油膏、鹽、糖、香油、辣豆瓣醬、甜麵醬、沙拉醬、蒸肉粉、麵粉、太白粉

清洗流程

洗完食材分類擺放在配菜盤內

1. 清洗器具：洗瓷盤→配菜盤→鍋具→刀具→砧板→抹布。瓷碗、瓷盤置於碗架上自然風乾，疊放整齊。
2. 蒸籠裝水4分，炒菜鍋裝水6分備用。
3. 清洗食材：
   ❶ 洗乾貨：洗香菇裝入小碗，加水蓋過香菇，泡軟
   ❷ 洗加工食品（素）：粄條洗淨→鳳梨略洗
   ❸ 洗加工食品（葷）：培根略洗→皮蛋洗淨外殼
   ❹ 洗蔬果類：洗蔥、薑、蒜、辣椒、青椒、小黃瓜、竹筍、紅蘿蔔、地瓜、青江菜→青江菜摘除老葉、爛葉，剝開葉片→紅蘿蔔、地瓜去皮→竹筍剝殼，削去粗纖維→青椒去蒂、去籽
   ❺ 洗豬瘦肉
   ❻ 洗蝦仁，抽取腸泥後洗淨

切配流程	烹煮前處理
切完食材，依每道菜餚材料擺放在配菜盤內	1.醃：肉片、肉絲、蝦仁
1.乾貨類：香菇→切絲【香菇炒粄條】	2.汆燙：紅蘿蔔絲、竹筍絲、鳳梨片、青江
2.加工食品類（先素後葷）	菜、蔥花、小黃瓜片、紅辣椒圓片、蝦仁
❶鳳梨片→切小片【鳳梨拌炸蝦仁與盤飾】	3.炸：蝦球
❷粄條→切條【香菇炒粄條】	
❸培根→切段【培根炒青江】	
3.蔬果類	

1.乾貨類：香菇→切絲【香菇炒粄條】

2.加工食品類（先素後葷）

　❶鳳梨片→切小片【鳳梨拌炸蝦仁與盤飾】

　❷粄條→切條【香菇炒粄條】

　❸培根→切段【培根炒青江】

3.蔬果類

　❶蔥→切蔥段【香菇炒粄條】

　　　→切蔥花【粉蒸肉片、皮蛋蔥花拌豆腐】

　❷蒜頭→切片【三色炒筍絲、培根炒青江】

　❸青江菜→切段【培根炒青江】

　　　　　→切除尾葉，再直切兩半【粉蒸肉片盤飾】

　❹紅蘿蔔→切絲【三色炒筍絲、香菇炒粄條】

　❺青椒→切絲【三色炒筍絲】

　❻竹筍→切絲【三色炒筍絲】

　❼地瓜→切厚片【粉蒸肉片】

　❽小黃瓜→切半圓片【皮蛋蔥花拌豆腐盤飾】

　❾辣椒→切小圓片【鳳梨拌炸蝦仁盤飾】

4.豬瘦肉→切片【粉蒸肉片】

　　　　　→切絲【香菇炒粄條】

5.蝦仁→背部切開【鳳梨拌炸蝦仁】

6.開火燒開水。

本組菜餚入鍋烹調之建議順序

粉蒸肉片（盤飾）→三色炒筍絲→培根炒青江→鳳梨拌炸蝦仁（盤飾）→香菇炒粄條→皮蛋蔥花拌豆腐（盤飾）

清潔動作之建議順序

清洗用具、工作檯、爐檯、水槽→器具歸位→關瓦斯→清潔地板→拖地→倒垃圾→請考場人員檢查場地→領回准考證→離開考場→換服裝

301-A 粉蒸肉片  蒸

材　料

豬瘦肉半斤　地瓜1條
蔥1支

調味料

辣豆瓣醬3/4大匙
甜麵醬1大匙　酒2茶匙
糖3/4大匙　水1/2杯
蒸肉粉5大匙

逆紋切肉片。

青江菜切去尾葉後，直切成兩半或四分之一棵。

做　法

1. 地瓜去皮，切成3公分之滾刀塊；蔥切蔥花。
2. 豬瘦肉洗淨，逆紋切成長、寬、厚各為4×3×0.4公分之片狀，以調味料抓醃10～20分鐘左右，再拌入蔥花。
3. 扣碗內鋪一張保鮮膜，將醃好的肉片整齊排在扣碗底部，再將地瓜平鋪在扣碗內並壓緊，放入蒸籠蒸50分鐘，直到肉片及地瓜熟軟為止。
4. 取出扣碗，倒扣於瓷盤上，即可上菜。

烹飪技巧

- 蒸肉粉是由糯米和再來米加入花椒、八角等香料，經炒香後再碾碎而成，本身已具味道，故調肉片味道時不可太鹹。市面上可直接買到整包之蒸肉粉，有五香、辣味等多種風味可供選擇。
- 豬瘦肉適合炒、爆、烤、炸、燒等烹調法，切片時應先切整成四方塊，再切成薄片，較為整齊。
- 拌加蒸肉粉時，必須加水抓拌均勻，即蒸肉粉不可太乾，否則米粒會不熟。
- 若不使用扣碗，亦可以平盤盛裝，先鋪地瓜再上放醃好的肉片，一同入蒸至熟，即可上菜。

盤飾參考

青江菜切去尾葉，再直切成兩半或四分之一，汆燙（在水中放油、鹽），瀝乾，戴手套或以乾淨筷子夾取，整齊做全圍邊裝飾。

評分標準

1. 肉切成片。
2. 需拌加蒸肉粉。
3. 以蒸的方式製作。
4. 蒸肉粉不可太乾。
5. 如有盤飾，盤飾之食材需依衛生評分標準之規定辦理。
6. 刀工需整齊，力求近似。
7. 調味適中，火候適當。

拌 鳳梨拌炸蝦仁

材 料
蝦仁6兩　鳳梨片4片
炸油半鍋

醃 料
鹽1/4茶匙　太白粉1大匙

粉 料
麵粉2大匙　太白粉4大匙

調味料
沙拉醬3大匙

做 法
1. 鳳梨切小片汆燙，瀝乾後放入乾淨瓷碗內待涼。
2. 蝦仁挑去腸泥，洗淨後瀝乾水分，剖開背部1/4處，加入醃料醃10分鐘後，將蝦仁裹滿已調勻的粉料。
3. 炸油鍋燒熱，將蝦仁放入油鍋以大火炸熟，見外表酥脆即可撈出，瀝油，放入大瓷碗內。
4. 將鳳梨、蝦仁放在同一瓷碗內，加入沙拉醬，以乾淨筷子翻拌均勻，再移入瓷盤，即可上菜。

烹飪技巧
- 蝦仁需以牙籤由背部中央挑出腸泥，或由斷蝦頭處抽出腸泥。
- 蝦仁需瀝乾水分再入醃，才能入味且具有彈性。
- 蝦仁可由背部切開，使腹部相連，炸好即成蝦球狀，較為美觀，不切開亦可。
- 此道菜乃是「拌」，故不需開火，直接在乾淨大瓷碗內將熟材料與沙拉醬拌勻，再移入乾淨瓷盤即可，不能有出水或油脂分離之現象。

盤飾參考
鳳梨切小片，紅辣椒切小圓片，略汆燙後瀝乾待涼，戴手套或以乾淨筷子夾取，整齊做五頂點局部點綴。

由背部挑出腸泥。

從斷蝦頭處順勢抽出腸泥。

剖開背部。

評分標準
1. 蝦仁需去腸泥，裹粉炸過。
2. 拌好之成品菜餚，蛋黃醬（沙拉醬）不可出水或有油脂分離之現象。
3. 刀工需整齊，力求近似。
4. 調味適中，火候適當。
5. 如有盤飾，盤飾之食材需依衛生評分標準之規定辦理。

301-A

三色炒筍絲 炒

材 料

竹筍1支　青椒1/2個
紅蘿蔔1/2支　香菇4朵
蒜頭2瓣

調味料

鹽1/2茶匙　香油1茶匙

青椒應由內面切絲較好切。

評分標準

1. 選用三種以上不同的副
   材料切絲。
2. 筍需煮透。
3. 刀工需整齊，力求近
   似，調味適中，火候適
   當。
4. 以炒的方式烹調。

做 法

1. 香菇泡軟切成絲；蒜頭去膜切
   薄片。
2. 竹筍剝除外殼、削去老纖維
   處，與紅蘿蔔均切成5公分長
   絲，再燙熟瀝乾。青椒去籽切
   絲備用。
3. 起油鍋，先爆香蒜片及香菇
   絲，再依序加入青椒絲、筍
   絲、紅蘿蔔絲同炒，並加入
   調味料及2大匙水，拌炒均勻
   後，即可盛出裝盤。

烹飪技巧

- 竹筍與紅蘿蔔可先燙熟再切絲，亦
  可先切絲再分別燙熟。
- 青椒應由內面切絲較好切。切絲不
  可成條狀，刀工要切整齊。
- 三色的配料務必有三種顏色，三種
  以上材料，如：小黃瓜、香菇、木
  耳、紅蘿蔔、青椒、洋蔥等均可選
  擇，其中木耳可取代香菇，小黃瓜
  則可取代青椒。

炒 培根炒青江

材　料

青江菜6兩　培根3片
蒜頭1瓣

調味料

鹽1/2茶匙　水3大匙

做　法

1. 青江菜摘除老葉，一葉葉剝開洗淨泥沙後，切成3公分長段，汆燙瀝乾水分備用。
2. 蒜頭去膜切薄片；培根切成2公分段備用。
3. 起油鍋，先以小火爆香蒜片與培根，待培根上色有香氣產生，再放入青江菜和調味料，以大火快炒至熟，即可盛盤。

烹飪技巧

- 培根以小火炒至香酥即可，不可炒焦了。
- 青江菜需一葉葉剝開洗淨泥沙，不可有泥土，再切段入炒。
- 成品菜餚必須沒有菁味，且具培根的香味。

評分標準

1. 青江菜需洗淨，不可有泥土。
2. 成品菜餚需無菁味。
3. 培根需熟。
4. 刀工需整齊，力求近似，調味適中，火候適當。
5. 以炒的方式烹調。

301-A 皮蛋蔥花拌豆腐 涼拌

材　料

盒裝豆腐1盒　皮蛋1個
蔥1支

調味料

醬油膏2大匙
香油1/2茶匙

豆腐取出後須戴手套以礦泉水沖洗過。

豆腐在手上或熟食砧板上輕輕切塊。

皮蛋剝殼後需戴手套以礦泉水沖洗。

做　法

1. 蔥切蔥花，燙熟後放入小瓷碗內待涼備用。
2. 先撕開盒裝豆腐外膜及皮蛋外殼，戴上塑膠手套，先將豆腐倒在手套上，以礦泉水沖洗過後，在手上或熟食砧板上輕輕切塊，再移入平瓷盤上。
3. 再拿起皮蛋以礦泉水沖洗過，在熟食砧板上對切成四塊，蓋在豆腐上面。
4. 將熟蔥花及調味料淋在豆腐上即可。

評分標準

1. 皮蛋加熱、不加熱均可，但需切開，其過程應符合衛生原則。
2. 豆腐切丁或切塊，加熱、不加熱均可，但需符合衛生要求。
3. 蔥花需經減菌處理。
4. 需調味。

烹飪技巧

- 此乃涼拌菜，需特別注意衛生程序，熟食砧板及菜刀需先以熱水淋過或用酒精噴過消毒之。
- 涼拌菜的蔥花一定要做減菌處理。熟蔥花需放在小瓷碗內，切記不可再放回鋼碗。
- 皮蛋亦可再煮過，以確保蛋黃凝固，待涼後再切。
- 盒裝豆腐可以不必汆燙，直接以礦泉水洗過切塊，即可食用。

盤飾參考

小黃瓜切半圓片，略為汆燙（保持綠色）後瀝乾，戴手套或以乾淨筷子夾取，整齊做對稱局部點綴。盤飾用材以考場所發材料為主，若無小黃瓜，則紅蘿蔔片、香菇片、青椒片、洋蔥片等均可選用。

炒 香菇炒粄條

材　料

粄條半斤　瘦肉3兩
香菇3朵　紅蘿蔔1/4支
蔥1支

醃　料

醬油1茶匙　太白粉1茶匙

調味料

醬油1大匙　鹽少許
香油1茶匙　水3/4杯

做　法

1. 香菇泡軟去蒂頭、切絲；蔥切段；紅蘿蔔切4公分長絲後燙熟瀝乾；粄條切1公分寬的條狀備用（切好可略為洗鬆開來）。
2. 瘦肉切絲，加入醃料抓醃均勻備用。
3. 起油鍋，加2大匙油，先爆香蔥段與香菇絲，放入肉絲炒香，再加入紅蘿蔔絲及調味料略炒均勻。
4. 最後加入粄條拌炒均勻，再以小火燜炒至湯汁快收乾，即可盛盤。

烹飪技巧

- 粄條入鍋前再以清水略洗，將粄條鬆散開來較好拌炒。
- 粄條需加少許水同炒，才不至於太乾，待炒軟入味後再盛盤，不可炒得過於黏糊。
- 注意需符合題意，配料中一定要有香菇，其餘配料則依考場發給材料視情況選用，如：豆芽、紅蘿蔔絲、開陽、油蔥酥等均可。

評分標準

1. 香菇需泡透。
2. 粄條（河粉）切條。
3. 刀工需整齊，力求近似，調味適中，火候適當。
4. 粄條不可黏糊。
5. 以炒的方式烹調。

301B 操作示範建議流程

菜名	本組材料	清洗流程

茄汁肉片

蘆筍炒蝦仁

竹筍爆三丁

鹹蛋炒青江

皮蛋肉鬆拌豆腐

開陽炒粄條

本組材料

試場不同,材料可能會有些許差異

香菇、粄條、盒裝豆腐、皮蛋、竹筍、青江菜、蒜頭、蔥、薑、辣椒、青椒、肉鬆、鹹蛋、洋蔥、蘆筍、蝦米、小黃瓜、紅蘿蔔、豬瘦肉、蝦仁

本組調味料

以符合題意為準,個人可彈性變化

酒、醬油、醬油膏、鹽、糖、香油、麻油、太白粉、番茄醬、胡椒粉

清洗流程

洗完食材分類擺放在配菜盤內

1. 清洗器具:洗瓷盤→配菜盤→鍋具→刀具→砧板→抹布。瓷碗、瓷盤置於碗架上自然風乾,疊放整齊。

2. 蒸籠裝水4分,炒菜鍋裝水6分備用。

3. 清洗食材:

❶ 洗乾貨:洗香菇裝入小碗,加水蓋過香菇,泡軟→開陽洗淨泡水

❷ 洗加工食品(素):粄條洗淨

❸ 洗加工食品(葷):皮蛋、鹹蛋洗淨外殼

❹ 洗蔬果類:洗蔥、薑、蒜、辣椒、青椒、洋蔥、小黃瓜、竹筍、紅蘿蔔、蘆筍、青江菜→青江菜摘除老葉、爛葉,剝開葉片→紅蘿蔔、蘆筍削皮→洋蔥去皮→竹筍剝殼,削去粗纖維→青椒去蒂、去籽

❺ 洗豬瘦肉

❻ 洗蝦仁,抽取腸泥後洗淨

切配流程	烹煮前處理
切完食材，依每道菜餚材料擺放在配菜盤內	1.醃：蝦仁、肉片、肉絲
1.乾貨類：香菇→切絲【開陽炒粄條】	2.氽燙：紅蘿蔔丁、竹筍丁、蘆筍段、青椒
→切丁【竹筍爆三丁】	片、小黃瓜片、蝦仁
2.加工食品類（先素後葷）	3.過油：肉片
❶粄條→切條【開陽炒粄條】	
❷鹹蛋→剝殼切丁【鹹蛋炒青江】	
3.蔬果類	
❶蔥→切段【開陽炒粄條】	
→切蔥花【皮蛋肉鬆拌豆腐】	

切完食材，依每道菜餚材料擺放在配菜盤內

1.乾貨類：香菇→切絲【開陽炒粄條】
　　　　　　→切丁【竹筍爆三丁】
2.加工食品類（先素後葷）
　❶粄條→切條【開陽炒粄條】
　❷鹹蛋→剝殼切丁【鹹蛋炒青江】
3.蔬果類
　❶蔥→切段【開陽炒粄條】
　　　→切蔥花【皮蛋肉鬆拌豆腐】
　❷薑→切絲【鹹蛋炒青江】
　❸蒜頭→切片【蘆筍炒蝦仁、竹筍爆三丁】
　❹青江菜→切段【鹹蛋炒青江】
　❺紅蘿蔔→切丁【竹筍爆三丁】
　❻青椒→切丁【竹筍爆三丁】
　　　　→切菱形片【茄汁肉片】
　❼洋蔥→切菱形片【茄汁肉片】
　❽蘆筍→切斜段【蘆筍炒蝦仁】
　❾竹筍→切丁【竹筍爆三丁】
　❿小黃瓜→切圓片及半圓片【茄汁肉片及皮
　　　蛋肉鬆拌豆腐盤飾】
　⓫辣椒→切菱形片【蘆筍炒蝦仁】
4.豬瘦肉→切片【茄汁肉片】
　　　　　→切絲【開陽炒粄條】
5.開火燒開水。

烹煮前處理

1.醃：蝦仁、肉片、肉絲
2.氽燙：紅蘿蔔丁、竹筍丁、蘆筍段、青椒
　　片、小黃瓜片、蝦仁
3.過油：肉片

本組菜餚入鍋烹調之建議順序

茄汁肉片（盤飾）→竹筍爆三丁→鹹蛋炒青江
（盤飾）→蘆筍炒蝦仁→開陽炒粄條→皮蛋肉
鬆拌豆腐（盤飾）

清潔動作之建議順序

清洗用具、工作檯、爐檯、水槽→器具歸位→
關瓦斯→清潔地板→拖地→倒垃圾→請考場人
員檢查場地→領回准考證→離開考場→換服裝

301-B

茄汁肉片 溜

材料

豬瘦肉半斤　洋蔥1/4個
青椒1/4個

醃料

醬油1/2大匙　酒1/2大匙
鹽1/2茶匙
胡椒粉1/4茶匙
太白粉1茶匙

調味料

糖1/2大匙　番茄醬3大匙
水3/4杯　醬油1/2茶匙

芡水

水2大匙　太白粉1大匙

評分標準

1. 肉切成片。
2. 需配副材料。
3. 調味具茄汁味。
4. 烹調方法滑、溜、燴皆可。

做法

1. 洋蔥去皮切菱形片；青椒去籽切菱形片備用。
2. 豬瘦肉洗淨，逆紋切成長、寬、厚各為4×3×0.4公分之薄片，並拌入醃料醃10～20分鐘使其入味。
3. 炒鍋內倒入半杯油，燒至溫油時，放入醃好的肉片過油，並快速鏟開，待肉變色、熟而有彈性後，撈起瀝乾油分。
4. 重新起油鍋，爆香洋蔥片，炒至變軟有香味散出，放入青椒片略炒，再加入調味料燒滾，放入熟肉片燒約30秒，最後勾薄芡，再取出盛盤。

烹飪技巧

- 肉片刀工應平整統一，過油前可先加入1大匙沙拉油拌勻，放入溫油中迅速鏟開，以避免過油時肉片黏鍋或結塊。
- 肉片過油時，只要顏色變淡，肉質變有彈性即表熟透，不可過油太久而乾硬焦黃。
- 配料中的青椒可以小黃瓜代替之。
- 調味須具茄汁味，烹調方法滑、溜、燴皆可。

盤飾參考

小黃瓜切圓片，略汆燙（保持綠色）瀝乾放涼，戴手套或以乾淨筷子夾取整齊作對稱局部點綴。

炒 蘆筍炒蝦仁

材　料
蘆筍半斤　蝦仁6兩
蒜頭1瓣　紅辣椒1支

醃　料
鹽1/4茶匙　太白粉1大匙

調味料
鹽1/4茶匙
胡椒粉少許　酒1茶匙

做　法
1. 蘆筍削去粗梗、外皮，留下嫩莖，再切成5公分斜段；蒜頭去膜切薄片，紅辣椒去籽切菱形片。
2. 蝦仁挑去腸泥，洗淨後瀝乾水分，加入醃料抓醃備用。
3. 蘆筍汆燙瀝乾，醃過的蝦仁亦汆燙瀝乾水分備用。
4. 起油鍋，先爆香蒜片與紅辣椒片，加入蘆筍與3大匙水炒熟，最後加入蝦仁與調味料略炒均勻，即可盛盤。

烹飪技巧
- 蘆筍有嫩、老之分，近根端處若帶有粗梗，需先削去外皮，留下內部嫩莖，再切段入炒。
- 炒此道菜時可淋下少許水同炒，不必勾芡，以保持清爽翠綠顏色。
- 蝦仁可自背部剖開，較易去腸泥，汆燙後蝦仁捲成蝦球，花形較美，且較易熟透入味。

蘆筍須先削去粗梗、外皮。

評分標準
1. 蝦仁需去腸泥。
2. 蘆筍需削皮。
3. 刀工需整齊，力求近似，調味適中。
4. 以炒的方式烹調。
5. 成品菜餚需無菁味。

301-B

竹筍爆三丁 爆

材　料

竹筍1支　青椒1/2個
紅蘿蔔1/2個　香菇4朵
蒜頭2瓣

調味料

鹽1/2茶匙　麻油1茶匙

做　法

1. 竹筍剝去外殼，削除老纖維，
   與紅蘿蔔均先切0.8公分寬之
   丁狀，再燙熟瀝乾；香菇泡
   軟，與青椒同切成寬0.8公分
   之丁狀；蒜頭去膜切片備用。
2. 起油鍋，先爆香蒜片與香菇
   丁，再依序加入青椒丁、筍
   丁、紅蘿蔔丁同炒，最後加入
   調味料與2大匙水拌炒均勻，
   即可盛盤。

烹飪技巧

- 建議配料也可以是小黃瓜、木耳與
  紅蘿蔔，切丁之大小約在0.5～1公
  分之間，不可過大，否則就成為塊
  狀了。
- 竹筍的老纖維必須確實切除乾淨，
  以免口感不佳。另竹筍不熟會有苦
  澀味，所以應該煮久一點，確實煮
  熟它。
- 「爆」是大火短時間快炒，所以炒
  前竹筍與紅蘿蔔等不易熟透的食材
  應先分別燙熟，再來快炒。
- 竹筍與副材料切丁狀的刀工大小應
  一致。

⟨炒⟩ 鹹蛋炒青江

材　料

青江菜6兩　鹹蛋1個
薑1塊

調味料

鹽1/4茶匙　香油1/2茶匙
水3大匙

做　法

1. 青江菜摘除老葉，一葉葉剝開洗淨泥沙，切成3公分長段，汆燙瀝乾水分；薑切成絲。
2. 鹹蛋剝殼切成丁狀。
3. 起油鍋，先爆香薑絲，入青江菜拌炒，再加入調味料與鹹蛋拌炒至熟，即可盛盤。

烹飪技巧

• 鹹蛋已熟易碎，故可先將青江菜炒熟後，再加入鹹蛋拌炒數下即可。

盤飾參考

紅蘿蔔切菱形片，略汆燙瀝乾放涼，戴手套或以乾淨筷子夾取整齊作全圍裝飾。

評分標準

1. 青江菜需洗淨，不可有泥土。
2. 成品菜餚需無菁味。
3. 以炒的方式烹調。
4. 成品菜餚不可過鹹。

皮蛋肉鬆拌豆腐 涼拌

材　料

盒裝豆腐1盒　皮蛋1個
肉鬆2大匙　蔥1支

調味料

醬油膏2大匙
香油1/2茶匙

評分標準

1. 皮蛋加熱、不加熱均可，但需切開，其過程應符合衛生原則。
2. 豆腐切丁或切塊，加熱、不加熱均可，但需符合衛生要求。
3. 取肉鬆時，需符合衛生原則。
4. 需調味，不可過鹹。
5. 若加蔥花需經減菌處理。

做　法

1. 蔥切蔥花，略汆燙後放入小瓷碗待涼備用。
2. 撕開盒裝豆腐外膜，皮蛋去殼，戴上塑膠手套，將豆腐倒在手套上，以礦泉水沖洗過後，在手上或熟食砧板上輕輕切塊，再移入平瓷盤上。
3. 再拿起皮蛋以礦泉水沖洗過，在熟食砧板上對切成四塊，蓋在豆腐上面。
4. 將調味料淋在皮蛋上，並擺上蔥花，以及用乾鍋略炒焙過的肉鬆即可。

烹飪技巧

• 取用肉鬆時須符合衛生原則，炒焙後應以小瓷碗裝好，再輕輕倒在豆腐上。
• 醬油膏不必淋太多，由皮蛋上方自然淋下即可，應保持清爽乾淨。
• 熟食砧板及菜刀需以熱水淋過或用酒精噴過消毒之。

盤飾參考

小黃瓜切半圓片，略汆燙（保持綠色）瀝乾放涼，戴手套或以乾淨筷子夾取整齊作稱局部點綴。盤飾用材以考場所發材料為主，若無小黃瓜，則紅蘿蔔片、香菇片、青椒片、洋蔥片等均可選用。

炒 開陽炒粄條

材　料

粄條半斤　瘦肉3兩
香菇3朵　紅蘿蔔1/4支
開陽（蝦米）2大匙
蔥1支

醃　料

醬油1茶匙　太白粉1茶匙

調味料

醬油1大匙　鹽1/4茶匙
香油1茶匙　水3/4杯

做　法

1. 香菇泡軟去蒂頭、切絲；開陽泡軟；蔥切段；紅蘿蔔切4公分長絲燙熟瀝乾；粄條切1公分寬的條狀備用（切好可略為洗鬆開來）。
2. 瘦肉切絲，加入醃料抓醃均勻備用。
3. 起油鍋，加2大匙油，先爆香蔥段、開陽、香菇絲，放入肉絲炒香，再加入紅蘿蔔絲及調味料略炒均勻。
4. 最後加入粄條拌炒均勻，再以小火燜炒至湯汁快收乾（不可炒爛粄條），即可盛盤。

烹飪技巧

- 開陽（蝦米）為乾貨，故需先洗淨再泡水，若較大顆可對半切，需爆香過才會有香氣。
- 此道菜一定要爆香開陽，其餘配料可選用肉絲、豆芽、紅蘿蔔絲、筍絲、香菇絲等，依考場所發材料予以搭配。
- 炒粄條時不可太過用力，易把粄條炒爛、炒斷，影響到菜相而導致得分不佳。

評分標準

1. 開陽需泡過水，炒好成品不可太硬。
2. 粄條（河粉）切條。
3. 刀工需整齊，力求近似，調味適中，火候適當。
4. 粄條不可黏糊。
5. 以炒的方式烹調。

301C 操作示範建議流程

菜名	本組材料	清洗流程

金菇炒肉絲

蝦仁炒蛋

紅燒筍尖

紅蘿蔔絲炒青江

皮蛋紫菜拌豆腐

銀芽炒粄條

本組材料

試場不同，材料可能會有些許差異
香菇、紫菜、開陽、粄條、盒裝豆腐、皮蛋、竹筍、青江菜、蔥、薑、辣椒、青椒、紅蘿蔔、綠豆芽、金針菇、小黃瓜、豬瘦肉、雞蛋、蝦仁、八角

本組調味料

以符合題意為準，個人可彈性變化
醬油、醬油膏、鹽、糖、香油、太白粉

清洗流程

洗完食材分類擺放在配菜盤內

1.清洗器具：洗瓷盤→配菜盤→鍋具→刀具→砧板→抹布。瓷碗、瓷盤置於碗架上自然風乾，疊放整齊。

2.蒸籠裝水4分，炒菜鍋裝水6分備用。

3.清洗食材：

❶洗乾貨類：洗香菇裝入小碗，加水蓋過香菇，泡軟→開陽洗淨泡水

❷洗加工食品（素）：粄條洗淨

❸洗加工食品（葷）：皮蛋洗淨外殼

❹洗蔬果類：洗蔥、薑、辣椒、青椒、小黃瓜、竹筍、紅蘿蔔、綠豆芽、金針菇、青江菜→青江菜摘除老葉、爛葉，剝開葉片→紅蘿蔔削皮→竹筍剝殼，削去粗纖維→青椒去蒂、去籽→金針菇去蒂頭→綠豆芽摘除根部，大量沖水

❺洗豬瘦肉

❻洗雞蛋外殼

❼洗蝦仁，抽取腸泥後洗淨

切配流程	烹煮前處理
切完食材，依每道菜餚材料擺放在配菜盤內 1.乾貨類 　❶香菇→切絲【金菇炒肉絲、銀芽炒粄條】 　　　　→切塊【紅燒筍尖】 　❷紫菜→剪條包裝好【皮蛋紫菜拌豆腐】 2.加工食品類（先素後葷） 　粄條→切條【銀芽炒粄條】 3.蔬果類 　❶蔥→切段【紅燒筍尖、銀芽炒粄條】 　　　→切絲【金菇炒肉絲】 　　　→切蔥花【蝦仁炒蛋、皮蛋紫菜拌豆腐】 　❷薑→切絲【紅蘿蔔絲炒青江】 　❸青江菜→切段【紅蘿蔔絲炒青江】 　❹紅蘿蔔→切絲【紅蘿蔔絲炒青江、金菇炒肉絲、銀芽炒粄條】 　　　　→切三角尖塊【紅燒筍尖】 　　　　→切菱形片【紅燒筍尖盤飾】 　❺青椒→切絲【金菇炒肉絲】 　❻金針菇→切段【金菇炒肉絲】 　❼竹筍→切三角尖塊【紅燒筍尖】 　❽小黃瓜→切半圓片【皮蛋紫菜拌豆腐及蝦仁炒蛋盤飾】 　❾辣椒→切圓片【蝦仁炒蛋盤飾】 4.豬瘦肉→切絲【金菇炒肉絲、銀芽炒粄條】 5.雞蛋→打開→檢查→集中容器內打散【蝦仁炒蛋】 6.開火燒開水。	1.醃：蝦仁、肉絲 2.汆燙：紅蘿蔔絲、塊與片，綠豆芽，小黃瓜片，蝦仁 3.過油：肉絲 4.炸：筍尖

<table>
<tr><td colspan="2" align="center">本組菜餚入鍋烹調之建議順序</td></tr>
</table>

金菇炒肉絲→紅燒筍尖（盤飾）→紅蘿蔔絲炒青江→蝦仁炒蛋（盤飾）→銀芽炒粄條→皮蛋紫菜拌豆腐（盤飾）

清潔動作之建議順序

清洗用具、工作檯、爐檯、水槽→器具歸位→關瓦斯→清潔地板→拖地→倒垃圾→請考場人員檢查場地→領回准考證→離開考場→換服裝

301-C

金菇炒肉絲 炒

材 料

豬瘦肉半斤　金針菇4兩
青椒1/4個　紅蘿蔔1/4支
香菇2朵　蔥1支

醃 料

醬油1/2大匙　糖1/4茶匙
太白粉1/2大匙

調味料

鹽1/4茶匙　香油1/2茶匙
水2大匙

豬瘦肉逆紋切片。

切細絲。

評分標準

1.金菇腳（蒂柄）需切
　除。
2.調味適中，火候適當。

做 法

1. 香菇泡軟後，切除蒂頭，再切成細絲；金針菇切去蒂柄，洗淨剝成散狀，再對切兩半；紅蘿蔔切5公分長絲燙熟瀝乾，青椒切成5公分長絲；蔥切蔥絲備用。
2. 豬瘦肉洗淨，先逆紋切成長5公分、厚0.3公分之薄片，再切成5公分長之肉絲，加入醃料拌醃10分鐘。
3. 起炸油鍋，油燒至溫油，倒入肉絲，以中火快速鏟開過油，待肉變色、有彈性後，立即撈起，瀝乾油分備用。
4. 另起油鍋，先爆香蔥絲與香菇絲，再加入青椒絲、金針菇、紅蘿蔔絲與調味料，並灑入2大匙水，炒熟後，加入熟肉絲略為拌炒數下，即可盛盤。

烹飪技巧

• 此道菜以清爽為原則，主料為金針菇與肉絲，缺一不可，至於其他配料如青椒、小黃瓜、紅蘿蔔、香菇、木耳等，均可依個人喜好斟酌加入同炒。
• 金針菇柄頭處往往紮成束，需先切除，若仍有相連處，可剝成一根根散狀，再洗淨。

炒 蝦仁炒蛋

材　料

蝦仁6兩　雞蛋3個
蔥1支

醃　料

鹽1/4茶匙　太白粉1大匙

調味料

鹽1/4茶匙

做　法

1. 蔥切蔥花；蛋依正確打蛋順序（如右圖）操作，再將蛋加入調味料打散成蛋液備用。
2. 蝦仁挑去腸泥，洗淨後瀝乾水分，加入醃料抓醃後備用。
3. 醃過的蝦仁汆燙瀝乾水分備用。
4. 將蝦仁、蔥花放入蛋液內攪拌均勻。
5. 起油鍋，加2大匙油燒熱，倒入蛋液拌炒至熟，即可盛盤。

烹飪技巧

- 打蛋方式必須先於乾淨容器敲開外殼，單獨放在另一鋼碗裡檢查後，再集中倒入另一容器中攪打均勻，否則會被扣分。
- 蛋液不可炒過火或過久，應保持嫩黃色澤，且一定要炒熟，不可流出蛋汁。
- 另一做法為將醃好之蝦仁先與蔥花略炒，再加入蛋液拌炒數下即快速起鍋，以保持清爽乾淨的外觀。
- 蝦子的腸泥務必要去淨，否則易被扣分。

盤飾參考

小黃瓜切半圓片，紅辣椒切圓片，略汆燙瀝乾放涼，戴手套或以乾淨筷子夾取整齊作對稱局部點綴。

評分標準

1. 蝦仁需去腸泥。
2. 蛋需打勻。
3. 以炒的方式烹調。
4. 調味適中，火候適當。

於乾淨容器敲開蛋殼。

打入第二個容器檢查蛋液。

若正常，再集中倒入第三個容器。

301-C

紅燒筍尖 燒

材 料

竹筍1支　香菇2朵
紅蘿蔔1/2支　蔥1支
八角2個

調味料

醬油4大匙　糖1/2大匙
香油1/2大匙　水1.5杯

斜切筍尖塊。

做 法

1. 竹筍剝去外殼，削除老纖維，再切成三角尖塊狀；蔥切段。
2. 香菇泡軟切塊；紅蘿蔔切長三角尖塊狀，燙熟備用。
3. 將筍尖以炸油略炸成外表呈淺焦黃色，撈起瀝乾油分，或是汆燙至熟。
4. 起油鍋，加入筍塊、蔥段、香菇、紅蘿蔔塊及調味料，一直燒到汁將收乾，即可盛盤。

烹飪技巧

• 切筍尖塊的方法乃是邊轉邊切，類似滾刀塊切法，但角度需呈三角尖形。另一方法可先切厚片，再切成三角尖塊。

• 炸筍尖塊時，不可將外表炸焦，只要炸成金黃色即撈起，如此筍子才可入味並易熟。亦可汆燙至熟，再紅燒入味，不可勾芡。

盤飾參考

紅蘿蔔切菱形片，略汆燙瀝乾放涼，戴手套或以乾淨筷子夾取整齊作三頂點局部點綴。

評分標準

1. 筍需汆燙過。
2. 筍需切長尖塊。
3. 以紅燒的方式烹調，燒至收汁。

炒 紅蘿蔔絲炒青江

材　料

青江菜6兩　紅蘿蔔1/2支
薑1塊

調味料

鹽1/2茶匙　水3大匙

做　法

1. 青江菜摘除老葉，一葉葉剝開洗淨泥沙，先切5公分長段，再直切長絲狀；薑切薑絲。
2. 紅蘿蔔去皮、切絲、燙熟；青江菜汆燙沖涼備用。
3. 起油鍋，先爆香薑絲，再放入青江菜及調味料炒熟，最後加入紅蘿蔔絲拌炒均勻後，即可盛盤。

烹飪技巧

- 炒青江菜加入少許水、油，可保持青亮色澤。
- 修整青江菜時要留下部分綠葉，不可只留綠梗而已。
- 青江菜可不必汆燙，直接入炒至熟即可。

評分標準

1. 青江菜需洗淨，不可有泥土。
2. 除辛香料外，所有材料均需切絲（不必太細）。
3. 成品菜餚需無菁味。
4. 以炒的方式烹調。

301-C 皮蛋紫菜拌豆腐 涼拌

材 料

盒裝豆腐1盒　皮蛋1個
紫菜1張　蔥1支

調味料

醬油膏2大匙
香油1/2茶匙

評分標準

1. 皮蛋加熱、不加熱均可，但需切開，其過程應符合衛生原則。
2. 豆腐切丁或切塊，加熱、不加熱均可，但需符合衛生要求。
3. 紫菜需切整齊，且需經加熱減菌處理。
4. 需調味，不可過鹹。
5. 若加蔥花需經減菌處理。

做 法

1. 蔥切蔥花，略汆燙後放入小瓷碗待涼備用。
2. 撕開盒裝豆腐外膜，皮蛋去殼，戴上塑膠手套，將豆腐倒在手套上，以礦泉水沖洗過後在手上或熟食砧板上輕輕切塊，再移入平瓷盤上。
3. 再拿起皮蛋以礦泉水沖洗過，在熟食砧板上對切成四塊，蓋在豆腐上面。
4. 將紫菜以剪刀剪成細條狀或細片狀，用乾鍋炒焙一下，先淋調味料於豆腐上，再鋪放紫菜及蔥花即可。

烹飪技巧

- 炒焙紫菜時，只以乾鍋小火輕輕拌炒即可。
- 紫菜需以塑膠袋包裝好，否則易受潮而不易剪開。
- 紫菜、蔥花皆須先經過減菌處理。
- 盤飾不可沾到醬油，一定要保持衛生安全。
- 熟食砧板及菜刀需以熱水淋過或用酒精噴過消毒之。

盤飾參考

小黃瓜切半圓片，略汆燙（保持綠色）瀝乾放涼，戴手套或以乾淨筷子夾取整齊作對稱局部點綴。

⊛ 銀芽炒粄條

材 料

粄條半斤　瘦肉3兩
香菇3朵　綠豆芽4兩
紅蘿蔔1/4支　蔥1支
開陽1大匙

醃 料

醬油1茶匙　太白粉1茶匙

調味料

醬油1大匙　鹽少許
香油1茶匙　水3/4杯

做 法

1. 香菇泡軟去蒂頭、切絲；開陽洗淨泡水；粄條切1公分寬的條狀（切好略為洗鬆開來）；蔥切段；豆芽去除頭尾，洗淨汆燙瀝乾水分；紅蘿蔔切4公分長絲燙熟瀝乾備用。

2. 瘦肉切絲，並且加入醃料抓醃均勻。

3. 起油鍋，加2大匙油，先爆香蔥段、開陽與香菇絲，放入肉絲炒熟，再加入豆芽、紅蘿蔔絲及調味料略炒均勻。

4. 最後加入粄條拌炒均勻，再以小火燜炒至湯汁快收乾，即可盛盤。

烹飪技巧

• 粄條不可用力翻炒過久，否則易斷裂成碎片狀。

• 開陽（蝦米）屬爆香材料，可增加粄條香氣，若有油蔥酥亦可加入，唯油蔥酥已是半成品，勿爆香過火，以免帶有焦味。

• 綠豆芽必須去除頭尾才稱為銀芽。

評分標準

1. 綠豆芽需去頭尾。
2. 粄條（河粉）切條。
3. 副材料如為乾貨應泡軟。
4. 刀工需整齊，力求近似，調味適中，火候適當。
5. 粄條不可黏糊。
6. 以炒的方式烹調。

301D 操作示範建議流程

菜名	本組材料	清洗流程
 紅燒肉塊  白果炒蝦仁  雞絲炒筍絲  香菇片扒青江  皮蛋柴魚拌豆腐  培根炒粄條	**試場不同，材料可能會有些許差異** 香菇、八角、粄條、白果、盒裝豆腐、培根、皮蛋、柴魚片、竹筍、青江菜、蔥、薑、蒜頭、青椒、洋蔥、紅蘿蔔、小黃瓜、豬瘦肉、雞胸肉、蝦仁 **本組調味料** **以符合題意為準，個人可彈性變化** 醬油、醬油膏、鹽、糖、酒、香油、蠔油、太白粉	**洗完食材分類擺放在配菜盤內** 1.清洗器具：洗瓷盤→配菜盤→鍋具→刀具→砧板→抹布。瓷碗、瓷盤置於碗架上自然風乾，疊放整齊。 2.蒸籠裝水4分，炒菜鍋裝水6分備用。 3.清洗食材： ❶洗乾貨類：洗香菇裝入小碗，加水蓋過香菇，泡軟→八角略洗 ❷洗加工食品（素）：粄條洗淨→白果略洗 ❸洗加工食品（葷）：培根略洗→皮蛋洗淨外殼 ❹洗蔬果類：洗蔥、薑、蒜頭、青椒、小黃瓜、竹筍、紅蘿蔔、洋蔥、青江菜→青江菜摘除老葉、爛葉→紅蘿蔔、洋蔥去皮→竹筍剝殼，削去粗纖維→青椒去蒂、去籽 ❺洗豬瘦肉 ❻洗雞胸肉 ❼洗蝦仁，抽取腸泥後洗淨

切配流程	烹煮前處理
切完食材，依每道菜餚材料擺放在配菜盤內	1.醃：蝦仁、雞胸肉絲
1.乾貨類	2.汆燙：紅蘿蔔絲與圓片、竹筍絲、白果、青
香菇→切片【香菇片扒青江】	江菜、小黃瓜圓片、蝦仁
→切絲【培根炒粄條】	3.過油：雞胸肉絲
2.加工食品類（先素後葷）	4.炸：豬肉塊

切配流程

切完食材，依每道菜餚材料擺放在配菜盤內

1.乾貨類

  香菇→切片【香菇片扒青江】

       →切絲【培根炒粄條】

2.加工食品類（先素後葷）

  ❶粄條→切條【培根炒粄條】

  ❷培根→切片【培根炒粄條】

3.蔬果類

  ❶蔥→切段【紅燒肉塊、雞肉炒筍絲、培根
炒粄條】

      →切蔥花【皮蛋柴魚拌豆腐】

  ❷薑→切片【紅燒肉塊、香菇片扒青江】

  ❸蒜頭→切片【白果炒蝦仁】

  ❹青江菜→切除尾葉，再直切成兩半【香菇
片扒青江】

  ❺紅蘿蔔→切絲【雞肉炒筍絲、培根炒粄
條】

      ＞切滾刀塊【紅燒肉塊】

      →切半圓片【紅燒肉塊盤飾】

  ❻青椒→切菱形片【白果炒蝦仁、紅燒肉塊
盤飾】

  ❼洋蔥→切菱形片【白果炒蝦仁】

  ❽竹筍→切絲【雞肉炒筍絲】

  ❾小黃瓜→切圓片【皮蛋柴魚拌豆腐及雞絲
炒筍絲盤飾】

4.豬瘦肉→切塊【紅燒肉塊】

5.雞胸肉→切絲【雞肉炒筍絲】

6.開火燒開水。

烹煮前處理

1.醃：蝦仁、雞胸肉絲

2.汆燙：紅蘿蔔絲與圓片、竹筍絲、白果、青
江菜、小黃瓜圓片、蝦仁

3.過油：雞胸肉絲

4.炸：豬肉塊

本組菜餚入鍋烹調之建議順序

紅燒肉塊（盤飾）→雞絲炒筍絲（盤飾）→香
菇片扒青江→白果炒蝦仁→培根炒粄條→皮蛋
柴魚拌豆腐（盤飾）

清潔動作之建議順序

清洗用具、工作檯、爐檯、水槽→器具歸位→
關瓦斯→清潔地板→拖地→倒垃圾→請考場人
員檢查場地→領回准考證→離開考場→換服裝

301-D

紅燒肉塊 燒

材 料

豬瘦肉半斤　紅蘿蔔1/2支
香菇2朵　蔥1支
薑1塊　八角2個

調味料

醬油1/2杯　糖1大匙
水2杯

做 法

1. 香菇泡軟，對切兩半；蔥切斜段；薑切片；紅蘿蔔切四方塊燙熟備用。
2. 豬瘦肉洗淨，切成2×2×2公分之塊狀，放入炸油中炸至呈金黃色後起鍋，瀝乾油分。
3. 起油鍋，先爆香蔥段、薑片及香菇，再加入肉塊、紅蘿蔔、八角與調味料，煮滾後，轉小火慢慢燒煮至肉塊熟軟，並收至少許湯汁後，即可盛盤。

烹飪技巧

• 此道菜不可以勾芡。
• 「紅燒」乃是將醬油與材料加入同燒，使其入味後湯汁呈暗褐色的烹調法。
• 配料最好有兩種以上，如加入紅蘿蔔和香菇同燒。

盤飾參考

青椒切菱形片，略汆燙瀝乾放涼，戴手套或以乾淨筷子夾取整齊作三頂點局部點綴。

評分標準

1. 肉切塊狀，如加副材料應配合肉之刀工處理。
2. 以紅燒的方式烹調，燒至收汁，不可以勾芡。
3. 調味適中，火候適當。

炒 白果炒蝦仁

材 料

蝦仁6兩　白果1/4杯
洋蔥1/2個　青椒1/4個
蒜頭1瓣

醃 料

鹽1/4茶匙　太白粉1大匙

調味料

鹽1/4茶匙　酒1茶匙
香油1茶匙

做 法

1. 洋蔥去皮、青椒去籽後,同切
菱形片或四方片;蒜頭去膜切
薄片。

2. 蝦仁挑去腸泥,洗淨後瀝乾水
分,再加入醃料抓醃10分鐘。

3. 白果洗淨,以滾水汆燙後撈起
瀝乾;醃過的蝦仁亦汆燙過,
瀝乾備用。

4. 起油鍋,先爆香蒜片,加入洋
蔥片與青椒片同炒,再加入調
味料及2大匙水拌炒,最後放
入蝦仁與白果,略炒均勻,即
可盛盤。

烹飪技巧

• 白果又稱為「銀杏」,色澤鮮
黃,在中醫上有增強體力、祛
虛補氣之功效。有罐裝與真空
包裝,需先汆燙過再炒菜或作
羹湯。

• 配料可依考場所發材料予以搭
配,洋蔥、紅蘿蔔、青椒、小
黃瓜等皆可考慮,但切記用量
不可多於白果和蝦仁。

• 蝦仁的腸泥需去除乾淨,否則
容易被扣分。

評分標準

1. 蝦仁需去腸泥。
2. 白果需軟透。
3. 以炒的方式烹調。
4. 調味適中,火候適當。

301-D

雞肉炒筍絲 炒

材料

竹筍1支　雞胸肉1/2副
蔥1支　紅蘿蔔1/4支

醃料

鹽1/4茶匙　（蛋白1個）
太白粉1/2大匙
醬油1/8茶匙

調味料

鹽1/2茶匙　香油1/2茶匙

將片下的雞胸肉平切成片。

雞肉順紋切成雞絲。

做 法

1. 竹筍剝除外殼，削去老纖維處，先切成5公分長絲再燙熟；紅蘿蔔切絲後汆燙瀝乾；蔥切段備用。
2. 雞胸肉去皮，平切大薄片，再順紋切5公分長絲，加入醃料拌醃備用。
3. 將醃好的雞胸肉過油至熟，撈出瀝油備用。
4. 起油鍋，先爆香蔥段，再加入筍絲、紅蘿蔔絲、調味料與2大匙水同炒，最後加入肉絲拌炒均勻，即可盛盤。

烹飪技巧

• 雞胸肉過油前可先加入1大匙沙拉油，抓拌均勻後再過油，如此可避免沾鍋或結塊，見肉色轉白、變有彈性即可撈起。

盤飾參考

小黃瓜切半圓片，略汆燙（保持綠色）瀝乾放涼，戴手套或以乾淨筷子夾取整齊作全圍邊裝飾。

評分標準

1. 筍需煮透。
2. 除辛香料外，所有材料均需切絲，刀工需整齊力求近似。
3. 以炒的方式烹調。
4. 調味適中，火候適當。

扒 香菇片扒青江

材 料

青江菜6兩
香菇（中）6朵　薑3片

調味料

鹽1/2茶匙　蠔油1/2大匙
水1/2杯

芡 水

太白粉1大匙　水2大匙

做 法

1. 香菇泡軟，去蒂頭後再切成片狀（若為小朵則可不切）。
2. 青江菜摘除老葉，洗淨後切去尾葉、修整蒂頭處，對切成兩半或四分之一棵，汆燙至熟瀝乾，依放射狀整齊排入盤中。
3. 起油鍋，爆香薑片後撈除，加入香菇爆炒出香氣後，加入調味料同煮並勾薄芡，熄火。
4. 以筷子將香菇先排入青江菜中央，再淋上芡汁即可。

烹飪技巧

- 香菇以整朵排盤較美觀，若考場香菇太大朵則對切成兩半。
- 「扒」原是將預先燙過或過油的材料，重新整齊排入鍋中，加湯汁同煮，勾芡後，保持原排列形狀重新盛入盤中的烹調方法，成品外形美觀可口。考試時可同燴後，將香菇及青江菜整齊排列到盤中即可。
- 青江菜須修整整齊，若大棵可直切四塊，小棵則直切兩半，但切記必須將蒂頭與菜葉間的泥沙清洗乾淨才可。

青江菜切去尾葉後，直切成兩半或四分之一棵。

評分標準

1. 香菇片需泡軟。
2. 青江菜需洗淨，不可有泥土。
3. 調味適中，火候適當。
4. 香菇放青江菜上，淋上芡汁。
5. 芡汁濃稠度適當。

301-D

皮蛋柴魚拌豆腐 涼拌

材料

盒裝豆腐1盒　皮蛋1個
柴魚2大匙　蔥1支

調味料

醬油膏2大匙
香油1/2茶匙

評分標準

1. 皮蛋加熱、不加熱均可，但需切開，其過程應符合衛生原則。
2. 豆腐切丁或切塊，加熱、不加熱均可，但需符合衛生要求。
3. 取柴魚片時，需符合衛生原則（必要時需加熱減菌處理）。
4. 需調味，不可過鹹。

做　法

1. 蔥切蔥花，略汆燙後放入小瓷碗待涼備用。
2. 撕開盒裝豆腐外膜，皮蛋去殼，戴上塑膠手套，取出豆腐，將豆腐倒在手套上，以礦泉水沖洗過後在手上或熟食砧板上輕輕切塊，再移入平瓷盤上。
3. 再拿起皮蛋以礦泉水沖洗過，在熟食砧板上對切成四塊，蓋在豆腐上面。
4. 先將調味料淋於豆腐上，灑上蔥花，再將柴魚片用乾鍋炒焙一下，鋪放於豆腐上即可。

烹飪技巧

- 盒裝豆腐放久會出水，取出時記得要瀝乾水分，並建議此一涼拌菜放於最後一道菜製作。
- 淋醬油膏時需小心，勿弄髒盤緣。
- 熟食砧板及菜刀需以熱水淋過或用酒精噴過消毒之。

盤飾參考

小黃瓜切半圓片，略為汆燙後瀝乾，再以乾淨筷子夾取整齊排成對稱圍邊盤飾。

炒 培根炒粄條

材料

粄條半斤　培根3片
香菇3朵　紅蘿蔔1/4支
蔥1支

調味料

醬油1大匙　鹽1/4茶匙
香油1茶匙　水3/4杯

做　法

1. 培根切2公分小段；香菇泡軟去蒂頭、切絲；紅蘿蔔切4公分長絲再燙熟；蔥切段；粄條切1公分寬的條狀（切好略為洗鬆開來）備用。

2. 起油鍋，加2大匙油，先炒香培根、蔥段與香菇，再加入紅蘿蔔絲及調味料略炒均勻。

3. 最後加入粄條拌炒均勻，再以小火燜炒至湯汁快收乾，即可盛盤。

烹飪技巧

- 培根勿炒得過焦，待香味一產生，即可加入配料拌炒。
- 若考場有發綠豆芽，亦可以一起加入同炒。

評分標準

1. 粄條（河粉）切條。
2. 副材料如為乾貨應泡軟。
3. 刀工需整齊，力求近似。
4. 調味適中，火候適當，有培根香味。
5. 粄條不可黏糊。
6. 以炒的方式烹調。

301E 操作示範建議流程

菜名	本組材料	清洗流程

菜名欄：

咖哩肉片

香菇燴蝦仁

雞肉燜筍塊

豆包炒青江

皮蛋芝麻拌豆腐

肉絲炒粄條

本組材料：

試場不同，材料可能會有些許差異
香菇、白芝麻、粄條、豆包、盒裝豆腐、皮蛋、洋蔥、紅蘿蔔、蒜頭、小黃瓜、青椒、竹筍、蔥、薑、青江菜、豬瘦肉、雞胸肉、蝦仁

本組調味料

以符合題意為準，個人可彈性變化
鹽、白胡椒粉、太白粉、咖哩粉、糖、酒、香油、醬油、醬油膏

清洗流程：

洗完食材分類擺放在配菜盤內

1. 清洗器具：洗瓷盤→配菜盤→鍋具→刀具→砧板→抹布。瓷碗、瓷盤置於碗架上自然風乾，疊放整齊。
2. 蒸籠裝水4分，炒菜鍋裝水6分備用。
3. 清洗食材：
   ❶ 洗乾貨類：洗香菇裝入小碗，加水蓋過香菇，泡軟→白芝麻略洗
   ❷ 洗加工食品（素）：粄條洗淨→豆包略洗
   ❸ 洗加工食品（葷）：洗淨皮蛋外殼
   ❹ 洗蔬果類：洗蔥、薑、辣椒、蒜頭、青椒、小黃瓜、竹筍、紅蘿蔔、洋蔥、青江菜→青江菜摘除老葉、爛葉，剝開葉片→紅蘿蔔、洋蔥去皮→竹筍剝殼，削去粗纖維→青椒去蒂、去籽
   ❺ 洗豬瘦肉
   ❻ 洗雞胸肉
   ❼ 洗蝦仁，抽取腸泥後洗淨

切配流程	烹煮前處理
切完食材，依每道菜餚材料擺放在配菜盤內	1.醃：蝦仁、豬肉片、豬肉絲、雞胸肉塊
1.乾貨類	2.汆燙：紅蘿蔔絲與菱形片、竹筍塊、青江
香菇→切片【香菇燴蝦仁、雞肉燜筍塊】	菜、小黃瓜圓片、辣椒圓片、蝦仁
→切絲【肉絲炒粄條】	3.過油：豬肉片、豬肉絲、雞胸肉塊
2.加工食品類（先素後葷）	
❶粄條→切條【肉絲炒粄條】	
❷豆包→切條【豆包炒青江】	
3.蔬果類	
❶蔥→切段【雞肉燜筍塊、肉絲炒粄條】	
❷薑→切絲【豆包炒青江】	
❸蒜頭→切片【咖哩肉片】	
❹青江菜→切除尾葉，再直切成兩半【雞肉	
燜筍塊盤飾】	
→切絲【豆包炒青江】	**本組菜餚入鍋烹調之建議順序**
❺紅蘿蔔→切菱形片【咖哩肉片、香菇燴蝦	咖哩肉片→雞肉燜筍塊（盤飾）→豆包炒青江
仁】	（盤飾）→香菇燴蝦仁→肉絲炒粄條→皮蛋芝
→切絲【肉絲炒粄條】	麻拌豆腐（盤飾）
→切半圓片再切三等分【豆包炒青	
江盤飾】	
❻青椒→切菱形片【香菇燴蝦仁、咖哩肉	
片】	
❼洋蔥→切菱形片【咖哩肉片】	
❽竹筍→切塊【雞肉燜筍塊】	
❾小黃瓜→切圓片【皮蛋芝麻拌豆腐盤飾】	
❿辣椒→切圓片【皮蛋芝麻拌豆腐盤飾】	**清潔動作之建議順序**
3.豬瘦肉→切片【咖哩肉片】	清洗用具、工作檯、爐檯、水槽→器具歸位→
→切絲【肉絲炒粄條】	關瓦斯→清潔地板→拖地→倒垃圾→請考場人
4.雞胸肉→切塊【雞肉燜筍塊】	員檢查場地→領回准考證→離開考場→換服裝
5.開火燒開水。	

301-E

咖哩肉片 溜

材 料

豬瘦肉半斤　洋蔥1/2個
紅蘿蔔1/2支　青椒1/4個
蒜頭1瓣

醃 料

鹽1/2茶匙　白胡椒粉少許
太白粉1大匙　水1茶匙

調味料

咖哩粉1/2大匙　糖1茶匙
鹽1/4茶匙　水1杯

芡 水

太白粉1大匙　水2大匙

評分標準

1. 肉切片，刀工需整齊，力求近似。
2. 調味適中，火候適當。
3. 有咖哩味。
4. 作法以滑炒、溜、燴皆可。

做 法

1. 洋蔥去皮切約2公分菱形片；紅蘿蔔切菱形片後燙熟瀝乾；青椒切菱形片；蒜頭去膜切片備用。
2. 豬瘦肉洗淨，逆絲切成長、寬、厚約為4×3×0.4公分之片狀，加入醃料抓醃10～20分鐘。
3. 起油鍋，倒入2杯油燒溫熱，放入肉片（可先加1大匙沙拉油拌開）過油，待熟撈起瀝油備用。
4. 重起油鍋，加2大匙油，先爆香蒜片，再炒香洋蔥及青椒，然後加入紅蘿蔔、調味料與肉片略炒，再以芡水勾薄芡，即可盛盤。

烹飪技巧

- 若欲咖哩色澤亮麗及味濃，可先爆香咖哩粉，再放入其他材料及調味料，但不可用太大火，否則咖哩會變黑變苦。若考生無把握，則直接調入調味料中即可。
- 因肉片已醃過太白粉，故與洋蔥同炒時，若見湯汁已具薄芡狀，就無須再勾芡了，考生宜視菜餚狀況自行判斷。
- 若湯汁太乾，可再加少許水煮滾。考生應依菜餚實際狀況斟酌水量。

㊙ 香菇燴蝦仁

材 料

蝦仁6兩　香菇4朵
青椒1/2個　紅蘿蔔1/4支

醃 料

鹽1茶匙　太白粉1大匙

調味料

鹽1/4茶匙　酒1茶匙
香油1茶匙

芡 水

太白粉1大匙　水2大匙

做 法

1. 香菇泡軟切成小片狀;青椒去籽切成1公分菱形片;紅蘿蔔切1公分菱形片後燙熟瀝乾。
2. 蝦仁挑去腸泥,洗淨後瀝乾水分,再加入醃料抓醃10分鐘後,汆燙瀝乾備用。
3. 起油鍋,先爆香香菇,再加入青椒與紅蘿蔔同炒,並加入1/4杯水與調味料,最後放入蝦仁拌炒,並以芡水勾薄芡,即可盛盤。

烹飪技巧

- 配料刀工應整齊統一,菱形片、四方片或切絲均需一致,不可有香菇片與青椒絲的搭配出現。
- 考場所發蝦仁若為大隻,則背部切開成蝦球狀較美觀;若為稍小隻,則不需剖開背部,只需挑去腸泥,直接入醃後汆燙即可。
- 筍子與小黃瓜亦可選用為配料,視考場所發材料而定。

評分標準

1. 蝦仁需去腸泥。
2. 香菇需泡軟。
3. 以燴的方式烹調。
4. 刀工需整齊,力求近似。
5. 調味適中,火候適當。
6. 芡汁濃稠度適當。

301-E

雞肉燜筍塊 燜

材 料

竹筍1支　雞胸肉1/2副
香菇2朵

醃 料

鹽1/2茶匙
太白粉1/2大匙
醬油1/2茶匙

調味料

鹽1/2茶匙　香油1/2茶匙
水3/4杯

做 法

1.香菇泡軟切塊；竹筍剝除外殼、削去老纖維，與紅蘿蔔同切成1.5公分寬之塊狀，再燙熟備用。
2.雞胸肉去骨去皮切1.5公分四方塊，加入醃料拌醃備用。
3.將醃好的雞胸肉過油至熟，撈起瀝油備用。
4.起油鍋，先爆香香菇，再加入筍塊、雞肉塊、紅蘿蔔塊與調味料，燜煮至汁快收乾，即可盛盤。

烹飪技巧

• 雞胸肉應去骨，且刀工大小需一致。過油應使肉色變白、有彈性，確實熟透才可撈起。
• 筍塊應確實煮熟，再與雞肉同燜，以縮短燜煮時間。

盤飾參考

青江菜切去尾葉，汆燙（水中加入少許油、鹽）後撈起瀝乾，斜放於盤緣裝飾。

評分標準

1.雞需去骨。
2.筍需汆燙過。
3.雞肉、筍或副材料切塊，刀工需整齊，力求近似。
4.以燜的方式烹調。
5.調味適中，火候適當。
6.燜至汁液收少些，不勾芡。

炒 豆包炒青江

材 料

青江菜6兩　豆包2片
紅蘿蔔1/4條　薑1塊

調味料

鹽1/2茶匙　香油1茶匙
水3大匙

做 法

1.豆包切條狀；薑切成絲備用。
2.青江菜摘除老葉，一葉葉剝開
　洗淨泥沙，先切5公分長段，
　再直切長條狀，並氽燙沖涼；
　紅蘿蔔切絲燙熟備用。
3.起油鍋，先爆香薑絲，加入青
　江菜、紅蘿蔔絲、豆包及調味
　料炒至熟透，即可盛盤。

烹飪技巧

• 豆包有分新鮮未炸與炸過兩種，考
　場若發新鮮豆包，入炒易爛，故通
　常在青江菜炒熟，起鍋前加入同炒
　至熟即可立即起鍋。

盤飾參考

紅蘿蔔切半圓片再分別切成三等
份，略氽燙瀝乾放涼，戴手套或
以乾淨筷子夾取整齊作對稱局部點
綴。

評分標準

1.青江菜需洗淨，不可有
　泥土。
2.豆包切開後，不可成碎
　末。
3.菜不可有菁味。
4.刀工需整齊，力求近
　似，調味適中，火候適
　當。
5.以炒的方式烹調。

301-E 皮蛋芝麻拌豆腐 涼拌

材　料

盒裝豆腐1盒　皮蛋1個
蔥1支　白芝麻1茶匙

調味料

醬油膏2大匙
香油1/2茶匙

評分標準

1. 皮蛋加熱、不加熱均可，但需切開，其過程應符合衛生原則。
2. 豆腐切丁或切塊，加熱、不加熱均可，但需符合衛生要求。
3. 芝麻需洗去雜塵後炒熟。
4. 需調味。
5. 若加蔥花需經減菌處理。
6. 撒芝麻時需依熟食方式處理。

做　法

1. 蔥切蔥花，略汆燙後放入小磁碗待涼備用。
2. 撕開盒裝豆腐外膜，皮蛋去殼，戴上塑膠手套，取出豆腐，將豆腐倒在手套上，以礦泉水沖洗過後在手上或熟食砧板上輕輕切塊，再移入平瓷盤上。
3. 再拿起皮蛋以礦泉水沖洗過，在熟食砧板上對切成四塊，蓋在豆腐上面。
4. 白芝麻用乾鍋小火炒焙到乾爽、香味產生。先在皮蛋上淋調味料，再灑上白芝麻即可。

烹飪技巧

- 白芝麻可以不必洗滌，只以小火炒焙，不可過焦，顏色呈淡黃色，並有香氣散出即可。
- 若考場未分配小黃瓜，盤飾材料可以紅蘿蔔片、紅辣椒片或青椒片代替，以全圍或對稱圍邊裝飾。
- 熟食砧板及菜刀需以熱水淋過或用酒精噴過消毒之。

盤飾參考

小黃瓜與紅辣椒切圓片，略為汆燙後撈起瀝乾，以乾淨筷子夾取排成對稱局部點綴盤飾。

炒 肉絲炒粄條

材 料
粄條半斤　瘦肉3兩
香菇3朵　紅蘿蔔1/4支
蔥1支

醃 料
醬油1茶匙　太白粉1茶匙

調味料
醬油1大匙　鹽少許
香油1茶匙　水3/4杯

做 法
1. 香菇泡軟去蒂頭、切絲;紅蘿蔔切4公分長絲後燙熟瀝乾;蔥切段;粄條切1公分寬的條狀備用。
2. 瘦肉切絲,加入醃料抓醃均勻備用。
3. 起油鍋,加2大匙油,先爆香蔥段與香菇絲,放入肉絲炒香,再加入紅蘿蔔絲及調味料略拌炒。
4. 最後加入粄條拌炒均勻,再以小火燜炒至湯汁快收乾,即可盛盤。

烹飪技巧
• 粄條入炒前可再以清水略洗,將粄條鬆散開來較好入炒,炒時需加少許水同炒,才不至於太乾,待炒軟入味後再盛盤。

評分標準
1. 肉切絲,副材料亦需配合。
2. 副材料如為乾貨應泡軟。
3. 刀工需整齊,力求近似,調味適中,火候適當。
4. 粄條不可黏糊。
5. 以炒的方式烹調。

302 菜單組合

在「302」這一大類組中，計有A、B、C、D、E五小組試題，每一小組均有六道菜。在這一大類組中，主要是檢定考生對「豬小排」、「吳郭魚」、「蛋」、「高麗菜」、「四季豆」（涼拌菜）、「米」的認識、處理及烹調技能。

主材料\n組別	豬小排	吳郭魚	蛋	高麗菜	四季豆（涼拌菜）	米
A組	芋頭燒小排	樹子蒸魚	蝦皮煎蛋	木耳豆包炒高麗菜絲	蒜味四季豆	翡翠蛋炒飯
B組	豆豉蒸小排	醬汁吳郭魚	蘿蔔乾煎蛋	枸杞拌炒高麗菜	三色四季豆	培根蛋炒飯
C組	椒鹽排骨酥	蒜泥蒸魚	三色煎蛋	豆乾炒高麗菜	培根四季豆	鳳梨肉鬆炒飯
D組	咖哩燒小排	茄汁吳郭魚	紅蘿蔔煎蛋	培根炒高麗菜	辣味四季豆	雞絲蛋炒飯
E組	鳳梨糖醋小排	鹹冬瓜豆醬蒸魚	培根煎蛋	樹子炒高麗菜	芝麻三絲四季豆	蘿蔔乾雞粒炒飯

注意事項

1.「醬汁吳郭魚」係以醬料或醬油燒煮之。

2.「蛋」類成品必須改刀，成六塊排盤，亦可煎成六塊大小力求近似之成品後排盤。

3.「翡翠蛋炒飯」之翡翠為綠葉菜切末，再製作而成，米飯自煮。

4.米飯需用電鍋製備。

302 考場提供材料表

組別	A組	B組	C組	D組	E組
菜餚	芋頭燒小排	豆豉蒸小排	椒鹽排骨酥	咖哩燒小排	鳳梨糖醋小排
	樹子蒸魚	醬汁吳郭魚	蒜泥蒸魚	茄汁吳郭魚	鹹冬瓜豆醬蒸魚
	蝦皮煎蛋	蘿蔔乾煎蛋	三色煎蛋	紅蘿蔔煎蛋	培根煎蛋
材料名稱	木耳豆包炒高麗菜絲	枸杞拌炒高麗菜	豆乾炒高麗菜	培根炒高麗菜	樹子炒高麗菜
	蒜味四季豆	三色四季豆	培根四季豆	辣味四季豆	芝麻三絲四季豆
	翡翠蛋炒飯	培根蛋炒飯	鳳梨肉鬆炒飯	雞絲蛋炒飯	蘿蔔乾雞粒炒飯
1.小排骨	半斤	半斤	10兩	半斤	半斤
2.吳郭魚	1條	1條	1條	1條	1條
3.雞胸				1/2副	1/2副
4.培根		3片	2片	2片	2片
5.火腿			2片		
6.肉鬆			3大匙		
7.蝦皮	2大匙				
8.雞蛋	5個	5個	5個	5個	5個
9.豆包	1片				
10.豆乾			2塊		
11.高麗菜	半斤	半斤	半斤	半斤	半斤
12.四季豆	半斤	半斤	半斤	半斤	半斤
13.芋頭	1個				
14.青江菜	4顆				
15.洋蔥	1/2個	1/4個	1/2個	3/4個	3/4個
16.青椒				1/4個	1/4個
17.鳳梨片			2片		2片
18.紅蘿蔔	1/2支	1/2支	1/2支	1支	1/2支
19.西生菜					3兩
20.馬鈴薯				1個	
21.蘿蔔乾		2片			1兩
22.葱	5支	3支	2支	2支	4支
23.薑	1塊	1塊			1片
24.紅辣椒	1支	1支		1支	
25.米	1杯半	1杯半	1杯半	1杯半	1杯半
26.香菇		2朵	2朵		
27.蒜頭	6瓣	7瓣	8瓣	4瓣	4瓣
28.白芝麻(生)					1大匙
29.樹子(破布子)	1/4杯				2大匙
30.枸杞		1/4杯			
31.木耳	1朵				1朵
32.玉米粒		1/2杯			
33.青豆仁		1/4杯	1/4杯	1大匙	
34.豆豉		2大匙			
35.八角	2個				

95

302A 操作示範建議流程

菜名	本組材料	清洗流程
	試場不同,材料可能會有些許差異 米、八角、樹子、豆包、蝦皮、高麗菜、四季豆、芋頭、青江菜、小黃瓜、木耳、紅蘿蔔、洋蔥、蒜頭、蔥、薑、紅辣椒、小排骨、雞蛋、吳郭魚	**洗完食材分類擺放在配菜盤內** 1.清洗器具:洗瓷盤→配菜盤→鍋具→刀具→砧板→抹布。瓷碗、瓷盤置於碗架上自然風乾,疊放整齊。 2.蒸籠裝水4分,炒菜鍋裝水6分備用。 3.清洗食材:

芋頭燒小排

樹子蒸魚

蝦皮煎蛋

本組調味料

以符合題意為準,個人可彈性變化
醬油、糖、鹽、酒、香油、胡椒粉、太白粉

❶洗乾貨類:洗米、瀝乾→八角略洗

❷洗加工食品類(素):樹子、豆包略洗

❸洗加工食品類(葷):蝦皮略洗

❹洗蔬果類:洗蔥、薑、蒜頭、辣椒、高麗菜、洋蔥、四季豆、青江菜、紅蘿蔔、芋頭→高麗菜、青江菜摘除老葉、爛葉,高麗菜並一葉葉剝下洗淨→紅蘿蔔、芋頭去皮→四季豆撕去兩側老纖維

❺洗小排骨

❻洗淨雞蛋外殼

❼洗魚貝類:洗吳郭魚,刮除魚鱗,去鰓及內臟

木耳豆包炒高麗菜絲

蒜味四季豆

翡翠蛋炒飯

切配流程	烹煮前處理
切完食材，依每道菜餚材料擺放在配菜盤內	1.醃：吳郭魚
1.加工食品	2.汆燙：青江菜、紅蘿蔔絲、高麗菜、四季
豆包→切絲【木耳豆包炒高麗菜絲】	豆、薑絲、辣椒花
2.蔬果類	3.炸：芋頭、小排骨
❶蔥→切段【芋頭燒小排】	4.蒸：米飯
→切絲【樹子蒸魚】	
→切蔥花【蝦皮煎蛋、翡翠蛋炒飯】	
❷薑→切絲【樹子蒸魚】	
❸蒜頭→去膜整粒【芋頭燒小排】	
→切片【木耳豆包炒高麗菜絲】	
→切末【蒜味四季豆】	
❹青江菜→切除尾葉，直切成兩半【芋頭燒	**本組菜餚入鍋烹調之建議順序**
小排盤飾】	芋頭燒小排（盤飾）→樹子蒸魚→木耳豆包炒
→尾葉剁碎【翡翠蛋炒飯】	高麗菜絲→蒜味四季豆（盤飾）→蝦皮煎蛋
❺紅蘿蔔→切絲【木耳豆包炒高麗菜絲】	（盤飾）→翡翠蛋炒飯
❻木耳→切絲【木耳豆包炒高麗菜絲】	
❼紅辣椒→切末【蒜味四季豆】	
→切斜片【蒜味四季豆盤飾】	
→切圓片【蝦皮煎蛋盤飾】	
❽芋頭→切滾刀塊【芋頭燒小排】	
❾高麗菜→切絲【木耳豆包炒高麗菜絲】	
❿四季豆→切斜段【蒜味四季豆】	
⓫洋蔥→切丁【翡翠蛋炒飯】	
⓬小黃瓜→切半圓片【蝦皮煎蛋盤飾】	
3.小排骨→剁塊【芋頭燒小排】	**清潔動作之建議順序**
4.雞蛋→打開→檢查→集中於容器內打散【蝦	清洗用具、工作檯、爐檯、水槽→器具歸位→
皮煎蛋、翡翠蛋炒飯】	關瓦斯→清潔地板→拖地→倒垃圾→請考場人
5.魚→魚身兩面斜劃三刀【樹子蒸魚】	員檢查場地→領回准考證→離開考場→換服裝
6.開火燒開水。	

302-A

芋頭燒小排 燒

材 料

芋頭1個　小排骨半斤
蒜頭2瓣　蔥1支
八角2個

醃 料

鹽1/4茶匙
太白粉1/8茶匙

調味料

醬油3大匙　糖2茶匙
水2杯

98

評分標準

1.芋頭切塊亦可切粗條。
2.排骨切塊。
3.以燒的方式烹調（炸、
　燒）。
4.芋頭不可多數散掉不成
　形。

做 法

1.芋頭削皮，切成滾刀塊或四方
　塊；蒜頭去膜；蔥切段備用。
2.小排骨洗淨，剁約2.5公分寬
　的塊狀，並加醃料略醃。
3.將芋頭與小排骨分別放入油鍋
　中炸至外表呈金黃色後，撈起
　瀝乾油。
4.起油鍋，加2大匙油，先爆香
　蒜頭、蔥段，再加入八角、調
　味料、芋頭及小排骨，燒滾
　後，改小火，續燒煮至芋頭與
　小排骨熟透、湯汁快收乾時，
　將蔥段撈除，即可盛盤。

烹飪技巧

• 剁小排骨時，力道要足且下刀位置
　準確，大小才能一致。
• 小排骨預先炸過較易入味，且能縮
　短煮熟時間。
• 芋頭先炸過，再紅燒時才不會爛成
　糊狀，影響到湯汁與外觀。

盤飾參考

青江菜切去尾葉，再直切成兩半或
四塊，經汆燙（在水中放少許油、
鹽）後瀝乾，戴上手套或用乾淨的
筷子夾取，整齊排在菜餚四周圍邊
即可。考場若青江菜不足，也可以
紅蘿蔔片、青椒、四季豆等材料來
代替，或以青江菜葉圍邊即可。

蒸 樹子蒸魚

材 料

吳郭魚1條
樹子（破布子）1/4杯
薑1塊　蔥2支

醃 料

鹽1茶匙　酒1大匙

調味料

醬油1/2大匙　水1大匙

做 法

1. 薑、蔥皆切成細絲；樹子洗淨備用。
2. 魚刮除魚鱗，去除內臟與鰓，洗淨後在魚身兩面各斜劃三刀，兩面均勻抹上醃料。
3. 將樹子鋪在魚身上，淋上調味料，放入蒸籠以大火蒸約15分鐘後，掀開鍋蓋，將蔥、薑絲鋪在魚身上，再蒸約1分鐘，即可盛盤。

烹飪技巧

- 魚可直接在瓷腰盤上入蒸後上菜。若在鐵盤上蒸，則要小心移至平盤才可上菜。
- 魚務必洗淨內外，否則蒸好的魚汁色澤會混濁不清。
- 蒸魚亦可醃好後，先快速汆燙以去除較腥、較濁的湯汁，再淋上調味料與樹子入蒸，如此魚汁會更清澈美味。
- 蒸魚時間視魚之大小而定，原則上以大火蒸，見魚眼凸出翻白、魚身收縮結實，即表示魚蒸熟了。

評分標準

1. 以蒸的方式烹調。

蝦皮煎蛋 煎

材料

蛋3個 蔥1支
蝦皮2大匙

調味料

鹽1/2茶匙

於乾淨容器敲開蛋殼。

打入第二個容器檢查蛋液。

若正常,再集中倒入第三個容器。

做 法

1. 蝦皮洗淨瀝乾;蔥切蔥花。
2. 蛋依正確打蛋序打成蛋汁,再加入調味料打勻。
3. 起油鍋,加1大匙油,爆香蔥花及蝦皮,熄火。將蔥花、蝦皮倒入蛋液中攪拌均勻。
4. 起油鍋,加1大匙油,輕搖鍋身使油遍布底鍋,再倒入1份蛋液(約2大匙量),輕輕搖晃鍋身,使蛋液成圓片狀,待底部煎熟,再翻面以小火續煎至金黃色。
5. 將蛋片鏟至瓷盤上,依序煎好6片蛋餅,整齊排盤。

烹飪技巧

• 蛋液亦可一次倒入,煎成一大圓片,再移至熟食砧板上切成6等分大小的成品,整齊排盤上菜。

盤飾參考

小黃瓜切半圓片,紅辣椒切圓片,略汆燙後瀝乾,再戴手套或以乾淨筷子夾取整齊做三頂點局部點綴。

評分標準

1. 蝦皮需洗淨、炒香。
2. 以煎的方式烹調。
3. 蛋宜打勻。
4. 主料(蛋、蝦皮)與配料需沾黏在一起成餅狀。
5. 煎蛋成品需改刀成六塊排盤,亦可煎成六塊,其分量、大小應力求一致。

木耳豆包炒高麗菜絲

材　料

高麗菜半斤　木耳1朵
豆包1片　紅蘿蔔1/2支
蒜頭2瓣

調味料

鹽1/2茶匙　水2大匙

做　法

1. 高麗菜切除硬梗，鬆開葉片洗淨，切成5公分細長絲，汆燙後沖冷水瀝乾備用。
2. 木耳洗淨去蒂頭，切成5公分長絲；豆包切絲；紅蘿蔔切絲後燙熟；蒜頭去膜切薄片。
3. 起油鍋加2大匙油，先爆香蒜片，再放入木耳絲、紅蘿蔔絲、高麗菜絲及調味料，以大火炒熟，最後加入豆包絲再炒數下，即可盛盤。

烹飪技巧

- 若使用乾木耳，需先泡水至漲發再切絲。
- 若使用新鮮豆包，直接切絲入炒。
- 切絲要整齊，寬度約0.5公分即可，不可切太粗，否則不美觀。
- 新鮮豆包易爛，所以不可翻炒過久，可於最後再加入，以大火翻炒至熟即可。

評分標準

1. 食材均切成絲。
2. 以炒的方式烹調。

蒜味四季豆 涼拌

材 料

四季豆半斤　紅辣椒1支
蒜頭2瓣

調味料

鹽1茶匙　香油1/2大匙
水3大匙

四季豆撕去兩側纖維。

做　法

1. 四季豆撕去老纖維，切成5公分斜段，燙熟後撈起，用礦泉水沖涼，瀝乾後放入大瓷碗中備用。
2. 蒜頭去膜切末；紅辣椒也切成末備用。
3. 起油鍋，先爆香辣椒末與蒜末，再加入調味料煮滾，放涼後與四季豆翻拌調味均勻，再移入平盤中即可。

烹飪技巧

• 蒜頭要剁碎，與四季豆一起拌入味才有蒜味。
• 四季豆亦可在燙熟後放入大瓷碗中，以大量礦泉水泡涼，再瀝乾加入調味後盛盤。
• 此道菜四季豆切段、斜段或片粒均可，但要注意刀工須整齊，且成品不可有不熟的菁味。

盤飾參考

紅辣椒切斜片快速汆燙一下，撈起瀝乾後，戴手套或以乾淨筷子夾取於盤緣做單一局部點綴。

評分標準

1. 四季豆切段、斜段、片粒皆可。
2. 四季豆需殺菁，無菁味。
3. 處理過程需注意衛生，屬涼拌菜。
4. 調味需有蒜味。

炒 翡翠蛋炒飯

材　料

米1杯半　青江菜4棵
蛋2個　洋蔥1/2個
蔥1支

調味料

鹽1/2茶匙　胡椒粉少許
沙拉油1茶匙

做　法

1. 米洗淨瀝乾，放入電鍋內鍋中加1杯半的水及1茶匙沙拉油，移入電鍋內煮成白米飯，再燜10分鐘後取出飯拌鬆放冷。

2. 青江菜洗淨，取其葉加1茶匙鹽抓醃，再將水分擠乾切碎；洋蔥切小丁備用。

3. 蔥切蔥花；蛋依正確順序打散成蛋液。

4. 起油鍋，加2大匙油，並輕搖鍋子使油能遍布鍋面潤鍋，先爆香蔥花、洋蔥丁，再淋下蛋液，將白米飯置於蛋液上，用鍋鏟略壓，趁蛋液未完全凝固，迅速翻炒，再加入青江菜屑及調味料，迅速拌炒均勻至乾鬆，即可盛盤。

烹飪技巧

- 要使炒飯飯粒不會太濕黏，煮飯時米與水的比例應為1:0.9或1:1，如此炒飯才會粒粒分明，乾爽可口。
- 蛋液不可炒過焦，且要快速翻炒成碎片狀，蛋炒飯才會漂亮。
- 「翡翠」乃指綠葉菜切末，炒時需拌炒均勻。

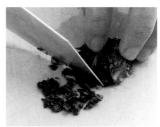

取青江菜葉片剁碎。

評分標準

1. 翡翠為綠葉菜切末。
2. 炒飯的色澤、調味應力求一致均勻。米飯乾爽、粒粒分明。
3. 煮飯方式需用電鍋製備。

302B 操作示範建議流程

菜名	本組材料	清洗流程

本組材料

清洗流程

豆豉蒸小排

醬汁吳郭魚

蘿蔔乾煎蛋

枸杞拌炒高麗菜

三色四季豆

培根蛋炒飯

本組材料

試場不同，材料可能會有些許差異

米、豆豉、枸杞、蘿蔔乾、青豆仁、玉米粒、培根、高麗菜、四季豆、青椒、紅蘿蔔、香菇、洋蔥、蒜頭、蔥、薑、紅辣椒、小黃瓜、小排骨、雞蛋、吳郭魚

本組調味料

以符合題意為準，個人可彈性變化

醬油、糖、鹽、酒、香油、胡椒粉、太白粉、黃豆醬

清洗流程

洗完食材分類擺放在配菜盤內

1. 清洗器具：洗瓷盤→配菜盤→鍋具→刀具→砧板→抹布。瓷碗、瓷盤置於碗架上自然風乾，疊放整齊。
2. 蒸籠裝水4分，炒菜鍋裝水6分備用。
3. 清洗食材：
   ❶ 洗乾貨類：洗米、瀝乾→香菇洗淨泡水→豆豉、蘿蔔乾洗淨→枸杞略洗，泡水
   ❷ 洗加工食品類（素）：青豆仁、玉米粒略洗
   ❸ 洗加工食品類（葷）：培根略洗
   ❹ 洗蔬果類：洗蔥、薑、紅辣椒、蒜頭、高麗菜、四季豆、洋蔥、紅蘿蔔、木耳→高麗菜摘除老葉、爛葉，並切除硬梗，鬆開洗淨→紅蘿蔔、洋蔥去皮→四季豆撕去兩側老纖維
   ❺ 洗小排骨
   ❻ 洗淨雞蛋外殼
   ❼ 洗魚貝類：洗吳郭魚，刮除魚鱗，去鰓及內臟

切配流程	烹煮前處理
切完食材，依每道菜餚材料擺放在配菜盤內 1.乾貨類 　❶豆豉→略切【豆豉蒸小排】 　❷蘿蔔乾→切碎泡水【蘿蔔乾煎蛋】 　❸香菇→切丁【三色四季豆】 2.加工食品類　培根→切片【培根蛋炒飯】 3.蔬果類 　❶蔥→切段【醬汁吳郭魚】 　　　→切蔥花【豆豉蒸小排、醬汁吳郭魚、 　　　培根蛋炒飯】 　❷薑→切片【醬汁吳郭魚】 　❸蒜頭→切片【枸杞拌炒高麗菜】 　　　→切末【豆豉蒸小排、蘿蔔乾煎蛋、 　　　三色四季豆】 　❹紅蘿蔔→切丁【三色四季豆】 　　　　→切碎【培根蛋炒飯】 　❺木耳→切絲【三色四季豆】 　❻紅辣椒→切末【豆豉蒸小排】 　　　　→剪成花朵狀【蘿蔔乾煎蛋盤飾】 　　　　→切斜片【三色四季豆盤飾】 　❼四季豆→切斜段【三色四季豆】 　❽洋蔥→切丁【培根蛋炒飯】 　❾高麗菜→切片【枸杞拌炒高麗菜】 　❿青椒→切菱形片【枸杞拌炒高麗菜盤飾】 　⓫小黃瓜→切菱形片【蘿蔔乾煎蛋盤飾】 4.小排骨→剁塊【豆豉蒸小排】 5.雞蛋→打開→檢查→集中於容器內打散【蘿 　蔔乾煎蛋、培根蛋炒飯】 6.魚→魚身兩面斜劃三刀【醬汁吳郭魚】 7.開火燒開水。	1.醃：小排骨、吳郭魚 2.汆燙：紅蘿蔔絲、四季豆、高麗菜、洋蔥 　絲、木耳絲、辣椒斜片、小黃瓜片與辣椒花 3.煎：吳郭魚 4.蒸：米飯 **本組菜餚入鍋烹調之建議順序** 豆豉蒸小排→醬汁吳郭魚→枸杞拌炒高麗菜 （盤飾）→三色四季豆（盤飾）→蘿蔔乾煎蛋 （盤飾）→培根蛋炒飯 **清潔動作之建議順序** 清洗用具、工作檯、爐檯、水槽→器具歸位→ 關瓦斯→清潔地板→拖地→倒垃圾→請考場人 員檢查場地→領回准考證→離開考場→換服裝

302-B

豆豉蒸小排 蒸

材　料

小排骨半斤　蔥1支
蒜頭2瓣　紅辣椒1支
豆豉2大匙

調味料

醬油1.5大匙　酒1茶匙
糖1茶匙　香油1/4茶匙
太白粉1大匙　水1大匙

做　法

1. 豆豉洗淨略切；蔥切蔥花；蒜頭去膜切末；紅辣椒撥開去籽，切成末。
2. 小排骨洗淨，剁成約2.5公分寬的塊狀，加入調味料醃約10～20分鐘。
3. 將豆豉、蔥花、蒜末、辣椒末加入排骨中，拌勻後盛入瓷深盤中，直接放入蒸籠以大火蒸約50分鐘，即可取出。

烹飪技巧

• 排骨勿剁得太大塊，否則不容易蒸熟透。
• 豆豉勿切太細，否則色澤會受到影響，呈現出黑色的斑斑點點，影響到外觀。

評分標準

1. 以蒸的方式烹調。
2. 小排應具豆豉味。

燒 醬汁吳郭魚

材　料

吳郭魚1條　蔥1支
薑1塊

醃　料

鹽1茶匙　酒1大匙

調味料

黃豆醬2大匙　醬油1茶匙
糖1茶匙　水1.5杯

做　法

1. 薑切片、蔥切段備用。
2. 魚刮除魚鱗，去除內臟與鰓，洗淨後在魚身兩面各斜劃三刀，兩面均勻抹上醃料。
3. 起油鍋，加3大匙油燒熱，將魚入鍋兩面煎熟後盛起（先煎熟一面再翻面煎熟另一面）。
4. 重起油鍋，燒熱後爆香薑片、蔥段，倒入調味料與魚同煮，以小火燒煮至汁快收乾（翻面一次），撈除蔥、薑，再加入少許蔥段與魚同燒一下，即可盛盤。

烹飪技巧

- 醬汁以「黃豆醬」烹調，魚可直接於黃豆醬之中煮熟，或是先將兩面煎熟後再同煮入味盛起。
- 煎魚最怕沾鍋，導致皮破、肉爛、不成魚形，而油溫是影響的最大因素，所以入鍋前，煎鍋應先洗乾淨，且油燒極熱後，先用大火煎魚，使表皮硬結後，再改小火煎熟。
- 此道菜的醬汁以醬料或醬油、醬汁來燒煮魚均可，如紅燒魚、豆瓣魚、黃豆醬魚等，考生皆可考慮。

評分標準

1. 魚以全魚處理，不可切斷。
2. 以醬料或醬油、醬汁燒魚。

302-B 蘿蔔乾煎蛋 煎

材　料

蛋3個　蘿蔔乾2片
蒜頭1瓣

調味料

鹽1/8茶匙

紅辣椒切除尾部，再剪城6瓣，泡冷水開花。

評分標準

1. 蘿蔔乾需洗過。
2. 蛋宜打勻。
3. 以煎的方式烹調。
4. 主料（蛋、蘿蔔乾）與配料需沾黏在一起成餅狀。
5. 煎蛋成品需改刀，成六塊排盤，亦可煎成六塊，其分量、大小應力求一致。

做　法

1. 蘿蔔乾切碎、泡水20分鐘後瀝乾；蒜頭去膜拍碎切成末。
2. 蛋依正確順序打散成蛋液，再加入調味料打勻。
3. 起油鍋，加1大匙油，爆香蒜末及蘿蔔乾碎，熄火後將其倒入蛋液中攪拌均勻。
4. 重起油鍋，加2大匙油，輕搖鍋身使油遍布全鍋，再倒入蛋液，輕輕搖晃鍋身，使蛋液成一大圓片狀，待底部煎熟，再翻面以小火續煎至金黃色。
5. 將蛋片鏟至熟食砧板上，戴上手套以熟食刀（或以礦泉水沖洗、擦乾淨之刀具）切成六等分，排盤即可。

烹飪技巧

• 蘿蔔乾帶鹹味，故切碎後可泡水再洗過，以降低鹽分及洗淨泥沙。
• 蘿蔔乾已具有鹹味，故調味時切記不可太鹹。
• 亦可煎成6小圓片直接排盤。

盤飾參考

小黃瓜切菱形片略汆燙後瀝乾，紅辣椒剪成花朵狀泡入冷開水使其開花，再戴手套或以乾淨筷子夾取，做單一局部點綴。

㊙ 枸杞拌炒高麗菜

材　料
高麗菜半斤　枸杞1/4杯
蒜頭2瓣

調味料
鹽1/2茶匙　水2大匙

做　法
1. 枸杞洗淨泡少許水；蒜頭去膜切薄片備用。
2. 高麗菜切除硬梗，鬆開葉片洗淨，切成4公分片狀，汆燙後沖冷水瀝乾備用。
3. 起油鍋，先爆香蒜片，再放入枸杞、高麗菜及調味料，以大火炒熟，即可盛盤。

烹飪技巧
- 枸杞不可泡水過久，且水量只要蓋過即可，否則會失去原味及色澤。
- 高麗菜的粗梗處一定要炒熟。

盤飾參考
青椒切菱形片，略汆燙後瀝乾，再戴手套或以乾淨筷子夾取整齊做三頂點局部點綴。

評分標準
1. 枸杞需洗過。
2. 高麗菜切絲、片皆可。
3. 以炒的方式烹調。

302-B

三色四季豆 涼拌

材 料

四季豆半斤　紅蘿蔔1/2支
香菇2朵　玉米粒1/2杯
蒜頭2瓣

調味料

鹽1茶匙　香油1/2大匙
水2大匙

110

評分標準

1.三色宜選用三種或三種
　以上顏色不同食材，搭
　配成色彩分明。
2.刀工形狀不限，但應力
　求大小一致。
3.四季豆需殺菁，無菁
　味。
4.處理過程需注意衛生，
　此菜為涼拌菜。
5.調味可自由發揮。

做 法

1.香菇泡軟去蒂頭，再切0.6公
　分丁狀；四季豆撕去老纖維，
　切成0.6公分丁狀；紅蘿蔔切
　0.6公分丁狀；蒜頭去膜拍碎
　切末。
2.將香菇、四季豆、紅蘿蔔、玉
　米粒分別燙熟撈起瀝乾，再分
　別以礦泉水沖涼，瀝乾，放入
　大瓷碗。
3.起油鍋，爆香蒜末，加入調味
　料煮滾，盛入小瓷碗，待涼
　後，倒入大瓷碗中，以乾淨筷
　子拌勻，即可排盤。

烹飪技巧

• 三色色彩需鮮麗分明，紅色可選
　用紅蘿蔔、紅甜椒，白色可選用洋
　蔥、筍子，黑色可選用香菇或木
　耳，黃色選用玉米。

盤飾參考

紅辣椒斜切橢圓片，略汆燙後瀝
乾，再戴手套或以乾淨筷子夾取整
齊做三頂點局部點綴。

炒 培根蛋炒飯

材 料

米1.5杯　培根3片
洋蔥1/4個　蛋2個
青豆仁1/4杯　蔥1支

調味料

鹽1/2茶匙　胡椒粉少許

做 法

1. 米洗淨瀝乾，放入電鍋內鍋中加1杯半的水及1茶匙沙拉油，移入電鍋內煮成白米飯，再燜10分鐘後取出飯拌鬆放冷。
2. 培根切0.5公分片狀；蔥切蔥花；洋蔥切小丁；蛋依正確順序打散成蛋液；青豆仁洗淨。
3. 起油鍋，先以小火炒香培根，炒焦後鏟起備用。
4. 重起油鍋，加2大匙油，先爆香蔥花、洋蔥丁，加入青豆仁炒熟後取出。
5. 鍋中留少許油，淋下蛋液，將白米飯置於蛋液上，用鍋鏟略壓，趁蛋液還未完全凝固時，迅速翻炒，使蛋汁成小碎狀，再加入培根、所有配料及調味料，迅速拌炒均勻至乾鬆，即可盛盤。

烹飪技巧

• 青江菜葉、西生菜、青豆仁、玉米粒、洋蔥碎等皆可作為配料，考生可依考場材料自行斟酌搭配。

評分標準

1. 選用的食材，刀工形狀、大小應力求均勻一致。
2. 炒飯的色澤、調味應力求一致均勻。米飯乾爽、粒粒分明。
3. 煮飯方式需用電鍋製備。

302C 操作示範建議流程

菜名	本組材料	清洗流程

椒鹽排骨酥

蒜泥蒸魚

三色煎蛋

豆乾炒高麗菜

培根四季豆

鳳梨肉鬆炒飯

本組材料

試場不同，材料可能會有些許差異
米、香菇、豆乾、鳳梨片、青豆仁、培根、火腿、肉鬆、高麗菜、四季豆、紅蘿蔔、洋蔥、小黃瓜、蒜頭、蔥、辣椒、小排骨、雞蛋、吳郭魚

本組調味料

以符合題意為準，個人可彈性變化
醬油、糖、鹽、酒、胡椒粉、麵粉、太白粉、香油

清洗流程

洗完食材分類擺放在配菜盤內

1. 清洗器具：洗瓷盤→配菜盤→鍋具→刀具→砧板→抹布。瓷碗、瓷盤置於碗架上自然風乾，疊放整齊。
2. 蒸籠裝水4分，炒菜鍋裝水6分備用。
3. 清洗食材：
   ❶ 1洗乾貨類：洗米、瀝乾→洗香菇，加水泡軟
   ❷ 洗加工食品類（素）：豆乾洗淨→鳳梨、青豆仁略洗
   ❸ 洗加工食品類（葷）：培根、火腿略洗
   ❹ 洗蔬果類：洗蔥、薑、辣椒、蒜頭、高麗菜、四季豆、洋蔥、紅蘿蔔→高麗菜摘除老葉，切除硬梗，鬆開葉片洗淨→紅蘿蔔、洋蔥去皮→四季豆撕去兩側老纖維
   ❺ 洗小排骨
   ❻ 洗淨雞蛋外殼
   ❼ 洗魚貝類：洗吳郭魚，刮除魚鱗，去鰓及內臟

切配流程	烹煮前處理
切完食材，依每道菜餚材料擺放在配菜盤內 1.乾貨類 香菇→切絲【三色煎蛋】 2.加工食品類（先素後葷） 　❶豆乾→切絲【豆乾炒高麗菜】 　❷鳳梨→切粒【鳳梨肉鬆炒飯】 　❸培根→切片【培根四季豆】 　❹火腿→切丁【鳳梨肉鬆炒飯】 3.蔬果類 　❶蔥→切絲【蒜泥蒸魚】 　　　→切蔥花【鳳梨肉鬆炒飯】 　❷蒜頭→切片【豆乾炒高麗菜、培根四季豆】 　　　　→剁泥【蒜泥蒸魚】 　❸紅蘿蔔→切絲【三色煎蛋、豆乾炒高麗菜】 　❹洋蔥→切絲【三色煎蛋】 　　　　→切丁【鳳梨肉鬆炒飯】 　❺四季豆→斜切長段【培根四季豆】 　　　　　→切3公分小段【椒鹽排骨酥盤飾】 　❻高麗菜→切絲【豆乾炒高麗菜】 　❼辣椒→切圓片及斜片【三色煎蛋、培根四季豆盤飾】 　❽小黃瓜→切菱形片【三色煎蛋盤飾】 4.小排骨→剁塊【椒鹽排骨酥】 5.雞蛋→打開→檢查→集中於容器內打散【三色煎蛋、鳳梨肉鬆炒飯】 6.魚→魚身兩面斜劃三刀【蒜泥蒸魚】 7.開火燒開水。	1.醃：小排骨、吳郭魚 2.汆燙：紅蘿蔔絲、高麗菜絲、四季豆、辣椒圓片及斜片 3.蒸：米飯

本組菜餚入鍋烹調之建議順序

椒鹽排骨酥（盤飾）→蒜泥蒸魚→豆乾炒高麗菜→培根四季豆（盤飾）→三色煎蛋（盤飾）→鳳梨肉鬆炒飯

清潔動作之建議順序

清洗用具、工作檯、爐檯、水槽→器具歸位→關瓦斯→清潔地板→拖地→倒垃圾→請考場人員檢查場地→領回准考證→離開考場→換服裝

302-C

椒鹽排骨酥 炸

材 料

小排骨10兩

醃 料

鹽1茶匙　糖1茶匙

胡椒粉1茶匙　酒1茶匙

粉 料

麵粉1/2杯　太白粉1/2杯

沾 料

胡椒粉2茶匙　鹽1茶匙

做 法

1. 小排骨洗淨後，剁成約3公分寬的塊狀，再拌入醃料醃約20分鐘。
2. 將醃好的排骨放入已調勻的粉料中沾裹，放進炸油鍋中以小火炸熟後撈出；改成大火，再回鍋炸成金黃色後撈出，瀝乾油分，即可盛盤。
3. 重新起鍋，以乾鍋、小火略炒胡椒鹽，立即將排骨酥倒入同炒調味，即可盛盤。

烹飪技巧

- 椒鹽可在乾鍋中與炸好之排骨同炒均勻，再盛盤上桌；亦可將椒鹽直接放在同一盤排骨酥旁邊，但不可弄髒排骨。
- 排骨需炸熟、炸酥，但不可過焦，故先以小火炸熟，再回鍋炸酥。

盤飾參考

四季豆切3公分長段，略為汆燙瀝乾，以乾淨筷子夾取於盤緣做對稱半圍邊裝飾。

評分標準

1. 排骨剁開後裹粉炸酥。
2. 需以椒鹽調味。

蒸 蒜泥蒸魚

材 料
吳郭魚1條　蔥1支
蒜頭4瓣

醃 料
鹽1茶匙　酒1大匙

調味料
醬油1/2茶匙　　水1大匙

做 法
1. 蔥切蔥花;蒜頭去膜,壓扁後剁成泥狀。
2. 魚刮除魚鱗,去除內臟與鰓,洗淨後在魚身兩面各斜劃三刀,兩面均勻抹上醃料。
3. 將魚放在瓷腰盤上,淋上調味料,再將蒜泥均勻鋪於魚身,放入蒸籠以大火蒸約15分鐘後,掀開鍋蓋,將蔥花鋪上,再蒸大約1分鐘後,即可取出上桌。

烹飪技巧
• 蒜頭需剁細成泥狀,刀工不可太粗。
• 魚務必蒸熟,不可骨中帶血或魚肉黏在魚骨上。

先用刀身將蒜頭拍碎。

再剁細,即可輕鬆剁成蒜泥。

評分標準
1. 蒜剁碎成泥狀。
2. 以蒸的方式烹調。

115

302-C 三色煎蛋 煎

116

材　料

蛋3個　紅蘿蔔1/4支
洋蔥1/4個　香菇2朵

調味料

鹽1/2茶匙

評分標準

1. 三色宜選用三種或三種以上顏色不同食材搭配，使色彩分明。
2. 三色材料刀工形狀不限，但應力求大小一致。
3. 蛋宜打勻。
4. 主料（蛋、三色材料）與配料需沾粘在一起成餅狀。
5. 煎蛋成品需改刀，成六塊排盤。亦可煎成六小塊，其分量、大小應力求一致。

做　法

1. 香菇切短細絲；紅蘿蔔切短細絲燙熟；洋蔥切短細絲。
2. 蛋依正確打蛋順序打成蛋汁，再加入調味料打勻。
3. 起油鍋，加1大匙油，先爆香香菇，再放入洋蔥、紅蘿蔔同炒至熟後，盛起倒入蛋液中攪拌均勻。
4. 重起油鍋，加3大匙油，輕搖鍋身使油遍布全鍋，再倒入蛋液，輕輕搖晃鍋身，使蛋液成一大圓片狀，待底部煎熟，再翻面以小火續煎至金黃色。
5. 將蛋片鏟至熟食砧板上，戴上手套以熟食刀（或以礦泉水沖洗、擦乾淨之刀具）切成六等分排盤即可。

烹飪技巧

- 三色配料可自行搭配，如鮮香菇、青豆仁、紅甜椒、玉米粒等均可選擇，但使用分量需適量，不可過多而影響凝結性與外觀。
- 三色配料之刀工，切成絲或碎均可。若切絲不可太長，否則蛋片不易切片。
- 亦可煎成六個小圓片，直接排盤。
- 三色煎蛋之配料不宜過多，否則煎蛋時不易定型，蛋容易鬆散。

盤飾參考

小黃瓜切菱形片，紅辣椒切圓片，一起略汆燙後瀝乾，再戴手套或以乾淨筷子夾取，做雙對稱局部點綴。

炒 豆乾炒高麗菜

材 料

高麗菜半斤　豆乾2塊
紅蘿蔔1/4支　蒜頭2瓣

調味料

鹽1/2茶匙　水2大匙

做 法

1. 高麗菜切除硬梗，鬆開葉片洗淨，切成5公分長絲，汆燙後沖冷水瀝乾備用。
2. 豆乾洗淨切成5公分長絲；紅蘿蔔切5公分長絲，燙熟瀝乾；蒜頭去膜切薄片。
3. 起油鍋，加2大匙油燒熱，先爆香蒜片，再放入豆乾絲、高麗菜絲、紅蘿蔔絲及調味料，以大火炒熟，即可盛盤。

烹飪技巧

• 豆乾可先平切成薄片狀，再切成細絲。
• 高麗菜絲應切成約0.5公分以下，不可切太粗。

評分標準

1. 刀工形狀不限，但力求大小一致。
2. 以炒的方式烹調。

302-C 培根四季豆 涼拌

材 料

四季豆半斤　培根2片
蒜頭2瓣

調味料

鹽1/2茶匙　水3大匙
香油1/2大匙

做 法

1. 培根切成2公分大小的正方形片;蒜頭去膜切片。
2. 四季豆撕去老纖維,切成5公分長段,汆燙後取出,再以礦泉水沖涼瀝乾,放入大瓷碗中備用。
3. 起油鍋,先以小火炒焙培根至煸黃,加入蒜片爆香,再加入調味料略炒後,盛於小瓷碗中待涼。
4. 將培根倒於四季豆上,以乾淨竹筷翻拌均勻入味,即可盛入平盤。

烹飪技巧

• 此道菜為冷盤,故不可同炒一起,需分別待涼後,再涼拌處理。
• 燙熟四季豆,可直接泡在礦泉水中待涼,再瀝乾涼拌。

盤飾參考

紅辣椒斜切片,略為汆燙瀝乾待涼,再戴手套或以乾淨筷子夾取整齊做對稱局部點綴。

評分標準

1. 刀工形狀不限,但應力求大小一致。
2. 應具培根香味。
3. 四季豆需殺菁,無菁味。
4. 處理過程需注意衛生。

炒 鳳梨肉鬆炒飯

材 料

米1.5杯　鳳梨片2片
火腿2片　肉鬆3大匙
蛋2個　蔥1支
青豆仁1/4杯　洋蔥1/4個

調味料

鹽1/2茶匙　胡椒粉少許

做 法

1.米洗淨瀝乾，放入電鍋內鍋中加1杯半的水及1茶匙沙拉油，移入電鍋內煮成白米飯，再燜10分鐘後取出飯拌鬆放冷。

2.鳳梨片切0.5公分粒狀；火腿切小丁；洋蔥切小丁；蔥切蔥花；蛋依正確順序打散成蛋液；青豆仁洗淨備用。

3.起油鍋，加2大匙油，先爆香蔥花、洋蔥、火腿丁及青豆仁後取出。

4.鍋中留下少許油，淋下蛋液，將白米飯置於蛋液上，用鍋鏟略壓，趁蛋液未完全凝固，迅速翻炒，使蛋汁成小碎狀，再加入鳳梨粒、肉鬆、所有炒好的配料及調味料，迅速拌炒均勻至乾鬆，即可盛盤。

烹飪技巧

• 炒飯要粒粒分明，乾爽勿濕黏，故煮飯時水分不可過多，且煮好（或蒸好）應翻拌待涼，以免鍋底米飯濕氣太多而變軟黏。

• 上菜時，將少許肉鬆放在炒飯上方較為美觀。

評分標準

1.選用食材刀工形狀大小應力求一致。

2.炒飯的色澤、調味應力求一致均勻。米飯乾爽、粒粒分明。

3.煮飯方式需用電鍋製備。

302D 操作示範建議流程

菜名	本組材料	清洗流程
咖哩燒小排	**試場不同,材料可能會有些許差異** 米、青豆仁、培根、蔥、蒜頭、紅辣椒、小黃瓜、四季豆、高麗菜、洋蔥、青椒、紅蘿蔔、馬鈴薯、小排骨、雞胸肉、雞蛋、吳郭魚	**洗完食材分類擺放在配菜盤內** 1.清洗器具:洗瓷盤→配菜盤→鍋具→刀具→砧板→抹布。瓷碗、瓷盤置於碗架上自然風乾,疊放整齊。 2.蒸籠裝水4分,炒菜鍋裝水6分備用。 3.清洗食材:
茄汁吳郭魚		❶洗乾貨類:洗米、瀝乾 ❷洗加工食品類(素):青豆仁略洗 ❸洗加工食品類(葷):培根略洗
紅蘿蔔煎蛋	**本組調味料**	❹洗蔬果類:洗蔥、蒜、紅辣椒、四季豆、高麗菜、洋蔥、小黃瓜、青椒、紅蘿蔔、馬鈴薯→高麗菜摘除老葉,切除硬梗,鬆開葉片洗淨→胡蘿蔔、洋蔥、馬鈴薯去皮→四季豆撕去兩側老纖維→青椒去蒂、去籽
培根炒高麗菜	**以符合題意為準,個人可彈性變化** 番茄醬、咖哩粉、辣豆瓣醬、胡椒粉、麵粉、太白粉、鹽、糖、酒、香油、辣油、沙拉油	❺洗小排骨 ❻洗雞胸肉 ❼洗淨雞蛋外殼 ❽洗魚貝類:清洗吳郭魚,刮除魚鱗,去鰓及內臟
辣味四季豆		
雞絲蛋炒飯		

切配流程	烹煮前處理
切完食材，依每道菜餚材料擺放在配菜盤內	1.醃：小排骨、雞絲、吳郭魚
1.加工食品類：培根→切小方形片【培根炒高麗菜】	2.汆燙：青椒片、四季豆、小黃瓜、紅辣椒片
2.蔬果類	3.過油：雞絲
❶蔥→切蔥花【紅蘿蔔煎蛋、雞絲蛋炒飯】	4.炸：馬鈴薯塊、紅蘿蔔塊、吳郭魚
❷小黃瓜→切圓片【紅蘿蔔煎蛋盤飾】	5.蒸：米飯
❸紅辣椒→切斜片【辣味四季豆盤飾】	
→切圓片【紅蘿蔔煎蛋盤飾】	
→切碎【辣味四季豆】	
❹蒜頭→切片【培根炒高麗菜】	
→切末【辣味四季豆】	
❺高麗菜→切片【培根炒高麗菜】	
❻洋蔥→切丁【咖哩燒小排】	
→切菱形片【茄汁吳郭魚】	**本組菜餚入鍋烹調之建議順序**
❼紅蘿蔔→切滾刀塊【咖哩燒小排】	茄汁吳郭魚→咖哩燒小排（盤飾）→辣味四季
→切短絲【紅蘿蔔煎蛋】	豆（盤飾）→培根炒高麗菜→紅蘿蔔煎蛋（盤
❽馬鈴薯→切滾刀塊【咖哩燒小排】	飾）→雞絲蛋炒飯
❾青椒→切小菱形片【茄汁吳郭魚】	
→切大菱形片【咖哩燒小排盤飾】	
❿四季豆→斜切長段【辣味四季豆】	
3.小排骨→剁塊【咖哩燒小排】	
4.雞胸肉→切絲【雞絲蛋炒飯】	
5.雞蛋→打開→檢查→集中於容器內打散【雞絲蛋炒飯、紅蘿蔔煎蛋】	
6.魚→魚身兩面斜劃三刀【茄汁吳郭魚】	**清潔動作之建議順序**
7.開火燒開水	清洗用具、工作檯、爐檯、水槽→器具歸位→關瓦斯→清潔地板→拖地→倒垃圾→請考場人員檢查場地→領回准考證→離開考場→換服裝

121

302-D

咖哩燒小排 燒

材 料

小排骨半斤　洋蔥1/4個
紅蘿蔔1/2支　馬鈴薯1個
青豆仁1大匙

醃 料

鹽少許　胡椒粉少許
麵粉1大匙

調味料

咖哩粉3/4大匙
鹽1/4茶匙　糖1茶匙
水1杯

做 法

1. 洋蔥切丁；紅蘿蔔、馬鈴薯去皮，均切滾刀塊備用。
2. 小排骨洗淨，剁成3公分大小的方塊，拌入醃料醃勻備用。
3. 將紅蘿蔔、馬鈴薯放入炸油鍋中炸成表皮微黃後撈起；再將小排骨入炸油鍋，以小火炸熟後撈起。
4. 起油鍋，放1大匙油燒熱，先爆香洋蔥丁，接著加入小排骨、紅蘿蔔、馬鈴薯共炒，隨後加入調味料，以小火煮至軟，待湯汁稍微收乾，放入青豆仁拌勻，即可盛盤。

烹飪技巧

- 咖哩粉炒過才會香，炒咖哩粉時一定要用小火，否則會燒焦，考生若沒有把握，可直接加入調味料中一起調味即可。
- 燜煮時一定要偶爾翻動，否則容易焦底。
- 馬鈴薯、紅蘿蔔亦可先煮熟，再與炸熟的小排骨同燒，以免馬鈴薯、紅蘿蔔不易熟透的情況出現。

盤飾參考

青椒切菱形片，略汆燙瀝乾放涼，戴手套或以乾淨筷子夾取整齊做全圍裝飾。

評分標準

1. 以燒的方式烹調。
2. 具咖哩風味。

(燒) 茄汁吳郭魚

材 料

吳郭魚1條　洋蔥1/4個
青椒1/4個

醃 料

鹽1/4茶匙　酒1大匙

粉 料

麵粉2大匙　太白粉1大匙

調味料

番茄醬4大匙　水1/2杯
糖1茶匙　鹽1/2茶匙

芡 水

太白粉1大匙　水2大匙

做 法

1. 洋蔥切菱形片;青椒去籽切菱形片。
2. 魚刮除魚鱗,去除內臟與鰓,洗淨後在魚身兩面各斜劃三刀,兩面均勻抹上醃料。
3. 魚身裏外及切口都拍上已調勻的粉料,入油鍋炸至香酥,撈出瀝乾油,盛入盤中。
4. 另起油鍋,加1大匙油燒熱,放入洋蔥炒軟,再加入青椒與調味料煮滾,勾薄芡,將魚放入共同燒煮一下,即可盛盤。

烹飪技巧

- 青椒、洋蔥亦可切成絲。
- 若無青椒,使用青豆仁亦可。
- 青椒不宜入鍋煮太久,否則會變黃、黑,影響菜餚色澤與外觀。
- 此道菜可以溜、燴、燒方式烹調,需具茄汁味。

評分標準

1. 魚以全魚處理,不可切斷。
2. 具茄汁風味。
3. 可以溜、燴、燒方式烹調。

302-D 紅蘿蔔煎蛋 煎

材　料

蛋3個　紅蘿蔔1/4支
蔥1支

調味料

鹽1/2茶匙

評分標準

1. 蛋宜打勻。
2. 以煎的方式烹調。
3. 主料（蛋、紅蘿蔔）與配料需沾粘在一起成餅狀。
4. 煎蛋成品需改刀，成六塊排盤。亦可煎成六塊，其分量、大小應力求一致。

做　法

1. 紅蘿蔔切2公分短絲，燙熟瀝乾；蔥切蔥花備用。
2. 蛋依正確打蛋順序打成蛋汁，再加入調味料與紅蘿蔔、蔥花，攪拌均勻。
3. 起油鍋燒熱，放入3大匙油，輕搖鍋身使油遍布全鍋，再放入調勻之混合蛋液，輕輕晃動鍋身使蛋液成一大圓片狀，並用炒菜鏟鏟動煎蛋中心部分，使熟度均勻；用小火續煎至兩面金黃（亦可煎成6小圓片，每片蛋液使用量約為匙量2大匙）。
4. 將蛋鏟起放於熟食砧板上，戴手套，以熟食刀（或以礦泉水沖洗、擦乾之刀具）切成6等分，排盤即可。

烹飪技巧

- 若煎蛋欲煎成一整片，需用小火慢慢煎，蛋中間因厚度較厚，必須一面煎一面攪動至蛋凝固為止，否則蛋極易產生外焦內生的現象。
- 若煎成6小片較易熟，但是比較耗費時間。

盤飾參考

小黃瓜與紅辣椒切圓片，一起略汆燙後瀝乾，再戴手套或以乾淨筷子夾取，做五頂點局部點綴。

⓲ 培根炒高麗菜

材　料

高麗菜半斤　培根2片
蒜頭2瓣

調味料

鹽1/2茶匙　水2大匙
酒1大匙

做　法

1. 培根切成2公分大小之正方形片；蒜頭去膜切片。
2. 高麗菜切除硬梗，鬆開葉片洗淨，切成4公分片狀，汆燙後沖冷水瀝乾備用。
3. 起油鍋，加2大匙油燒熱，放入培根及蒜片，用小火炒焙煸黃，再放入高麗菜和調味料以大火炒熟，即可盛盤。

烹飪技巧

- 高麗菜有粗梗處必須再特別切開，以免炒不熟。
- 高麗菜片狀比絲狀不易炒熟，所以要花多一點時間來炒，否則梗的部分會有生味。
- 高麗菜可不必汆燙直接入炒，但需添加水共炒才不會有焦痕。

評分標準

1. 刀工形狀不拘，但力求大小一致。
2. 以炒的方式烹調。

302-D

辣味四季豆 涼拌

材 料

四季豆半斤　紅辣椒1支
蒜頭2瓣

調味料

辣豆瓣醬1大匙
辣油1茶匙　香油1/2大匙
糖1/2茶匙　水1大匙
鹽1/4茶匙

做 法

1. 四季豆撕去老纖維，切成5公分長段；辣椒、蒜頭皆切成末備用。
2. 起油鍋，先爆香辣椒與蒜末，再加入調味料煮滾後放涼。
3. 將四季豆燙熟撈起，用礦泉水沖涼後瀝乾置於大瓷碗中，與調味汁拌勻，即可盛入平盤。

烹飪技巧

• 四季豆燙完如同熟食處理，要小心以免產生污染，與調味料拌勻時必須放置於熟食瓷盤處理，不可放在鋼盤或鋼碗中，要小心注意！

盤飾參考

紅辣椒切斜片，略為汆燙瀝乾待涼，再戴手套或以乾淨筷子夾取整齊做對稱圍邊。

評分標準

1. 刀工形狀不拘，但應力求大小一致。
2. 具辣味。
3. 配料之有無，食材種類皆不拘。
4. 四季豆需殺菁，無菁味。
5. 處理過程需注意衛生。

炒 雞絲蛋炒飯

材 料
米1.5杯　雞胸肉1/2副
紅蘿蔔1/4支　洋蔥1/4個
蛋2個　蔥1支

醃 料
鹽1/4茶匙
太白粉1/2大匙
沙拉油1大匙

調味料
鹽1/2茶匙　胡椒粉少許

做 法
1. 米洗淨瀝乾，放入電鍋內鍋中加1杯半的水及1茶匙沙拉油，移入電鍋內煮成白米飯，再燜10分鐘後取出飯拌鬆放冷。
2. 蔥切蔥花；紅蘿蔔切末；洋蔥切末。
3. 雞胸肉順絲切成雞絲，與醃料攪拌後過油備用。
4. 蛋依正確順序打散成蛋液。
5. 起油鍋，放2大匙油，爆香蔥花與洋蔥末、紅蘿蔔末，將蛋液倒入鍋中，再將白飯置於蛋液之上，用鍋鏟略壓，趁蛋汁未完全凝固，以鍋鏟迅速拌勻，使蛋汁成小碎狀，加入雞絲及調味料拌炒均勻即可。

烹飪技巧
• 蛋與飯共炒，要由黏稠狀炒至乾鬆狀，才算完全熟透，口感也較好。

將雞胸肉平切成片。

再順紋切成雞絲。

評分標準
1. 雞絲是切成絲或煮熟後撕成絲皆可。
2. 配料可自由搭配。
3. 炒飯色澤、調味應力求一致均勻。米飯乾爽、粒粒分明。
4. 煮飯方式需用電鍋製備。

302E 操作示範建議流程

菜名	本組材料	清洗流程

鳳梨糖醋小排

鹹冬瓜豆醬蒸魚

培根煎蛋

樹子炒高麗菜

芝麻三絲四季豆

蘿蔔乾雞粒炒飯

本組材料

試場不同，材料可能會有些許差異

米、芝麻、鳳梨、樹子、蘿蔔乾、培根、蔥、薑、蒜頭、辣椒、洋蔥、四季豆、高麗菜、木耳、青椒、紅蘿蔔、西生菜、小黃瓜、小排骨、雞胸肉、雞蛋、吳郭魚

本組調味料

以符合題意為準，個人可彈性變化

鹹冬瓜、黃豆醬、番茄醬、胡椒粉、麵粉、太白粉、白醋、鹽、糖、酒、香油

清洗流程

洗完食材分類擺放在配菜盤內

1. 清洗器具：洗瓷盤→配菜盤→鍋具→刀具→砧板→抹布。瓷碗、瓷盤置於碗架上自然風乾，疊放整齊。
2. 蒸籠裝水4分，炒菜鍋裝水6分備用。
3. 清洗食材：
   ❶ 洗乾貨類：洗米、瀝乾→芝麻洗淨瀝乾水→蘿蔔乾洗淨後泡水
   ❷ 洗加工食品類（素）：樹子、鳳梨略洗
   ❸ 洗加工食品類（葷）：培根略洗
   ❹ 洗蔬果類：洗蔥、薑、蒜、辣椒、四季豆、高麗菜、洋蔥、青椒、紅蘿蔔、木耳、西生菜→高麗菜摘除老葉，切除硬梗，鬆開葉片洗淨→胡蘿蔔、洋蔥去皮→四季豆撕去兩側老纖維→青椒去蒂，去籽。
   ❺ 洗小排骨
   ❻ 洗雞胸肉
   ❼ 洗淨雞蛋外殼
   ❽ 洗魚貝類：清洗吳郭魚，刮除魚鱗，去鰓及內臟

切配流程	烹煮前處理
切完食材，依每道菜餚材料擺放在配菜盤內	1.醃：小排骨塊、雞粒、吳郭魚
1.乾貨類：蘿蔔乾→切碎【蘿蔔乾雞粒炒飯】	2.汆燙：青椒片、紅蘿蔔絲、木耳絲、洋蔥
2.加工食品類	絲、四季豆、紅辣椒片、小黃瓜片
❶鳳梨→切扇型【鳳梨糖醋小排】	3.過油：雞粒
❷鹹冬瓜→切小塊【鹹冬瓜豆醬蒸魚】	4.炸：排骨塊
3.蔬果類	5.乾鍋炒：芝麻
❶蔥→切蔥花【培根煎蛋、蘿蔔乾雞粒炒	6.蒸：米飯
飯】	
→切絲【鹹冬瓜豆醬蒸魚】	
❷薑→切絲【鹹冬瓜豆醬蒸魚】	
❸紅辣椒→切斜片【芝麻三絲四季豆盤飾】	
→切菱形片【鳳梨糖醋小排盤飾】	
→切圓片【培根煎蛋盤飾】	

本組菜餚入鍋烹調之建議順序

鳳梨糖醋小排（盤飾）→鹹冬瓜豆醬蒸魚→樹子炒高麗菜→芝麻三絲四季豆（盤飾）→培根煎蛋（盤飾）→蘿蔔乾雞粒炒飯

❹蒜頭→切片【樹子炒高麗菜】	
→切末【芝麻三絲四季豆】	
❺高麗菜→用手掰成一口大小片狀【樹子炒	
高麗菜】	
❻洋蔥　，切菱形片【鳳梨糖醋小排】	
→切絲【芝麻三絲四季豆】	
❼紅蘿蔔→切絲【芝麻三絲四季豆】	
❽青椒→切菱形片【鳳梨糖醋小排】	
❾四季豆→斜切長段【芝麻三絲四季豆】	
❿木耳→切絲【芝麻三絲四季豆】	
⓫西生菜→切小片【蘿蔔乾雞粒炒飯】	
⓬小黃瓜→切半圓片【培根煎蛋盤飾】	

129

清潔動作之建議順序

清洗用具、工作檯、爐檯、水槽→器具歸位→關瓦斯→清潔地板→拖地→倒垃圾→請考場人員檢查場地→領回准考證→離開考場→換服裝

4.小排骨→剁塊【鳳梨糖醋小排】
5.雞胸肉→切小丁【蘿蔔乾雞粒炒飯】
6.雞蛋→打開→檢查→集中於容器內打散【蘿蔔乾雞粒炒飯、培根煎蛋】
7.魚→魚身兩面斜劃三刀【鹹冬瓜豆醬蒸魚】
8.開火燒開水。

302-E

鳳梨糖醋小排 溜

材 料

小排骨8兩　　青椒1/4個
鳳梨片2片　　洋蔥1/4個

醃 料

酒1茶匙　　　鹽1/2大匙
蛋黃1個　　　太白粉1大匙

粉 料

麵粉2大匙　　太白粉1大匙

調味料

番茄醬3大匙　　白醋3大匙
糖3大匙
水或鳳梨罐頭水3大匙

130

評分標準

1.需具糖醋味。
2.顏色不拘，可紅、可黃、可咖啡色，亦可原色。
3.作法不拘，可溜、可燴、可燒。

做 法

1.鳳梨片切六等分扇形片；洋蔥、青椒切菱形片。
2.小排骨洗淨，剁成2.5公分大小的方塊，拌入醃料醃約10分鐘後，再沾裹已調勻之粉料，放入炸油鍋中以小火炸熟，撈起，瀝乾。
3.起油鍋，放1大匙油燒熱，炒香洋蔥片，加青椒片略炒熟後，再加調味料及鳳梨片以適量芡水勾薄芡後，放入排骨略為翻炒均勻，即可熄火盛起。

烹飪技巧

• 排骨一定要確定炸熟後才能拌糖醋汁，因為糖醋汁只是短時間裏附在排骨表面而已，不足以將未熟的排骨煮熟。
• 青椒略炒熟即可，因烹煮過度會變色。
• 糖醋汁比例為番茄醬：白醋：糖：水＝1:1:1:1。

盤飾參考

紅辣椒去籽切成菱形片，略為氽燙瀝乾後，以乾淨筷子夾取做三頂點局部點綴。

蒸 鹹冬瓜豆醬蒸魚

材　料

吳郭魚1條　蔥2支
薑1片

醃　料

鹽1/4茶匙　酒1大匙

調味料

鹹冬瓜1塊　黃豆醬1大匙
糖1茶匙

做　法

1. 蔥、薑切絲泡水備用。
2. 魚刮除魚鱗，去除內臟與鰓，洗淨後在魚身兩面各斜劃三刀，兩面均勻抹上醃料。
3. 取1塊鹹冬瓜切成小塊，均勻置於魚身，並用黃豆醬和糖調勻淋在魚身，放入蒸鍋以大火蒸約15分鐘後，掀開鍋蓋，將蔥絲、薑絲鋪在魚身上，再蒸約1分鐘，即可取出上菜。

烹飪技巧

- 蔥、薑絲一定要處理熟才可置放在蒸好的魚身上；所以除了炒熟還可以在魚蒸熟前1分鐘放入，蒸約1分鐘後取出。
- 鹹冬瓜味道很鹹，所以醃魚時鹽不必放太多；同時要添加糖來中和其鹹味。

評分標準

1. 具鹹冬瓜豆醬味。
2. 顏色不拘。
3. 以蒸的方式烹調。

302-E 培根煎蛋 煎

材 料

蛋3個　培根2片
蔥1支

調味料

鹽1/2茶匙

評分標準

1. 培根切丁、片、粗絲皆可。
2. 蛋宜打勻。
3. 主料（蛋、培根）需沾粘在一起成餅狀。
4. 煎蛋成品需改刀成六塊排盤，亦可煎成六小塊，其份量、大小應力求一致。

做 法

1. 培根切片；蔥切成蔥花；蛋依正確打蛋順序打成蛋液備用。
2. 起油鍋，爆香蔥花及培根後盛起，加入蛋液中，並加調味料調味均勻。
3. 起油鍋燒熱，放入3大匙油，輕搖鍋身使油遍布全鍋，再放入調勻之混合蛋液，輕輕晃動鍋身使蛋液成圓片狀，並用炒菜鏟鏟動煎蛋中心部分，使熟度均勻；用小火續煎至兩面金黃（亦可煎成6小圓片，每片用約2大匙的蛋液煎）。
4. 放置於熟食砧板上，戴上手套，以熟食刀（或以礦泉水沖洗、擦乾之刀具）切成6等分，排盤即可。

烹飪技巧

• 培根切成指甲片大小即可，不宜切太大片，以避免煎蛋時不易凝結而鬆散。

盤飾參考

小黃瓜切半圓片，紅辣椒切圓片，一起略汆燙後瀝乾，再戴手套或以乾淨筷子夾取，做全圍邊裝飾。

ⓒ 樹子炒高麗菜

材 料

高麗菜半斤　樹子2大匙
蒜頭2瓣

調味料

鹽1/8茶匙
樹子水（或水）2大匙

做 法

1. 高麗菜切除硬梗，鬆開葉片洗淨，切成4公分片狀，汆燙後沖冷水瀝乾備用。
2. 蒜頭去膜切薄片。
3. 起油鍋，加2大匙油燒熱，爆香蒜片，再放入樹子、高麗菜和調味料炒熟，即可盛盤。

烹飪技巧

• 樹子又稱為破布子，早期台灣婦女多自行醃製，作為醬菜或是調味品；破布子有餅狀和顆粒狀兩種醃漬方法，餅狀的口味較鹹，顆粒狀的較甘甜。
• 因為樹子已有鹹味，所以需降低鹽的用量。

評分標準

1. 刀工形狀不拘。
2. 以炒的方式烹調。

302-E

芝麻三絲四季豆 涼拌

材 料

四季豆半斤　洋蔥1/2個
紅蘿蔔1/4支　木耳1朵
芝麻1大匙　蒜頭2瓣

調味料

鹽1/2茶匙　醋1茶匙
香油1大匙　水1大匙

做 法

1. 四季豆撕去老纖維，切成5公分斜段（斜刀一點較細長）。
2. 蒜頭切末備用。
3. 洋蔥、紅蘿蔔、木耳切細絲，入滾水燙熟後，以礦泉水沖涼，放入大瓷碗備用。
4. 調味料煮開後放涼備用。
5. 將四季豆燙熟撈起，用礦泉水沖涼瀝乾，也放入大瓷碗中，加入蒜末及調味料拌勻後盛入平盤。
6. 芝麻用乾鍋炒香，撒在拌勻的四季豆上即可。

烹飪技巧

• 撒芝麻時，不可用手抓，必須用鏟子或其他用具。
• 三絲要選用三種對比顏色的蔬菜來搭配，如香菇和木耳都是黑色，比較不宜同時使用。

盤飾參考

紅辣椒切斜片，略為汆燙瀝乾待涼，再戴手套或以乾淨筷子夾取整齊做全圍裝飾。

評分標準

1. 刀工為絲狀，四季豆刀工可為長段、斜段或絲狀。
2. 選用三種或三種以上食材搭配四季豆。
3. 芝麻需洗去雜塵後炒熟具香味。
4. 四季豆需殺菁、無菁味。

炒 蘿蔔乾雞粒炒飯

材　料

米1.5杯　雞胸肉1/2副
蘿蔔乾1兩　西生菜3兩
紅蘿蔔1/4支　蛋2個
蔥1支

醃　料

鹽1/4茶匙
太白粉1/2大匙　香油少許

調味料

鹽1/2茶匙　胡椒粉少許

135

做　法

1. 米洗淨瀝乾,放入電鍋內鍋中加1杯半的水及1茶匙沙拉油,移入電鍋內煮成白米飯,再燜10分鐘後取出飯拌鬆放冷。

2. 西生菜洗淨切成指甲片;蔥切蔥花;蘿蔔乾泡水去掉鹽分後切碎;紅蘿蔔切末。

3. 雞胸肉切小粒,拌入醃料略醃後過油。

4. 起油鍋,放1大匙油,放入蔥花、蘿蔔乾碎及紅蘿蔔末炒香,倒入蛋液,再將白飯置於蛋液之上用鍋鏟略壓。趁蛋汁未完全凝固,以鍋鏟迅速拌勻,使蛋汁成小碎狀。

5. 加入雞粒、蔥花、西生菜及調味料拌炒均勻,即可盛盤。

烹飪技巧

- 要先炒乾蘿蔔乾的水分,再加入其他材料同炒,如此蘿蔔乾才會散發出香味。
- 炒飯時不可開太大火,以免燒焦黏鍋底。
- 炒飯時不可用力壓,以鍋鏟翻鬆飯粒即可。

評分標準

1. 蘿蔔乾、雞肉切粒狀。
2. 蘿蔔乾需洗過。
3. 炒飯的色澤、調味應力求一致均勻。米飯乾爽,粒粒分明。
4. 煮飯方式需用電鍋製備。

303 菜單組合

在「303」這一大類組中，計有A、B、C、D、E五小組試題，每一小組均有六道菜。在這一大類組中，主要是檢定考生對「鱸魚」、「雞胸肉」、「絲瓜」、「白果」、「豆芽菜」、「米粉」的認識、處理及烹調技能。

主材料 組別	鱸魚	雞胸肉	絲瓜	白果	豆芽菜	米粉
A組	蒜味蒸魚	三色炒雞絲	麵托絲瓜條	椒鹽白果雞丁	豆乾涼拌豆芽	蘿蔔絲蝦米炒米粉
B組	香菜魚塊湯	炒咕咾雞脯	蜊肉燴絲瓜	白果炒肉丁	雙鮮涼拌豆芽	香菇蛋皮炒米粉
C組	乾煎鱸魚	青椒炒雞柳	蝦皮薑絲絲瓜湯	白果炒花枝捲	韭菜涼拌豆芽	三絲炒咖哩米粉
D組	新吉士鱸魚	煎黑胡椒雞脯	肉片燴絲瓜	白果炒蝦仁	三絲涼拌豆芽	素料炒米粉
E組	椒鹽鱸魚塊	西芹炒雞片	香菇燴絲瓜	白果涼拌枸杞	豆包炒豆芽	三絲米粉湯

注意事項

1.各菜餚均為六人份，「鱸魚」類如「香菜魚塊湯」香菜為芫荽，魚塊需為六塊；「椒鹽鱸魚塊」亦需為六塊，「新吉士鱸魚」為鱸魚炸後，加入果肉及果汁燒煮而成，新吉士即為香吉士。

2.「椒鹽白果雞丁」雞丁需先行醃過再與白果同沾乾粉，炸至酥脆，炒香蔥、蒜、辣椒，再撒上椒鹽拌炒即成；「炒咕咾雞脯」之調味為茄汁糖醋味。

3.「白果涼拌枸杞」、「豆乾涼拌豆芽」、「雙鮮涼拌豆芽」、「韭菜涼拌豆芽」、「三絲涼拌豆芽」等之烹調法為蔬菜類涼拌。

4.「麵托絲瓜條」為絲瓜條去子後，上乾粉再裹麵糊炸之。

5.菜餚名稱為三絲、三色等均需材料配色鮮明、對比。

303 考場提供材料表

組別	A組	B組	C組	D組	E組
菜餚	蒜味蒸魚	香菜魚塊湯	乾煎鱸魚	新吉士鱸魚	椒鹽鱸魚塊
	三色炒雞絲	炒咕咾雞脯	青椒炒雞柳	煎黑胡椒雞脯	西芹炒雞片
	麵托絲瓜條	蜊肉燴絲瓜	蝦皮薑絲絲瓜湯	肉片燴絲瓜	香菇燴絲瓜
	椒鹽白果雞丁	白果炒肉丁	白果炒花枝捲	白果炒蝦仁	白果涼拌枸杞
材料名稱	豆乾涼拌豆芽	雙鮮涼拌豆芽	韭菜涼拌豆芽	三絲涼拌豆芽	豆包炒豆芽
	蘿蔔絲蝦米炒米粉	香菇蛋皮炒米粉	三絲炒咖哩米粉	素料炒米粉	三絲米粉湯
1.鱸魚（10-12兩）	1條	1條	1條	1條	1條
2.蝦仁				6兩	
3.雞胸（小）	1副	1副	1副	1副	1副
4.豬肉	1兩	7兩	1兩	1兩	3兩
5.花枝			6兩		
6.蝦米	3大匙	2大匙	2大匙		
7.蝦皮			2大匙		
8.蛤蜊肉		2兩			
9.雞蛋		2個			
10.素肉				1兩	
11.豆包				1個	2個
12.豆乾	2片			2片	
13.絲瓜	1條	1條	1條	1條	1條
14.洋葱		1/4個		1/2個	
15.青椒	1/2個	1/2個	1個	1/4個	
16.紅椒	1/2個		1/2個		
17.西洋芹			1支	1支	2支
18.玉米筍					4-5支
19.小黃瓜		1條			1/2條
20.白蘿蔔	1/4個				
21.紅蘿蔔	1/2支	1支	1/3支	1/2支	1支
22.白果	2兩	2兩	2兩	1/4杯	6兩
23.綠豆芽	6兩	6兩	6兩	6兩	6兩
24.韭菜			1兩		2兩
25.香吉士				2個	
26.葱	3支	2支	3支	1支	1支
27.薑	1塊	2塊	2塊	1塊	1塊
28.紅辣椒	1支		1支		
29.米粉	半斤	半斤	半斤	半斤	2兩
30.香菇	3朵	3朵	2朵	2朵	10朵
31.草菇			6個		
32.木耳	1朵	1朵		1朵	
33.蒜頭	5瓣		1瓣	2瓣	2瓣
34.香菜		1支			
35.枸杞					1兩

303A 操作示範建議流程

菜名	本組材料	清洗流程

本組材料

試場不同，材料可能會有些許差異

米粉、香菇、豆乾、白果、蝦米、蔥、薑、蒜頭、木耳、辣椒、紅甜椒、西芹、豆芽、青椒、紅蘿蔔、絲瓜、豬瘦肉、雞胸肉、鱸魚

清洗流程

洗完食材分類擺放在配菜盤內

1. 清洗器具：洗瓷盤→配菜盤→鍋具→刀具→砧板→抹布。瓷碗、瓷盤置於碗架上自然風乾，疊放整齊。

2. 蒸籠裝水4分，炒菜鍋裝水6分備用。

3. 清洗食材：

   ❶ 洗乾貨類：洗米粉，泡水、瀝乾，剪短→洗香菇，泡軟→蝦米略洗，略泡

   ❷ 洗加工食品類：豆乾洗淨

   ❸ 洗蔬果類：洗蔥、薑、蒜、木耳、辣椒、紅甜椒、青椒、紅蘿蔔、豆芽、絲瓜；紅蘿蔔、絲瓜去皮→紅甜椒與青椒去蒂、去籽→豆芽摘去根部，用大量水沖洗後浸泡

   ❹ 洗豬瘦肉

   ❺ 洗雞胸肉

   ❻ 洗魚貝類：清洗鱸魚，刮除魚鱗，去鰓及內臟

蒜味蒸魚

三色炒雞絲

麵托絲瓜條

本組調味料

以符合題意為準，個人可彈性變化

太白粉、胡椒粉、麵粉、鹽、糖、酒、香油、醬油、醋

椒鹽白果雞丁

豆乾涼拌豆芽

蘿蔔絲蝦米炒米粉

切配流程	烹煮前處理
切完食材，依每道菜餚材料擺放在配菜盤內	1.醃：豬肉絲、雞肉絲、雞丁
1.乾貨類 香菇→切絲【蘿蔔絲蝦米炒米粉】	2.汆燙：豆芽、豆乾絲、蔥絲、絲瓜條、紅蘿蔔絲、白蘿蔔絲、青椒絲、紅甜椒絲、紅辣椒花
2.加工食品類 豆乾→切絲【豆乾涼拌豆芽】	3.過油：豬肉絲、雞肉絲
3.蔬果類	4.炸：雞丁、白果
❶蔥→切蔥花【椒鹽白果雞丁】	
→切段【蘿蔔絲蝦米炒米粉】	
❷薑→切片【蒜味蒸魚】	
→切絲【豆乾涼拌豆芽】	
❸紅辣椒→剪出花型泡水【椒鹽白果雞丁盤飾】	
→切末【椒鹽白果雞丁】	
→切圓片【麵托絲瓜條盤飾】	
❹蒜頭→切末【蒜味蒸魚、椒鹽白果雞丁】	

<table>
<tr><td>本組菜餚入鍋烹調之建議順序</td></tr>
</table>

切配流程	本組菜餚入鍋烹調之建議順序
❺青椒→切絲【三色炒雞絲】	蒜味蒸魚→豆乾涼拌豆芽（盤飾）→椒鹽白果雞丁（盤飾）→三色炒雞絲→蘿蔔絲蝦米炒米粉→麵托絲瓜條（盤飾）
→切半圓圈狀【麵托絲瓜條盤飾】	
❻紅蘿蔔→切絲【三色炒雞絲、蘿蔔絲蝦米炒米粉】	
→菱形片【豆乾涼拌豆芽盤飾】	
❼白蘿蔔→切絲【蘿蔔絲蝦米炒米粉】	
❽紅甜椒→切絲【三色炒雞絲】	
❾絲瓜→切長條【麵托絲瓜條】	
❿木耳→切絲【三色炒雞絲】	
⓫西芹→切薄片【椒鹽白果雞丁盤飾】	
4.豬瘦肉→切絲【蘿蔔絲蝦米炒米粉】	
5.雞胸肉→切絲【三色炒雞絲】	
→切丁【椒鹽白果雞丁】	

清潔動作之建議順序

清洗用具、工作檯、爐檯、水槽→器具歸位→關瓦斯→清潔地板→拖地→倒垃圾→請考場人員檢查場地→領回准考證→離開考場→換服裝

6.魚→在魚身兩面斜劃三刀【蒜味蒸魚】
7.開火燒開水。

303-A 蒜味蒸魚 蒸

材　料

鱸魚1條　蔥1支
蒜頭3瓣

醃　料

鹽1/4茶匙　酒1大匙

調味料

醬油1大匙　酒1/2大匙
香油少許　糖少許

做　法

1. 蔥切粒；蒜頭去膜切末。
2. 魚刮除魚鱗，去除內臟與鰓，洗淨後在魚身兩面各斜劃兩刀，將醃料均勻抹在魚身。
3. 蒜末與調味料拌勻淋於魚身。
4. 將處理好的魚放入蒸籠，以大火蒸約10～15分鐘後，掀開鍋蓋，將蔥花鋪在魚身上，再蒸1分鐘即可上菜。

烹飪技巧

• 可用香菜取代蔥。
• 魚可先汆燙後再蒸，因為去血水後，蒸出的湯汁較清澈。
• 蔥需蒸熟，不可為生蔥。

評分標準

1. 蒜的刀工不拘。
2. 以蒸的方式烹調。

炒 三色炒雞絲

材料
雞胸肉1/2副　青椒1/2個
紅椒1/2個　木耳1朵

醃料
鹽1/4茶匙　酒1/2茶匙
胡椒粉1/4茶匙
太白粉1/2茶匙
沙拉油1茶匙

調味料
鹽1/2茶匙　水1茶匙
香油少許

做法
1. 青椒與紅椒皆去籽切成絲，木耳也切成絲，一起燙熟後用冷水沖涼備用。
2. 雞胸肉去骨後順紋切絲，與醃料拌勻後放入溫油中過油，撈起瀝乾油分。
3. 起油鍋，加1大匙油燒熱，放入木耳絲、青椒絲、紅椒絲、雞絲與調味料拌炒均勻，即可盛盤。

烹飪技巧
- 若考場沒有所列食材，可以用其他別種顏色的蔬菜絲取代，如香菇、紅蘿蔔、黃椒、小黃瓜等，視情況而定。
- 選用青、黃、紅椒絲，必須切直，遇見彎曲內膜處，則應用刀片平後再切。

評分標準
1. 三色宜選用三種或三種以上顏色不同食材，搭配成色彩分明。
2. 三色刀工亦應為絲狀。
3. 以炒的方式烹調。

303-A

麵托絲瓜條 炸

材 料
絲瓜1條

麵 糊
麵粉1杯　鹽1/2茶匙
太白粉1大匙
沙拉油1茶匙　水3/4杯

沾 料
胡椒粉1大匙　鹽1/2茶匙

做 法
1. 絲瓜去皮,切成2公分寬,去籽後再切成5公分長段備用。
2. 將麵糊在大碗中調勻備用。
3. 將條狀絲瓜段分別沾裹麵糊,放入炸油鍋中,炸至酥脆且呈金黃色後,再撈出瀝乾油分,即可盛盤。
4. 將沾料置於乾鍋中炒香後,盛於小瓷碟中,放於平盤邊。

烹飪技巧
- 絲瓜的每一面都要沾勻麵糊,否則絲瓜的水分易進入炸油中,引起油爆的現象。
- 麵糊的稠度必須調好,若麵糊裹不上絲瓜條,表示麵糊太稀,需再加麵粉;若絲瓜條上的麵糊太厚,則可加少許水調稀,重裹後再炸。
- 麵糊調好後,靜置一會兒,待鬆弛之後再炸,外皮會比較酥脆。
- 絲瓜炸好放置一段時間後會有出水現象,現炸的外觀最好,所以留到最後再出菜比較理想。

盤飾參考
青椒切成半圓圈,紅辣椒切片,略為汆燙瀝乾,以乾淨筷子夾取做對稱局部點綴。

評分標準
1. 刀工為切成條。
2. 裹麵糊炸之。

㊙ 椒鹽白果雞丁

材 料
雞胸肉1/2副　白果2兩
蔥1支　蒜頭2瓣
紅辣椒1支

醃 料
鹽1/2茶匙
太白粉1/2大匙　香油少許

粉 料
太白粉4大匙　麵粉1/2杯

調味料
鹽1/4茶匙　胡椒粉1茶匙

做 法
1. 蔥切成蔥花；大蒜去膜切末；紅辣椒切末備用。
2. 雞胸肉切成與白果體積大小相似之丁狀，拌入醃料攪勻。
3. 將雞丁與白果一同沾裹已調勻之粉料，放入炸油鍋中炸至酥脆，撈起瀝乾油分。
4. 鍋燒熱，不加油，直接放入雞丁、白果、蔥、辣椒與大蒜炒香，並加入調味料拌勻，即可盛盤。

烹飪技巧
• 白果若太乾則沾粉不易，可以噴水再沾，或加一個蛋黃混勻後再沾。

盤飾參考
西芹切薄片；紅辣椒1支，切去前半部留下蒂頭部分，用剪刀剪出花瓣，留下辣椒籽中心當花蕊，浸水泡開後，與西芹片一起略為汆燙瀝乾，以乾淨筷子夾取做單一局部點綴。

評分標準
1. 雞胸需去骨、切丁、醃過。
2. 雞丁與白果沾乾粉炸至酥脆。
3. 炒香蔥、蒜、辣椒再灑上椒鹽拌炒。

豆乾涼拌豆芽 涼拌

材 料

豆芽6兩　豆乾2片
紅蘿蔔1/4支　薑1塊

調味料

鹽1/2茶匙　香油1/2大匙
糖1/4茶匙　醋1/2茶匙
水1大匙

豆芽需摘除根部。

做 法

1. 豆芽摘去根部沖洗後，放入滾水中燙熟，泡在大瓷碗內的礦泉水中。
2. 豆乾平切後再切絲；紅蘿蔔切絲；分別燙熟，再以礦泉水泡涼備用。
3. 薑切絲，與調味料放入鍋中煮開後熄火放涼。
4. 將所有材料皆濾乾水分，與調味料在瓷碗中拌勻，即可盛入平盤。

烹飪技巧

• 豆芽等食材燙完如同熟食處理，要小心以免產生污染，與調味料拌勻時必須放置於熟食瓷盤或瓷碗處理，不可放在鋼盤或鋼碗中，要小心注意！

• 豆芽汆燙時可在水中添加醋，看起來較白。

• 豆芽因加工添加物問題，因此烹調前最好要用大量清水沖洗、浸泡，經汆燙後再使用。

盤飾參考

紅蘿蔔切菱形片，略為汆燙瀝乾，以乾淨筷子夾取做全圍裝飾。

評分標準

1. 為蔬菜類的涼拌菜。
2. 豆干與豆芽皆需汆燙。
3. 調味與配料皆可自由搭配。

144

蘿蔔絲蝦米炒米粉

炒

材 料

米粉半斤　白蘿蔔1/4個
紅蘿蔔1/4支　蝦米3大匙
瘦肉1兩　香菇3朵
蔥1支

醃 料

醬油少許
太白粉1/2茶匙

調味料

醬油1/4茶匙　水1杯
鹽1茶匙
白胡椒粉1茶匙
香油1/2茶匙

145

做 法

1. 將米粉泡入冷水中，待其泡軟後，即可撈起瀝乾水分，並用剪刀將米粉剪成三段，並用開水燙熟備用。

2. 香菇泡軟後去蒂頭切絲；蝦米泡水後瀝乾。

3. 紅蘿蔔及白蘿蔔切絲汆燙後瀝乾；蔥切段備用。

4. 肉切絲，與醃料拌勻後過油備用。

5. 起油鍋，加3大匙油，先放入蔥白段與蝦米爆香，再放入香菇絲續炒，待香味傳出後，加入調味料與米粉、肉絲、紅蘿蔔絲、白蘿蔔絲、蔥綠段，以筷子與鍋鏟共同拌炒均勻，即

可盛盤。

烹飪技巧

• 拌炒米粉時，火勿開得太大，以免焦底。

• 米粉很會吸水，若經炒乾應再酌量添加水分，如此才炒得透。

• 炒米粉比平常炒菜需要更多油量。

評分標準

1. 白蘿蔔刀工為絲狀，其他配料的刀工需力求一致。

2. 配料可自由搭配。

3. 炒好的米粉絲具有彈性，不可過硬或過軟，亦不可連粘或碎爛。

4. 炒米粉的顏色需力求均勻一致。

303B 操作示範建議流程

菜名	本組材料	清洗流程

香菜魚塊湯

炒咕咾雞脯

蜊肉燴絲瓜

白果炒肉丁

雙鮮涼拌豆芽

香菇蛋皮炒米粉

本組材料

試場不同，材料可能會有些許差異

米粉、香菇、白果、蔥、薑、香菜、木耳、豆芽、小黃瓜、紅蘿蔔、洋蔥、青椒、絲瓜、豬瘦肉、雞胸肉、雞蛋、鱸魚、蛤蜊、蝦米

本組調味料

以符合題意為準，個人可彈性變化

番茄醬、太白粉、胡椒粉、麵粉、鹽、糖、白醋、酒、香油、沙拉油

清洗流程

洗完食材分類擺放在配菜盤內

1. 清洗器具：洗瓷盤→配菜盤→鍋具→刀具→砧板→抹布。瓷碗、瓷盤置於碗架上自然風乾，疊放整齊。
2. 蒸籠裝水4分，炒菜鍋裝水6分備用。
3. 清洗食材：
   ❶ 洗乾貨類：洗米粉，泡水，瀝乾，剪短→洗香菇，泡軟→洗蝦米
   ❷ 洗加工食品類：白果略洗
   ❸ 洗蔬果類：洗蔥、薑、香菜、木耳、小黃瓜、紅蘿蔔、青椒、洋蔥、豆芽、絲瓜→紅蘿蔔、洋蔥、絲瓜去皮→豆芽摘去根部，用大量水沖洗且浸泡→青椒去蒂頭、去籽
   ❹ 洗豬瘦肉
   ❺ 洗雞胸肉
   ❻ 洗淨雞蛋外殼
   ❼ 洗魚貝類：洗鱸魚，刮除魚鱗，去鰓及內臟→洗蛤蜊

切配流程	烹煮前處理
切完食材，依每道菜餚材料擺放在配菜盤內	1.醃：豬肉絲、豬肉丁、雞肉塊
1.乾貨類：香菇→切絲【香菇蛋皮炒米粉】	2.汆燙：豆芽、白果、香菜小段、紅蘿蔔絲與
2.蔬果類	菱形片、青椒菱形片、小黃瓜丁
❶蔥→切段【香菇蛋皮炒米粉】	3.過油：豬肉絲、豬肉丁
❷薑→切菱形片【雙鮮涼拌豆芽】	4.炸：絲瓜條、雞片
→切薑絲【香菜魚塊湯、蜊肉燴絲瓜】	5.煎：蛋皮
❸木耳→切絲【雙鮮涼拌豆芽】	
❹香菜→切小段【香菜魚塊湯】	
❺青椒→切菱形片【炒咕咾雞脯】	
→切薄圈狀【炒咕咾雞脯盤飾】	
❻紅蘿蔔→切絲【香菇蛋皮炒米粉】	
→切菱形片【炒咕咾雞脯】	**本組菜餚入鍋烹調之建議順序**
→切丁【白果炒肉丁】	香菜魚塊湯→雙鮮涼拌豆芽（盤飾）→香菇蛋
→切絲【雙鮮涼拌豆芽】	皮炒米粉→白果炒肉丁（盤飾）→炒咕咾雞脯
→切半圓片【雙鮮涼拌豆芽盤飾】	（盤飾）→蜊肉燴絲瓜
❼洋蔥→切菱形片【炒咕咾雞脯】	
❽小黃瓜→切丁【白果炒肉丁】	
→切半圓片【白果炒肉丁盤飾】	
❾絲瓜→切長條【蜊肉燴絲瓜】	
❿紅辣椒→切小圓片【炒咕咾雞脯盤飾】	
3.豬瘦肉→切絲【香菇蛋皮炒米粉】	
→切丁【白果炒肉丁】	
4.雞胸肉→切厚片【炒咕咾雞脯】	
5.蛋→打開→檢查→集中於容器內打散【香菇	
蛋皮炒米粉】	**清潔動作之建議順序**
6.魚→切塊【香菜魚塊湯】	清洗用具、工作檯、爐檯、水槽→器具歸位→
7.開火燒開水。	關瓦斯→清潔地板→拖地→倒垃圾→請考場人
	員檢查場地→領回准考證→離開考場→換服裝

303-B

香菜魚塊湯 煮

材　料

鱸魚1條　香菜1支
薑2片

調味料

鹽1茶匙　酒1/2大匙

做　法

1. 香菜切小段；薑切薑絲備用。
2. 魚刮除魚鱗，去除內臟與鰓，洗淨後片下魚肉兩片，切成6塊（頭尾不算）備用。
3. 將一鍋水煮開，放入魚塊，並加入薑絲及調味料，改成小火煮熟。
4. 起鍋前將香菜加入略煮，即可起鍋。

烹飪技巧

- 若要湯汁清澈不混濁，可將魚塊快速汆燙後再煮。
- 煮魚塊不宜開大火煮滾，否則肉易碎不成形。
- 不可以盛入湯碗後才撒上生香菜。
- 此道菜的刀工亦可將魚身橫切成6圓塊，再加上頭尾一起烹煮。

評分標準

1. 魚需切成塊（六塊份量）。
2. 以湯的方式供應。
3. 香菜為芫荽，洗淨後才可調理。
4. 湯汁應清澈。

炒 炒咕咾雞脯

材　料

雞胸肉1副　洋蔥1/4個
青椒1/2個　紅蘿蔔1/4支

醃　料

鹽1/2茶匙
胡椒粉1/4茶匙
太白粉1/2茶匙　蛋黃1個

粉　料

太白粉4大匙　麵粉1/4杯

調味料

番茄醬3大匙　白醋3大匙
鹽1/4茶匙　糖3大匙
水3大匙　芡水適量

做　法

1. 洋蔥、紅蘿蔔、青椒均切成2公分大小之菱形片。
2. 將紅蘿蔔片與青椒片燙熟後取出瀝乾，青椒需再用冷水沖涼備用。
3. 雞胸肉去骨後切3公分厚片，與醃料拌勻，並沾裹已調勻之粉料後，放入炸油鍋中炸至呈金黃色。
4. 起油鍋，加1大匙油燒熱，先爆香洋蔥片，再加調味汁煮開勾薄芡，最後加入紅蘿蔔片、青椒片與雞胸肉一起炒勻，即可盛盤。

烹飪技巧

• 雞塊可以在沾過粉料後，過10分鐘後再沾一次，這樣裹粉較厚，炸起來比較酥脆。

盤飾參考

青椒切成薄圈狀後去籽，紅辣椒切小圓片，略汆燙瀝乾放涼，戴手套或以乾淨的筷子夾取，整齊做三頂點局部點綴。

評分標準

1. 雞脯為雞胸肉，刀工不拘，但與配料刀工應求近似。
2. 咕咾調味為茄汁糖醋味，醃後炒之。

303-B

蜊肉燴絲瓜 燴

材　料

絲瓜1條　蛤蜊肉2兩
薑1塊

調味料

鹽1/2茶匙　酒1茶匙
水1/2杯　香油1茶匙

芡　水

太白粉1大匙　水2大匙

做　法

1. 絲瓜去皮，切成長條狀，去除含籽部分，再切成5公分長段，汆燙至熟後，撈起沖涼瀝乾備用。
2. 薑切菱形片備用。
3. 將調味料煮滾後，加入絲瓜、蛤蜊肉與薑絲煮滾後勾薄芡，即可盛入盤中，用筷子將絲瓜排成放射狀，再將蛤蜊肉置於中心處即可。

烹飪技巧

- 若考場給的材料是連殼蛤蜊，則將蛤蜊洗淨放入滾水中煮至殼打開後，挑出蛤蜊肉使用。
- 蛤蜊肉千萬不要煮得太久，否則會縮得極小。
- 若不呈放射狀排列上菜，也可在燴炒後，將蜊肉與絲瓜一同盛盤，但要整理整齊清爽再上菜。

評分標準

1. 以燴的方式烹調。
2. 刀工不拘。

白果炒肉丁 炒

材　料

豬肉6兩　白果2兩
小黃瓜1條　紅蘿蔔1/4支
蔥1支

醃　料

醬油少許　太白粉1/2大匙
沙拉油1大匙

調味料

鹽1/2茶匙　水少許
香油1/2茶匙

做　法

1. 小黃瓜與紅蘿蔔皆切正方丁；
   蔥切蔥花。
2. 將小黃瓜丁、紅蘿蔔丁與白果
   分別放入滾水中汆燙後，撈出
   瀝乾。
3. 豬肉切成與白果體積大小相似
   之丁狀，拌入醃料攪勻，過油
   後撈出瀝乾。
4. 起油鍋，加油1大匙燒熱，爆
   香蔥花，再加入肉丁、白果、
   小黃瓜丁、紅蘿蔔丁與調味料
   拌炒均勻，即可盛盤。

烹飪技巧

- 小黃瓜汆燙時間勿太久，否則容易
  變色。
- 小黃瓜亦可用西芹或青椒取代。
- 配料的分量不宜多過白果及肉丁。

盤飾參考

小黃瓜切半圓片，略汆燙瀝乾放
涼，戴手套或以乾淨筷子夾取整齊
做全圍裝飾。

評分標準

1. 肉切丁。
2. 以炒的方式烹調。

303-B 雙鮮涼拌豆芽 涼拌

材 料

豆芽6兩　木耳1朵
紅蘿蔔1小塊　薑1塊

調味料

鹽1/2茶匙　香油1/2大匙
白醋1/2茶匙　水1大匙

152

做 法

1. 豆芽摘去根部，用大量清水沖洗乾淨；薑切絲備用。
2. 木耳、紅蘿蔔洗淨切絲，與薑絲和豆芽放入滾水中燙熟取出，泡在大瓷碗內的礦泉水中待涼備用。
3. 調味料放入鍋中煮開後熄火，放涼才可與材料拌勻。
4. 所有材料濾乾水分，與調味料在瓷碗中以乾淨筷子拌勻，移入平盤即可。

烹飪技巧

• 所有燙好的材料皆放於瓷碗中，以免產生交叉污染。
• 此「雙鮮」乃指兩種新鮮蔬菜類。

盤飾參考

紅蘿蔔切半圓片，略汆燙瀝乾放涼，戴手套或以乾淨筷子夾取整齊做對稱局部點綴。

評分標準

1. 為蔬菜類的涼拌菜。

⒄ 香菇蛋皮炒米粉

材　料

米粉半斤　香菇3朵
蛋2個　蔥1支
紅蘿蔔1/4支　蝦米2大匙
豬肉1兩

調味料

醬油1/4茶匙　水1杯
鹽1茶匙
白胡椒粉1茶匙
香油1/2茶匙

做　法

1. 將米粉泡入冷水中，待其泡軟後，即可撈起瀝乾水分，並用剪刀將米粉剪成三段，並用開水燙熟備用。
2. 香菇泡軟去蒂頭切絲；蝦米洗淨；蔥切段備用。
3. 紅蘿蔔切絲汆燙後瀝乾；肉切成絲與醃料拌勻後，過油瀝乾備用。
4. 蛋依正確打蛋順序打成蛋液，在鍋中攤成蛋皮後切絲備用。
5. 起油鍋，加3大匙油熱鍋，先爆香蔥白段，再放入香菇絲與蝦米續炒，待香味散出後，加入調味料與米粉、蛋絲、肉絲、紅蘿蔔絲、蔥綠段，以筷子與鍋鏟共同拌炒均勻，即可盛盤。

烹飪技巧

• 攤蛋皮前，必須將蛋打散後過篩成蛋液，潤鍋（將鍋子燒熱重複抹油）後再將蛋液倒入，改小火，並晃 炒菜鍋使成為一圓片，待烘熟凝固後用鏟子馬上起鍋。

鍋子抹一層薄油燒熱，倒入蛋液並轉鍋子，使蛋液能均勻遍布成圓片狀。

以小火慢慢烘乾之後，再用鏟子取起切絲。

評分標準

1. 蛋打散均勻，並煎成蛋皮切絲。
2. 配料可斟酌添加。
3. 香菇需泡軟。
4. 炒好的米粉絲具有彈性，不宜過硬或過軟，亦不宜連粘或碎爛。
5. 炒米粉顏色力求均勻一致。

303C 操作示範建議流程

菜名	本組材料	清洗流程

本組材料

試場不同,材料可能會有些許差異

米粉、香菇、蝦皮、白果、草菇、蔥、薑、蒜頭、辣椒、青椒、紅甜椒、豆芽、韭菜、香吉士、紅蘿蔔、西洋芹、絲瓜、豬瘦肉、雞胸肉、鱸魚、花枝、蝦米

清洗流程

洗完食材分類擺放在配菜盤內

1. 清洗器具:洗瓷盤→配菜盤→鍋具→刀具→砧板→抹布。瓷碗、瓷盤置於碗架上自然風乾,疊放整齊。

2. 蒸籠裝水4分,炒菜鍋裝水6分備用。。

3. 清洗食材:

❶ 洗乾貨類:洗米粉,泡水,瀝乾,剪短→洗香菇,泡軟→洗蝦皮、蝦米

❷ 洗加工食品類:白果略洗

❸ 洗蔬果類:洗草菇、蔥、薑、蒜、辣椒、豆芽、韭菜、青椒、紅甜椒、紅蘿蔔、西洋芹、絲瓜→紅蘿蔔、絲瓜去皮→豆芽摘去根部,用大量水沖洗後浸泡→西洋芹撕去老纖維→青椒、紅甜椒去蒂頭、去籽

❹ 洗豬瘦肉

❺ 洗雞胸肉

❻ 洗魚貝類:洗鱸魚,刮除魚鱗,去鰓及內臟→洗花枝,剝外皮

本組調味料

以符合題意為準,個人可彈性變化

咖哩粉、胡椒粉、醋、太白粉、鹽、糖、酒、香油

乾煎鱸魚

青椒炒雞柳

蝦皮絲瓜薑絲湯

白果炒花枝捲

韭菜涼拌豆芽

三絲炒咖哩米粉

切配流程	烹煮前處理

切完食材，依每道菜餚材料擺放在配菜盤內

1. 乾貨類　香菇→切絲【三絲炒咖哩米粉】
2. 蔬果類
   ❶ 香吉士→切片【乾煎鱸魚盤飾】
   ❷ 蔥→切段【三絲炒咖哩米粉、乾煎鱸魚】
   ❸ 薑→切絲【蝦皮絲瓜薑絲湯】
   　　　→切片【乾煎鱸魚】
   ❹ 蒜頭→切蒜末【韭菜涼拌豆芽】
   ❺ 辣椒→剪出花型泡水【韭菜涼拌豆芽盤飾】
   　　　→切菱形片【白果炒花枝捲】
   ❻ 青椒→切絲【青椒炒雞柳】
   ❼ 紅甜椒→切絲【青椒炒雞柳】
   　　　→切菱形片【青椒炒雞柳盤飾】
   ❽ 紅蘿蔔→切絲【三絲炒咖哩米粉】
   　　　→切半圓片【韭菜涼拌豆芽盤飾】
   ❾ 韭菜→切段【韭菜涼拌豆芽】
   ❿ 草菇→對半切【白果炒花枝捲】
   ⓫ 絲瓜→切1/4圓片【蝦皮絲瓜薑絲湯】
   ⓬ 西洋芹→切菱形片【白果炒花枝捲】
3. 豬瘦肉→切絲【三絲炒咖哩米粉】
4. 雞胸肉→切長條【青椒炒雞柳】
5. 魚→在魚身兩面切交叉刀紋【乾煎鱸魚】
6. 花枝→內面切交叉刀紋→切塊【白果炒花枝捲】
7. 開火燒開水。

1. 醃：鱸魚、豬肉絲、雞柳
2. 汆燙：豆芽、韭菜、白果、紅蘿蔔絲、青椒絲、紅椒絲、草菇、西洋芹片、辣椒花與菱形片、花枝
3. 過油：豬肉絲、雞柳

本組菜餚入鍋烹調之建議順序

乾煎鱸魚（盤飾）→韭菜涼拌豆芽（盤飾）→青椒炒雞柳（盤飾）→白果炒花枝捲→三絲炒咖哩米粉→蝦皮絲瓜薑絲湯

清潔動作之建議順序

清洗用具、工作檯、爐檯、水槽→器具歸位→關瓦斯→清潔地板→拖地→倒垃圾→請考場人員檢查場地→領回准考證→離開考場→換服裝

155

乾煎鱸魚 煎

材料

鱸魚1條　蔥1支　薑2片

醃料

鹽1/4茶匙　酒1大匙

做法

1. 蔥切段拍鬆，與薑片、醃料拌勻備用。
2. 魚刮除魚鱗，去除內臟與鰓，洗淨後在魚身兩面各斜劃交叉刀紋，將醃料均勻抹在魚身。
3. 魚身拭乾水分。起油鍋，放4大匙油燒熱，並搖動鍋身使油能遍布鍋面潤鍋，抓住魚尾由鍋緣滑入鍋中，以大火煎皮後，改小火煎熟，前3分鐘不要鏟動魚身以免破皮。
4. 小心將魚翻面，並將兩面煎黃，用筷子探測中心厚肉處是否有煎熟，煎熟後鏟起瀝乾油分，即可盛盤。

烹飪技巧

- 煎魚前一定要將魚身上的水分充分拭乾，以免煎時產生油爆現象，若油爆很嚴重，可將火關小、蓋上鍋蓋煎。
- 乾煎魚不沾粉較正確，但沾粉也不算錯，對初學者來說，魚身上沾粉可以比較不易破皮，但沾粉卻不宜太厚。
- 在魚身劃交叉刀紋，魚中心比較容易熟。
- 煎魚魚皮破損率不得超過10%，否則不及格。

盤飾參考

香吉士對切後再切片，圍在魚兩邊的盤緣上。

評分標準

1. 以乾煎的方式烹調。
2. 煎魚時脫皮最多允許1/10 的表面。
3. 魚為全魚，宜保持外型完整。

炒 青椒炒雞柳

材　料
雞胸肉1副　青椒1個
紅椒1/2個

醃　料
鹽1/4茶匙　酒1/2茶匙
胡椒粉1/4茶匙
太白粉1/2茶匙
沙拉油1大匙

調味料
鹽1/4茶匙　水1大匙
香油少許

做　法
1. 青椒、紅椒去籽切成絲，入滾水燙熟後撈出瀝乾。
2. 雞胸肉去骨後順紋切條狀，與醃料拌勻後放入溫油中過油至熟（色變白，有彈性），撈起瀝乾油分。
3. 重新起油鍋，放1大匙油燒熱，將青椒、紅椒、雞柳與調味料一起加入拌炒均勻，即可盛盤。

烹飪技巧
• 柳的刀工比絲略粗，所以要切得稍微粗一些。

盤飾參考
紅椒切菱形片，略汆燙瀝乾放涼，戴手套或以乾淨筷子夾取整齊做對稱局部點綴。

評分標準
1. 雞胸肉切成柳條狀。
2. 以炒的方式烹調。

303-C

蝦皮絲瓜薑絲湯

材 料

絲瓜1條　蝦皮2大匙
薑1塊

調味料

鹽1茶匙　酒1茶匙
水5杯　香油1茶匙

158

做 法

1.絲瓜削去皮後，切成1/4圓片
　備用。

2.蝦皮洗淨瀝乾；薑切絲備用。

3.將調味料煮滾，加入薑絲、絲
　瓜、蝦皮煮至絲瓜無白心，即
　可盛起上菜。

烹飪技巧

• 絲瓜可以先炒再煮，比較容易熟，
　但是湯較混濁。

評分標準

1.以蝦皮、薑絲、絲瓜為
　食材。

2.煮成湯的烹調方式。

炒 白果炒花枝捲

材　料

花枝6兩　白果2兩
西洋芹1支　紅辣椒1支
草菇6個　蔥1支
薑1小塊

調味料

鹽1/2茶匙　酒少許
香油1/2茶匙　水1大匙

做　法

1.草菇剝去外膜後對切燙熟；蔥切段；薑切片。
2.西洋芹、紅辣椒均切菱形片，再和白果一同入滾水氽燙瀝乾備用。
3.花枝去皮從內面切交叉刀紋，再切成4公分長、3公分寬之大小塊狀，氽燙至捲起備用。
4.起油鍋，加1大匙油燒熱，先爆香蔥、薑，撈除後，放入花枝、草菇、白果、西芹片、辣椒片與調味料大火拌炒均勻，即可盛盤。

烹飪技巧

• 此菜主要為白果與花枝，其他配菜僅供參考，要視考場當天配發材料而定。
• 花枝切紋要切在沒有皮的那一面，斜切紋要深但不可穿透，這樣氽燙後才會捲起。

西洋芹需撕去老纖維。

評分標準

1.花枝刀工需能捲起。
2.以炒的方式烹調。

303-C

韭菜涼拌豆芽 涼拌

材　料

豆芽6兩　韭菜1兩
紅蘿蔔1小塊　蒜頭1瓣

調味料

鹽1/2茶匙　香油1/2大匙
醋1/2茶匙　水1大匙

做　法

1. 豆芽摘去根部,用大量水沖洗
   乾淨;蒜頭去膜略拍切碎。
2. 韭菜洗淨切段,紅蘿蔔切絲,
   與豆芽放入滾水中燙熟,撈出
   泡在大瓷碗內的礦泉水中待涼
   備用。
3. 蒜末與調味料放入鍋中煮開後
   熄火放涼,才可與材料拌勻。
4. 所有材料濾乾水分,與調味料
   在瓷湯碗中拌勻,再移入平盤
   即可。

烹飪技巧

• 所有燙好的材料皆放於瓷碗或瓷盤
  中,以免產生交叉污染。

盤飾參考

紅蘿蔔切半圓片,略汆燙瀝乾放
涼,戴手套或以乾淨筷子夾取整齊
做三頂點局部點綴。

評分標準

1. 韭菜、豆芽需汆燙。
2. 為蔬菜類涼拌菜。

炒 三絲炒咖哩米粉

材 料
米粉半斤　香菇2朵
豬肉1兩　紅蘿蔔1/4支
蔥1支　蝦米2大匙

醃 料
醬油少許　太白粉1/2茶匙

調味料
咖哩粉1.5大匙　水1杯
鹽1茶匙　香油1/2茶匙
糖1/4茶匙

做 法
1. 將米粉泡入冷水中，待其泡軟後，即可撈起瀝乾水分並用剪刀將米粉剪成三段，並用開水燙熟備用。
2. 香菇泡軟去蒂頭切絲；蝦米泡水瀝乾；蔥切成蔥段；紅蘿蔔切絲汆燙後備用。
3. 肉切肉絲，與醃料拌勻過油後備用。
4. 起油鍋，加入3大匙油，先放蔥白段用小火爆香，再加入香菇、蝦米炒香，然後放入紅蘿蔔絲、肉絲與其他調味料，以及米粉、蔥綠段，以筷子與鍋鏟共同拌炒均勻，即可盛盤。

烹飪技巧
- 咖哩粉爆香時火力不宜太大，以免產生焦苦味。可調成1杯咖哩調味料，再加入同炒。
- 三絲宜選用顏色對比強烈之食材，可視考場配發之材料靈活運用。

評分標準
1. 選用三種或三種以上食材切成絲狀為主材料。
2. 具咖哩風味。
3. 炒好的米粉絲具有彈性，不可過硬或過軟，亦不可連粘或碎爛。
4. 炒米粉顏色力求均勻一致。

303D 操作示範建議流程

菜名	本組材料	清洗流程

本組材料

試場不同，材料可能會有些許差異

米粉、香菇、素肉、豆包、豆乾、白果、蔥、薑、辣椒、豆芽、小黃瓜、香吉士、紅蘿蔔、洋蔥、蒜頭、西洋芹、木耳、絲瓜、青椒、豬瘦肉、雞胸肉、鱸魚、蝦仁

本組調味料

以符合題意為準，個人可彈性變化

黑胡椒、太白粉、白胡椒粉、麵粉、鹽、糖、白醋、酒、香油、沙拉油、醬油

清洗流程

洗完食材分類擺放在配菜盤內

1. 清洗器具：洗瓷盤→配菜盤→鍋具→刀具→砧板→抹布。瓷碗、瓷盤置於碗架上自然風乾，疊放整齊。

2. 蒸籠裝水4分，炒菜鍋裝水6分備用。

3. 清洗食材：
   ❶ 洗乾貨類：洗米粉，泡水，瀝乾，剪短→洗香菇，泡軟
   ❷ 洗加工食品類：素肉、豆包、豆乾略洗→白果略洗
   ❸ 洗蔬果類：洗香吉士、蔥、薑、蒜頭、辣椒、洋蔥、豆芽、小黃瓜、紅蘿蔔、西洋芹、木耳、青椒、絲瓜→紅蘿蔔、絲瓜去皮→豆芽摘去根部，用大量水沖洗後浸泡→西洋芹撕去老纖維
   ❹ 洗豬瘦肉
   ❺ 洗雞胸肉
   ❻ 洗魚貝類：清洗鱸魚，刮除魚鱗，去鰓及內臟→洗蝦仁，去腸泥後洗淨去鰓及內臟

新吉士鱸魚

煎黑胡椒雞脯

肉片燴絲瓜

白果炒蝦仁

三絲涼拌豆芽

素料炒米粉

切配流程	烹煮前處理
切完食材，依每道菜餚材料擺放在配菜盤內 1.乾貨類 香菇→切絲【素料炒米粉】 2.加工食品類 　❶素肉→切絲【素料炒米粉】 　❷豆包→切絲【素料炒米粉】 　❸豆乾→切絲【素料炒米粉】 3.蔬果類 　❶香吉士→切片【新吉士鱸魚盤飾】 　　　　　→取肉切丁【新吉士鱸魚】 　　　　　→擠汁【新吉士鱸魚】 　❷蔥→切段【新吉士鱸魚、白果炒蝦仁】 　❸薑→切絲【肉片燴絲瓜】 　　　→切片【新吉士鱸魚、白果炒蝦仁】 　❹蒜頭→切薄片【白果炒蝦仁】 　　　　→切末【三絲涼拌豆芽】 　❺紅辣椒→切小圓片【煎黑胡椒雞脯盤飾、 　　　　　新吉士鱸魚盤飾】 　❻青椒→切菱形片【白果炒蝦仁、三絲涼拌 　　　　豆芽盤飾】 　❼洋蔥→切菱形片【白果炒蝦仁】 　❽木耳→切絲【三絲涼拌豆芽】 　❾紅蘿蔔→切絲【三絲涼拌豆芽、素料炒米 　　　　粉】 　　　　　→切菱形片【三絲涼拌豆芽盤飾】 　❿西洋芹→切絲【三絲涼拌豆芽】 　⓫小黃瓜→切片【煎黑胡椒雞脯盤飾】 　⓬絲瓜→切長條【肉片燴絲瓜】 4.豬瘦肉→切片【肉片燴絲瓜】 5.雞胸肉→切厚片【煎黑胡椒雞脯】 6.魚→在魚身上斜畫幾刀【新吉士鱸魚】 7.開火燒開水。	1.醃：豬肉片、雞脯、蝦仁 2.汆燙：絲瓜、豆芽、白果、木耳絲、紅蘿蔔、西洋芹絲、小黃瓜片、辣椒圓片、蝦仁 3.過油：豬肉片 4.炸：魚 **本組菜餚入鍋烹調之建議順序** 新吉士鱸魚（盤飾）→三絲涼拌豆芽（盤飾）→煎黑胡椒雞脯（盤飾）→白果炒蝦仁→肉片燴絲瓜→素料炒米粉 **清潔動作之建議順序** 清洗用具、工作檯、爐檯、水槽→器具歸位→關瓦斯→清潔地板→拖地→倒垃圾→請考場人員檢查場地→領回准考證→離開考場→換服裝

303-D

新吉士鱸魚 炸 淋

材 料

鱸魚1條　香吉士2個
蔥1支　薑2片

醃 料

鹽1/4茶匙　酒1大匙

粉 料

太白粉1/2大匙
麵粉1大匙

調味料

白醋1/2大匙　糖1大匙
水4大匙　芡水適量

香吉士小心切除外皮，切勿用力擠壓。

取下果肉。

做 法

1. 香吉士1個擠汁、另1個取出肉切成小丁，同時加入調味料調勻備用。
2. 魚刮除魚鱗，內臟與鰓去除乾淨，在魚背上斜劃幾刀，洗淨備用。
3. 蔥切段拍鬆，與薑片、醃料一起拌勻，均勻抹在魚身兩面。
4. 將魚拭乾水分，拍上混勻之粉料，放入炸油鍋中炸成金黃色，撈出瀝乾油分，盛入瓷腰盤中。
5. 將做法1之調味汁倒入鍋中煮滾，勾薄芡，淋上魚身後，即可盛盤上菜。

烹飪技巧

• 將整條魚炸熟，需保持外型完整，再淋上調味汁。
• 可於炸魚後，加入果汁及果肉同燒煮入味，或以淋汁方式上菜皆可。

盤飾參考

香吉士切半圓片；紅辣椒切小圓片，汆燙後戴手套或以乾淨筷子夾取，做對稱半圍邊裝飾。

評分標準

1. 新吉士為香吉士或柳丁。
2. 於炸後加入果汁及果肉燒煮入味或以淋汁方式均可。
3. 需有香吉士或柳丁的甜酸味。
4. 魚之外型宜完整。

煎 煎黑胡椒雞脯

材 料
雞胸肉1副

醃 料
鹽1/2茶匙　酒1/2茶匙
太白粉1大匙
黑胡椒1大匙
沙拉油1/2大匙

做 法
1.雞胸肉片成大小一致、厚薄均勻之6厚片,再與醃料拌勻後備用。
2.起油鍋,加入沙拉油,並將雞肉平放入鍋中,用小火將兩面煎熟,即可盛盤。

烹飪技巧
• 要注意雞肉中心處是否有煎熟。可用筷子插入中間,測試是否熟透。
• 煎時應注意鍋子不宜太熱而冒煙,否則黑胡椒會焦黑而不美觀。

盤飾參考
小黃瓜切斜片,辣椒切小圓片,汆燙後瀝乾,戴手套或以乾淨筷子夾取做全圍裝飾。

評分標準
1.雞脯為雞胸肉。
2.具黑胡椒風味。
3.以煎的方式烹調,刀工並未界定,但以中式烹調「煎」的定義,宜以大薄片為其刀工,惟此處不強制規定刀工。

303-D

肉片燴絲瓜  燴

材　料

絲瓜1條　豬肉1兩
薑1塊

醃　料

醬油少許　太白粉1茶匙

調味料

鹽1/2茶匙　水1/2杯
香油1茶匙

芡　水

太白粉1大匙　水2大匙

做　法

1. 絲瓜去皮，切成2公分寬長
條，去除含籽部分後，再切成
5公分長段，汆燙至熟後，撈
起沖涼瀝乾備用。
2. 薑切絲；豬肉切片與醃料拌勻
後，過油瀝乾備用。
3. 先將調味料煮滾，再加入絲
瓜、肉片與薑絲同炒均勻，勾
芡後即可盛盤。

烹飪技巧

• 豬肉片亦可用水汆燙處理。
• 豬肉片要愈薄愈好，不可切太厚變
成肉塊，否則不易熟透。

評分標準

1. 刀工為片形。
2. 以燴的方式烹調。

炒 白果炒蝦仁

材 料

蝦仁6兩　白果1/4杯
洋蔥1/2個　青椒1/4個
蒜頭1瓣

醃 料

鹽1/4茶匙

調味料

鹽1/4茶匙　酒1茶匙
香油1茶匙　水1大匙

做 法

1. 洋蔥去皮、青椒去籽後，同切菱形片或四方片；蒜頭去膜切薄片。
2. 蝦仁挑去腸泥，洗淨後瀝乾水分，再加入醃料抓醃後，燙熟備用。
3. 白果洗淨，以滾水汆燙後撈起瀝乾。
4. 起油鍋，先爆香蒜片，加入洋蔥片與青椒片同炒，再加入調味料及2大匙水拌炒，最後放入蝦仁與白果，略炒均勻，即可盛盤。

烹飪技巧

- 白果又稱為「銀杏」，色澤鮮黃，在中醫上有增強體力、祛虛補氣之功效。有罐裝與真空包裝，需先汆燙過再炒菜或作羹湯。
- 配料可依考場所發材料予以搭配，洋蔥、紅蘿蔔、青椒、小黃瓜等皆可考慮，但用量切記不可多於白果和蝦仁。
- 蝦仁的腸泥必須去除乾淨，否則容易被扣分。

評分標準

1. 蝦仁需去腸泥。
2. 以炒的方式烹調。

303-D

三絲涼拌豆芽 涼拌

材　料

綠豆芽6兩　紅蘿蔔1/4支
木耳1朵　西洋芹1支
蒜頭1瓣

調味料

鹽1/2茶匙　醋1茶匙
香油1/2大匙　水1大匙

做　法

1. 豆芽摘去根部，並用大量水沖洗乾淨；蒜頭去膜略拍切碎。
2. 西洋芹、紅蘿蔔、木耳均切細絲後，入滾水燙熟瀝乾，放入大瓷碗的礦泉水中。
3. 豆芽放入滾水中燙熟，撈出以礦泉水沖涼後，也放入大瓷碗中。
4. 蒜末與調味料放入鍋中煮開後熄火放涼，倒入瓷碗中與所有材料濾乾水分拌勻，再移入平瓷盤即可。

烹飪技巧

• 三色絲材料以當日考場分配之蔬菜類材料選用。

盤飾參考

紅蘿蔔與青椒皆切菱形片，略汆燙瀝乾後，戴手套或以乾淨筷子夾取作對稱局部點綴。

評分標準

1. 選用三種或三種以上食材切成絲狀。
2. 為蔬菜類涼拌菜。

炒 素料炒米粉

材　料

米粉半斤　香菇2朵
豆包1個　素肉1兩
豆乾2片　紅蘿蔔1/4支

調味料

醬油1/4大匙　水1杯
鹽1茶匙　白胡椒粉1茶匙
香油1/2茶匙

做　法

1. 將米粉泡入冷水中，待其泡軟後，即可撈起瀝乾水分，並用剪刀將米粉剪成三段，並用開水燙熟備用。
2. 香菇泡軟去蒂頭切絲；素肉與豆包、豆乾皆切絲備用。
3. 紅蘿蔔切絲，汆燙後撈出瀝乾備用。
4. 起油鍋，加3大匙油熱鍋，先爆香香菇絲，再加素肉絲、豆包絲、豆乾絲續炒，待香味傳出後，加入調味料與米粉、紅蘿蔔絲，以筷子與鍋鏟共同拌炒均勻，即可盛盤。

烹飪技巧

• 素料炒米粉千萬不可放蔥，否則不符題意，因為蔥屬葷菜。

評分標準

1. 選用素食材料為食材。
2. 炒好的米粉絲具有彈性，不可過硬或過軟，亦不可連粘或碎爛。
3. 炒米粉顏色力求均勻一致。

303E 操作示範建議流程

菜名	本組材料	清洗流程

本組材料

試場不同，材料可能會有些許差異

米粉、香菇、枸杞、豆包、白果、香吉士、蔥、薑、辣椒、豆芽、小黃瓜、玉米筍、紅蘿蔔、韭菜、蒜頭、西洋芹、絲瓜、豬後腿肉、雞胸肉、雞蛋、鱸魚

本組調味料

以符合題意為準，個人可彈性變化

太白粉、胡椒粉、麵粉、醬油、鹽、酒、香油

清洗流程

洗完食材分類擺放在配菜盤內

1. 清洗器具：洗瓷盤→配菜盤→鍋具→刀具→砧板→抹布。瓷碗、瓷盤置於碗架上自然風乾，疊放整齊。
2. 蒸籠裝水4分，炒菜鍋裝水6分備用。
3. 清洗食材：
   ❶ 洗乾貨類：洗米粉，泡水，瀝乾，剪短→洗香菇，泡軟→洗枸杞
   ❷ 洗加工食品類：豆包、白果略洗
   ❸ 洗蔬果類：洗香吉士、蔥、薑、辣椒、豆芽、小黃瓜、玉米筍、紅蘿蔔、西洋芹、絲瓜→紅蘿蔔、絲瓜去皮→豆芽摘去根部，用大量水清洗後浸泡→西洋芹撕去老纖維
   ❹ 洗豬瘦肉
   ❺ 洗雞胸肉
   ❻ 洗淨雞蛋外殼
   ❼ 洗魚貝類：清洗鱸魚，刮除魚鱗，去鰓及內臟

椒鹽鱸魚塊

西芹炒雞片

香菇燴絲瓜

白果涼拌枸杞

豆包炒豆芽

三絲米粉湯

切配流程	烹煮前處理

切完食材，依每道菜餚材料擺放在配菜盤內

1. 乾貨類　香菇→切絲【三絲米粉湯】
   　　　　　　　→切丁【白果涼拌枸杞】
2. 加工食品類　豆包→切絲【豆包炒豆芽】
3. 蔬果類
   ❶ 香吉士→切片【椒鹽鱸魚塊盤飾】
   ❷ 蔥→切段【椒鹽鱸魚塊、豆包炒豆芽、三絲米粉湯】
   ❸ 薑→切絲【香菇燴絲瓜】
   ❹ 蒜頭→切末【豆包炒豆芽】
   ❺ 紅辣椒→切小圓片【椒鹽鱸魚塊盤飾】
   ❻ 紅蘿蔔→切絲【三絲米粉湯】
   　　　　　　　→切菱形片【西芹炒雞片、豆包炒豆芽盤飾】
   ❼ 西洋芹→切斜片【西芹炒雞片】
   　　　　　　　→直切片【西芹炒雞片盤飾】
   ❽ 韭菜→切段【三絲米粉湯】
   ❾ 玉米筍→對切斜段【西芹炒雞片與盤飾】
   ❿ 小黃瓜→切丁【白果涼拌枸杞】
   ⓫ 絲瓜→切長段【香菇燴絲瓜】
4. 豬瘦肉→切絲【三絲米粉湯】
5. 雞胸肉→切片【西芹炒雞片】
6. 蛋→打開→檢查→集中於容器內打散【椒鹽鱸魚塊】
7. 魚→切魚塊【椒鹽鱸魚塊】
8. 開火燒開水。

烹煮前處理

1. 醃：豬肉絲、雞肉片、魚塊
2. 汆燙：豆芽、白果、絲瓜段、玉米筍、枸杞、薑片、西洋芹片、小黃瓜丁、紅蘿蔔片、辣椒小圓片與菱形片
3. 過油：雞肉片

本組菜餚入鍋烹調之建議順序

椒鹽鱸魚塊（盤飾）→白果涼拌枸杞→豆包炒豆芽（盤飾）→西芹炒雞片（盤飾）→香菇燴絲瓜→三絲米粉湯

清潔動作之建議順序

清洗用具、工作檯、爐檯、水槽→器具歸位→關瓦斯→清潔地板→拖地→倒垃圾→請考場人員檢查場地→領回准考證→離開考場→換服裝

303-E

椒鹽鱸魚塊 炸

材 料
鱸魚1條　蔥1支　薑1片

醃 料
鹽1/4茶匙　酒1大匙
蛋黃1個

粉 料
太白粉2大匙　麵粉4大匙

沾 料
胡椒粉2茶匙　鹽1茶匙

做 法
1. 魚刮除魚鱗，去除內臟與鰓，洗淨後切下頭尾，並去骨片切成6塊備用。
2. 蔥切段拍鬆，與薑片、醃料、魚塊一起拌勻。
3. 將魚塊拭乾水分，沾裹上已混勻的粉料，放入炸油鍋中炸成金黃色且酥脆，撈出瀝乾油分後盛於瓷盤上。
4. 將沾料調勻，放入乾鍋中略為拌炒，加入魚塊拌勻後，即可排盤。

烹飪技巧
• 此菜名為椒鹽鱸魚塊，所以一定要附上椒鹽或與椒鹽同炒調味上菜。

盤飾參考
香吉士平切片後，再切成1/4圓片；辣椒切小圓片，汆燙瀝乾後，戴手套或以乾淨筷子夾取作對稱局部點綴。

評分標準
1. 符合六人食用原則，切成六塊，醃後炸之。
2. 沾或不沾乾粉皆可。
3. 具椒鹽味。

(炒) 西芹炒雞片

材　料

雞胸肉1副　西洋芹2支
紅蘿蔔1/2支
玉米筍4～5支

醃　料

鹽1/2茶匙　酒1/2茶匙
胡椒粉1/4茶匙
太白粉1/2茶匙

調味料

鹽1/4茶匙　水1茶匙
香油少許

做　法

1. 西洋芹撕去老纖維，切0.5公分厚之菱形片或斜片，汆燙後撈出瀝乾。
2. 紅蘿蔔切菱形片燙熟；玉米筍先對剖再切斜段，汆燙瀝乾後備用。
3. 雞胸肉去骨後切薄片並與醃料拌勻，放入溫油中過油後，撈出瀝乾油分。
4. 起油鍋，加1大匙油燒熱，放入紅蘿蔔片、玉米筍片、西洋芹片、雞片及調味料拌炒均勻，即可盛盤。

烹飪技巧

• 雞肉極軟不易片薄，刀子需磨利後再切會比較容易。

盤飾參考

西洋芹切成0.5公分片，玉米筍修短後直對切，略汆燙瀝乾後，戴手套或以乾淨筷子夾取，將西洋芹對稱半圍邊，玉米筍交叉作對稱局部點綴。

西洋芹須撕去老纖維。

評分標準

1. 食材切成片狀，應力求均勻。
2. 以炒的方式烹調。

303-E

香菇燴絲瓜 （燴）

材 料

絲瓜1條　香菇6朵
薑1塊

調味料

鹽1/2茶匙　水1/2杯
香油1茶匙

芡 水

太白粉1大匙　水2大匙

174

做 法

1. 香菇泡軟，煮熟或蒸熟備用；
   薑切絲。
2. 絲瓜去皮，切成2公分寬的條
   狀，去除含籽部分後，再切成
   5公分長段，汆燙至熟後撈起
   沖涼瀝乾備用。
3. 調味料煮滾，加入絲瓜、香菇
   與薑絲煮滾，勾薄芡，即可將
   絲瓜排入瓷盤中成放射狀，再
   將香菇放於中央。

烹飪技巧

- 絲瓜可以不用去籽，但若瓤中的籽
  又大又多，則可切去不用。
- 排盤時必須使用筷子排，切勿直接
  用手排盤。
- 若時間不夠時，則不必排盤，燴炒
  後直接裝盤即可。

評分標準

1. 香菇需泡軟。
2. 以燴的方式烹調。
3. 刀工可塊、可片、可
   絲、可條。

白果涼拌枸杞

材 料

白果6兩　小黃瓜1/2條
枸杞1兩　香菇2朵

調味料

鹽1/2茶匙　香油1/2茶匙
水1大匙

做 法

1. 香菇泡軟切丁；小黃瓜切與白果大小近似之四方丁備用。
2. 小黃瓜、枸杞、香菇與白果分別入滾水汆燙，並以礦泉水泡涼後瀝乾備用。
3. 調味料煮滾後放涼，加入白果、小黃瓜、枸杞、香菇拌勻，即可盛盤。

烹飪技巧

- 小黃瓜汆燙時間勿太久，否則極容易變色。
- 汆燙後的食材皆需放在瓷盤中。

評分標準

1. 為蔬菜類涼拌菜。
2. 白果、枸杞需汆燙。
3. 枸杞之外需另搭配二種蔬菜。

303-E

豆包炒豆芽 炒

材　料

豆芽6兩　豆包2個
韭菜1兩　紅蘿蔔1/4支
蒜頭2瓣

調味料

鹽1/2茶匙　水1大匙
香油1/2大匙

做　法

1. 豆包洗淨切絲。
2. 豆芽菜去除根部，並用大量清水沖洗乾淨。
3. 蒜頭切末備用。
4. 韭菜洗淨切段；紅蘿蔔切絲燙熟備用。
5. 起油鍋，加2大匙油燒熱，放入蒜頭爆香，再放入豆包絲以大火快炒，再加入韭菜、豆芽、紅蘿蔔及調味料炒到熟透後，即可盛盤。

烹飪技巧

- 豆包必須順紋切，切時較不容易斷。
- 因豆包炒時容易斷裂，故炒的動作必須輕。
- 此道菜豆芽可以生炒，並且有兩種配料。

盤飾參考

紅蘿蔔切菱形片，略汆燙瀝乾後，戴手套或以乾淨筷子夾取做三頂點局部點綴。

評分標準

1. 豆包炸或不炸皆可，切絲合炒。
2. 豆芽生炒之。
3. 調味不拘。
4. 配料不拘。

煮 三絲米粉湯

材　料

米粉2兩　　豬肉3兩
香菇2朵　　紅蘿蔔1/4支
韭菜1兩

醃　料

醬油少許　太白粉1茶匙
香油1/2茶匙

調味料

水5杯　　鹽1茶匙
白胡椒粉1茶匙
香油1/2茶匙　糖少許

做　法

1. 將米粉泡入冷水中，待其泡軟後，即可撈起瀝乾水分，並用剪刀將米粉剪成三段，並用開水燙熟備用。
2. 香菇泡軟去蒂頭切絲；紅蘿蔔切細絲；韭菜切段；肉切肉絲，並拌上醃料備用。
3. 將調味料放入鍋中煮滾，再放入米粉、肉絲、紅蘿蔔絲、香菇絲與韭菜煮滾後，再續煮3分鐘，即可盛入湯碗。

烹飪技巧

- 米粉吸水後會膨脹，因此煮湯時，米粉分量必須減少，以免煮出一大鍋，湯碗卻裝不下。
- 紅蘿蔔絲務必煮熟，故可切細一點較易熟。

評分標準

1. 選用三種或三種以上食材切成絲狀為主材料。
2. 以湯的方式烹調。
3. 米粉具有彈性，不可過軟或過硬，或連粘碎爛。
4. 米粉顏色力求均勻一致。

301-A 速記表

菜名	粉蒸肉片	鳳梨拌炸蝦仁	三色炒筍絲
材料	地瓜塊、豬瘦肉片、蔥花	蝦仁、鳳梨片	筍絲、香菇絲、蒜片、紅蘿蔔絲、青椒絲
調味料	辣豆瓣醬、甜麵醬、酒、糖、水、蒸肉粉	鹽、太白粉、麵粉、沙拉醬	鹽、香油
簡易製作流程	★肉切片→醃、加調味料及蔥花→排入扣碗→鋪地瓜塊→蒸50分鐘→倒扣平盤	★蝦仁去腸泥→裹粉→炸酥 ★鳳梨片汆燙→瓷碗中待涼 ★瓷碗內蝦仁及鳳梨片翻拌→盛入平盤	★筍切絲→與紅蘿蔔絲汆燙→瀝乾 ★爆香蒜片→炒熟香菇絲、青椒絲、筍絲、紅蘿蔔絲→調味→盛盤
盤飾	青江菜圍邊	鳳梨片、紅辣椒小圓片做五頂點局部點綴	

菜名	培根炒青江	皮蛋蔥花拌豆腐	香菇炒粄條
材料	青江菜、培根片、蒜片	豆腐、皮蛋、蔥花	粄條、豬肉絲、紅蘿蔔絲、香菇絲、蔥段
調味料	鹽、水	醬油膏、香油	醬油、香油、鹽、水
簡易製作流程	★青江菜切長段 ★爆香培根片、蒜片→加青江菜同炒→調味→盛盤	★蔥花汆燙→入小碗待涼 ★豆腐用礦泉水沖洗→切塊→放瓷盤 ★皮蛋剝殼→礦泉水沖洗→熟食砧板上對半切四塊→蓋在豆腐上→淋調味料→撒蔥花	★粄條切條 ★肉絲抓醃 ★紅蘿蔔絲汆燙 ★爆香蔥段、香菇絲→加其他材料、粄條→調味→燜炒（將汁收乾）→盛盤
盤飾		小黃瓜半圓片對稱點綴	

301-B 速記表

菜名	茄汁肉片	蘆筍炒蝦仁	竹筍爆三丁
材料	豬瘦肉片、洋蔥片、青椒片	蘆筍段、蝦仁、蒜片、紅辣椒片	筍丁、紅蘿蔔丁、青椒丁、香菇丁、蒜片
調味料	糖、番茄醬、水、醬油	鹽、胡椒粉、酒	鹽、麻油
簡易製作流程	★肉切片→醃→過油 ★爆香洋蔥片→加青椒片同炒→調茄汁味→加肉片→燒煮30秒→勾薄芡→盛盤	★蝦仁去腸泥→醃→汆燙 ★蘆筍切斜段→汆燙 ★爆香蒜片、辣椒片→加蘆筍同炒→加蝦仁→調味→盛盤	★筍丁、紅蘿蔔丁燙熟 ★爆香蒜片、香菇丁→加筍丁、紅蘿蔔丁、青椒丁→調味→盛盤
盤飾	小黃瓜圓片對稱點綴		

菜名	鹹蛋炒青江	皮蛋肉鬆拌豆腐	開陽炒粄條
材料	青江菜、鹹蛋丁、薑絲	豆腐、皮蛋、肉鬆、蔥花	粄條、開陽、豬肉絲、紅蘿蔔絲、香菇絲、蔥段
調味料	鹽、香油、水	醬油膏、香油	醬油、鹽、香油、水
簡易製作流程	★青江菜切長段 ★爆香薑絲→加青江菜段同炒→加鹹蛋丁→調味→盛盤	★蔥花汆燙→入小瓷碗待涼 ★豆腐用礦泉水沖洗→切塊→放瓷盤 ★皮蛋剝殼→礦泉水沖洗→熟食砧板上對半切四塊→蓋在豆腐上→淋調味料 ★肉鬆乾鍋炒焙→放皮蛋上→撒蔥花	★粄條切條 ★開陽泡軟 ★肉絲抓醃 ★紅蘿蔔絲燙熟 ★爆香蔥段、開陽、香菇絲→加其他材料、粄條→調味、燜炒（將汁收乾）→盛盤
盤飾	紅蘿蔔菱形片全圍裝飾	小黃瓜半圓片對稱點綴	

179

301-C 速記表

菜名	金菇炒肉絲	蝦仁炒蛋	紅燒筍尖
材料	豬肉絲、香菇絲、金針菇、紅蘿蔔絲、青椒絲、蔥絲	蝦仁、蛋、蔥花	筍塊、香菇塊、紅蘿蔔塊、蔥段、八角
調味料	鹽、糖、香油、水	鹽	醬油、糖、香油、水
簡易製作流程	★肉絲→醃→過油 ★紅蘿蔔絲燙熟 ★爆香蔥絲、香菇絲→加金針菇、青椒絲、紅蘿蔔絲同炒→調味→加肉絲略炒→盛盤	★蝦仁去腸泥→醃→汆燙 ★蛋依正確順序打散→加蔥花、蝦仁→打勻調味→拌炒至熟→盛盤	★筍切三角尖塊→與紅蘿蔔尖塊一起炸上色或燙熟 ★所有材料及調味料同燒至熟透（將汁收乾）→盛盤
盤飾		小黃瓜半圓片、紅辣椒圓片作對稱點綴	紅蘿蔔菱形片作三頂點局部點綴

菜名	紅蘿蔔絲炒青江	皮蛋紫菜拌豆腐	銀芽炒粄條
材料	青江菜、紅蘿蔔絲、薑絲	豆腐、皮蛋、紫菜、蔥花	粄條、肉絲、香菇絲、綠豆芽、紅蘿蔔絲、蔥段、開陽
調味料	鹽、水	醬油膏、香油	醬油、鹽、香油、水
簡易製作流程	★青江菜切長段再切絲 ★紅蘿蔔絲燙熟 ★爆香薑絲→加青江菜炒→調味→加紅蘿蔔絲同炒→盛盤	★蔥花汆燙→入碗待涼 ★豆腐用礦泉水沖洗→切塊→放瓷盤 ★皮蛋剝殼→礦泉水沖洗→熟食砧板上對半切四塊→放豆腐上→淋上調味料 ★紫菜剪條狀→乾鍋炒焙→放皮蛋上→撒蔥花	★粄條切條 ★肉絲抓醃 ★綠豆芽去頭尾→汆燙 ★紅蘿蔔絲燙熟 ★爆香蔥段、香菇絲、開陽→加肉絲炒熟→加其他材料、粄條→調味燜炒（將汁收乾）→盛盤
盤飾		小黃瓜半圓片對稱點綴	

菜名	紅燒肉塊	白果炒蝦仁	雞肉炒筍絲
材料	豬瘦肉塊、紅蘿蔔塊、香菇片、蔥段、薑片、八角	白果、蝦仁、洋蔥片、青椒片、蒜片	筍絲、雞胸肉絲、紅蘿蔔絲、蔥段
調味料	醬油、糖、水	鹽、酒、香油	鹽、香油
簡易製作流程	★肉切塊→炸上色 ★紅蘿蔔切滾刀塊→燙熟 ★爆香蔥段、薑片、香菇片→加肉塊、紅蘿蔔塊、八角與調味料→小火煮熟（將汁收乾）→盛盤	★白果汆燙 ★蝦仁去腸泥、醃→汆燙 ★爆香蒜片→加洋蔥片、青椒片同炒→調味拌炒→加蝦仁、白果略炒勻→盛盤	★筍切絲→燙熟 ★紅蘿蔔絲燙熟 ★雞胸肉去皮、去骨→切絲→醃→過油 ★爆香蔥段→加其他材料同炒→調味→盛盤
盤飾	青椒菱形片三頂點局部點綴		小黃瓜半圓片全圍裝飾

菜名	香菇片扒青江	皮蛋柴魚拌豆腐	培根炒粄條
材料	青江菜、香菇片、薑片	豆腐、皮蛋、柴魚、蔥花	粄條、培根段、香菇絲、紅蘿蔔絲、蔥段
調味料	鹽、蠔油、水	醬油膏、香油	醬油、鹽、香油、水
簡易製作流程	★青江菜切成對半或四分之一→燙熟→放射狀排入盤中 ★爆香薑片→撈除→爆香香菇→調味→勾薄芡 ★香菇夾入青江菜中央→淋芡汁	★蔥花汆燙→入小碗待涼 ★豆腐用礦泉水沖洗→切塊→放瓷盤 ★皮蛋剝殼→礦泉水沖洗→熟食砧板上對半切四塊→放豆腐上→淋上調味料 ★柴魚入乾鍋炒焙→放皮蛋上→撒蔥花	★粄條切條 ★紅蘿蔔絲燙熟 ★爆香培根、蔥段、香菇絲→加紅蘿蔔絲、調味料炒勻→加粄條燜炒（將汁收乾）→盛盤
盤飾		小黃瓜半圓片對稱圍邊裝飾	

301-E 速記表

菜名	咖哩肉片	香菇燴蝦仁	雞肉燜筍塊
材料	豬瘦肉片、洋蔥片、紅蘿蔔片、青椒片、蒜片	蝦仁、香菇片、青椒片、紅蘿蔔片	筍塊、雞胸肉、香菇塊
調味料	咖哩粉、糖、鹽、水	鹽、糖、香油	鹽、香油、水
簡易製作流程	★肉切片→醃→過油 ★紅蘿蔔片燙熟 ★爆香蒜片→加洋蔥片、青椒片同炒→加紅蘿蔔片、調味料、肉片同炒→勾薄芡→盛盤	★蝦仁去腸泥→醃→汆燙 ★紅蘿蔔片燙熟 ★爆香香菇→加紅蘿蔔片、青椒片同炒→調味→加蝦仁拌炒→勾薄芡→盛盤	★筍塊燙熟 ★雞胸肉去皮、去骨→切塊→醃→過油 ★爆香香菇→加筍塊、雞肉塊→調味→燜煮至汁快收乾→盛盤
盤飾			去尾葉青江菜斜放盤緣裝飾

菜名	豆包炒青江	皮蛋芝麻拌豆腐	肉絲炒粄條
材料	青江菜、豆包、紅蘿蔔絲、薑絲	豆腐、皮蛋、蔥花、白芝麻	粄條、肉絲、紅蘿蔔絲、香菇絲、蔥段
調味料	鹽、香油、水	醬油膏、香油	醬油、鹽、香油、水
簡易製作流程	★青江菜切長段後再直切長條 ★豆包切條 ★紅蘿蔔絲燙熟 ★爆香薑絲→加其他材料同炒→調味→盛盤	★蔥花汆燙→入碗待涼 ★豆腐用礦泉水沖洗→切塊→放瓷盤 ★皮蛋剝殼→礦泉水沖洗→熟食砧板上對半切四塊→放豆腐上→淋上調味料 ★芝麻入乾鍋炒焙→放皮蛋上→撒蔥花	★粄條切條 ★肉絲抓醃 ★紅蘿蔔絲燙熟 ★爆香蔥段、香菇絲→加肉絲同炒→加紅蘿蔔絲、調味料拌炒→加粄條燜炒（將汁收乾）→盛盤
盤飾	紅蘿蔔半圓片再切三等分，作對稱局部點綴	小黃瓜圓片與紅辣椒圓片作對稱局部點綴	

302-A 速記表

菜名	芋頭燒小排	樹子蒸魚	蝦皮煎蛋
材料	豬小排、芋頭塊、蒜頭、蔥段、八角	吳郭魚、樹子、蔥絲、薑絲	蛋、蝦皮、蔥花
調味料	醬油、糖、水	醬油、水	鹽
簡易製作流程	★小排骨剁塊→醃→炸上色 ★芋頭塊炸上色 ★爆香蒜頭、蔥段→加排骨、芋頭、八角、調味料燒滾→小火燒至熟（汁將收乾）→撈除蔥段→盛盤	★魚劃刀→醃→鋪樹子→淋調味料→蒸15分鐘→鋪上蔥絲、薑絲→續蒸1分鐘→盛盤	★蛋依正確順序打成蛋液→加調味料打勻 ★爆香蔥花、蝦皮→加入蛋液中攪勻→分6次煎成6小圓片→整齊排盤
盤飾	青江菜整齊圍澆		小黃瓜半圓片、紅辣椒圓片作三頂點局部點綴

183

菜名	木耳豆包炒高麗菜絲	蒜味四季豆	翡翠蛋炒飯
材料	高麗菜絲、木耳絲、豆包絲、紅蘿蔔絲、蒜片	四季豆、蒜末、紅辣椒末	米、青江菜葉、蛋、洋蔥丁、蔥花
調味料	鹽、水	鹽、香油、水	鹽、胡椒粉、沙拉油
簡易製作流程	★高麗菜絲汆燙→沖冷水 ★紅蘿蔔絲燙熟 ★爆香蒜片→加高麗菜絲、木耳絲、紅蘿蔔絲、調味料大火炒熟→加豆包絲略炒→盛盤	★四季豆切斜段→燙熟→礦泉水沖涼→入大瓷碗 ★爆香蒜末、辣椒末→加調味料煮滾→放涼→加入與四季豆調味翻拌均勻→盛盤	★米用電鍋煮成飯 ★青江菜葉切碎 ★蛋依正確順序打成蛋液 ★爆香蔥花、洋蔥丁→加蛋液、米飯、青江菜屑翻炒→調味→盛盤
盤飾		紅辣椒斜片於盤緣作單一局部點綴	

術科實戰

菜名	豆豉蒸小排	醬汁吳郭魚	蘿蔔乾煎蛋
材料	豬小排、蔥花、辣椒末、蒜末、豆豉	吳郭魚、蔥段、薑片	蛋、蘿蔔乾、蒜末
調味料	醬油、酒、糖、香油、太白粉、水	黃豆醬、醬油、糖、水	鹽
簡易製作流程	★小排骨剁塊→醃調味料→加豆豉、蔥花、蒜末、辣椒末拌勻→盛入瓷深盤→入蒸籠蒸50分鐘	★魚劃刀→醃→煎雙面 ★爆香薑片、蔥段→加調味料與魚同煮→翻面→小火燒至汁將收乾→撈除蔥、薑→加少許蔥段略煮→盛盤	★蘿蔔乾切碎→泡水→瀝乾 ★蛋依正確順序打成蛋液→加調味料打勻 ★爆香蒜末、蘿蔔乾碎→熄火→加入蛋液中攪勻→煎成一大圓片→放熟食砧板切6片→盛盤
盤飾			小黃瓜菱形片與紅辣椒花作單一局部點綴

菜名	枸杞拌炒高麗菜	三色四季豆	培根蛋炒飯
材料	高麗菜、枸杞、蒜片	四季豆丁、紅蘿蔔丁、香菇丁、玉米粒、蒜末	米、培根片、蛋、蔥花、洋蔥丁、青豆仁
調味料	鹽、水	鹽、香油、水	鹽、胡椒粉
簡易製作流程	★高麗菜切片→汆燙→沖冷水 ★爆香蒜片→加枸杞、高麗菜同炒→調味→盛盤	★四季豆丁、紅蘿蔔丁、香菇丁、玉米粒分別燙熟→再分別以礦泉水沖涼→入大瓷婉 ★爆香蒜末→加調味料煮滾→待涼→倒入與所有材料拌勻→盛盤	★米用電鍋煮成飯 ★蛋依正確順序打成蛋液 ★煸黃培根片→爆香蔥花、洋蔥丁→加青豆仁炒熟→取出 ★炒蛋液、米飯→加其他材料與調味料快炒→盛盤
盤飾	青椒菱形片作三頂點局部點綴	紅辣椒橢圓片作三頂點局部點綴	

184

302-C 速記表

菜名	椒鹽排骨酥	蒜泥蒸魚	三色煎蛋
材料	豬小排	吳郭魚、蔥花、蒜泥	蛋、紅蘿蔔短絲、洋蔥短絲、香菇短絲
調味料	鹽、糖、胡椒粉、酒	醬油、水	鹽
簡易製作流程	★小排骨剁塊→醃→沾裹麵粉、太白粉→小火炸熟撈出→改大火回鍋炸成金黃色→盛盤 ★乾鍋小火炒胡椒鹽→加排骨同炒調味→盛盤	★魚劃刀→醃→入瓷腰盤→淋調味料→鋪蒜泥→入蒸籠大火蒸15分鐘→撒蔥花→續蒸1分鐘	★蛋依正確順序打成蛋液→加調味料打勻 ★紅蘿蔔短絲燙熟 ★爆香香菇→加洋蔥、紅蘿蔔同炒至熟→加入蛋液中拌勻→煎成一大圓片→放熟食砧板切6片→盛盤
盤飾	四季豆段作對稱半圍邊裝飾		小黃瓜菱形片與紅辣椒圓片作雙對稱局部點綴

185

菜名	豆乾炒高麗菜	培根四季豆	鳳梨肉鬆炒飯
材料	高麗菜、豆乾絲、紅蘿蔔絲、蒜片	四季豆、培根片、蒜片	米、蛋、鳳梨小粒、火腿小丁、洋蔥小丁、蔥花、青豆仁、肉鬆
調味料	鹽、水	鹽、水、香油	鹽、胡椒粉
簡易製作流程	★高麗菜切長絲→汆燙→沖冷水 ★紅蘿蔔絲燙熟 ★爆香蒜片→加豆乾絲、高麗菜絲、紅蘿蔔絲大火同炒→調味→盛盤	★四季豆切長段→汆燙→礦泉水沖涼→入大瓷碗 ★培根煸黃→加蒜片爆香→加調味料略炒→入小瓷碗待涼→倒入與四季豆拌勻→盛盤	★米用電鍋煮成飯 ★蛋依正確順序打成蛋液 ★爆香蔥花、洋蔥丁、火腿丁→加青豆仁炒後取出 ★炒蛋液、米飯→加其他材料與調味料快炒→盛盤
盤飾		紅辣椒斜片作對稱局部點綴	

302-D 速記表

菜名	咖哩燒小排	茄汁吳郭魚	紅蘿蔔煎蛋
材料	豬小排、洋蔥丁、紅蘿蔔塊、馬鈴薯塊、青豆仁	吳郭魚、洋蔥片、青椒片	蛋、紅蘿蔔短絲、蔥花
調味料	咖哩粉、鹽、糖、水	番茄醬、水、鹽、糖	鹽
簡易製作流程	★小排骨剁塊→醃→小火炸熟 ★紅蘿蔔塊、馬鈴薯塊→炸或煮熟 ★爆香洋蔥丁→加小排骨、紅蘿蔔、馬鈴薯同炒→加調味料燒至汁將收乾→入青豆仁→盛盤	★魚劃刀→醃→裹太白粉與麵粉→炸酥→盛起 ★炒軟洋蔥片→加青椒片、茄汁調味料煮滾→勾薄芡→加入魚略燒→盛盤	★紅蘿蔔絲燙熟 ★蛋依正確順序打成蛋液→加調味料、紅蘿蔔絲、蔥花攪勻→煎熟一大圓片→放熟食砧板切6片→盛盤
盤飾	青椒菱形片全圍邊裝飾		小黃瓜圓片、紅辣椒圓片作五頂點局部點綴

菜名	培根炒高麗菜	辣味四季豆	雞絲蛋炒飯
材料	高麗菜片、培根片、蒜片	四季豆、辣椒末、蒜末	米、雞胸肉、蛋、蔥花、紅蘿蔔末、洋蔥末
調味料	鹽、水、酒	辣豆瓣醬、辣油、香油、糖、水、鹽	鹽、胡椒粉
簡易製作流程	★高麗菜汆燙→沖冷水 ★煸黃培根、蒜片→加高麗菜、調味料大火炒熟→盛盤	★四季豆切長段→燙熟→礦泉水沖涼→入大瓷碗 ★爆香辣椒末、蒜末→入調味料煮滾→放涼→倒入與四季豆拌勻→盛盤	★米用電鍋煮成飯 ★雞胸肉切絲→醃→過油 ★蛋依正確順序打成蛋液 ★爆香蔥花、洋蔥末、紅蘿蔔末→加蛋、飯同炒→加雞絲、調味料拌炒→盛盤
盤飾		紅辣椒斜片對稱圍邊	

菜名	鳳梨糖醋小排	鹹冬瓜豆醬蒸魚	培根煎蛋
材料	小排骨、青椒片、鳳梨片、洋蔥片	吳郭魚、蔥絲、薑絲	蛋、培根片、蔥花
調味料	番茄醬、白醋、糖、鳳梨罐頭水（或水）	鹹冬瓜、黃豆醬、糖	鹽
簡易製作流程	★小排骨剁塊→醃→裹麵粉、太白粉→小火炸酥 ★炒洋蔥片→加青椒片略炒→入糖醋汁調味料、鳳梨片→勾薄芡→入排骨略翻炒→盛盤	★魚劃刀→醃→入瓷腰盤 ★蔥絲、薑絲泡水 ★鹹冬瓜切小塊與黃豆醬、糖鋪在魚身→入蒸鍋大火蒸15分鐘→鋪蔥絲、薑絲→續蒸1分鐘	★蛋依正確順序打成蛋液 ★爆香蔥花、培根→加入蛋液→加調味料打勻→煎熟一大圓片→放熟食砧板切6片→盛盤
盤飾	紅辣椒菱形片三頂點局部點綴		小黃瓜半圓片、紅辣椒圓片作全圍裝飾

菜名	樹子炒高麗菜	芝麻三絲四季豆	蘿蔔乾雞粒炒飯
材料	高麗菜、樹子、蒜片	四季豆、紅蘿蔔絲、木耳絲、洋蔥絲、芝麻、蒜頭	米、雞肉粒、蘿蔔乾、西生菜片、紅蘿蔔末、蛋、蔥花
調味料	鹽、樹子水（或水）	鹽、醋、香油、水	鹽、胡椒粉
簡易製作流程	★高麗菜切片→汆燙→沖冷水 ★爆香蒜片→放高麗菜片、樹子、調味料炒熟→盛盤	★紅蘿蔔絲、木耳絲、洋蔥絲汆燙→礦泉水沖涼→入大瓷碗 ★四季豆切斜段→燙熟→礦泉水沖涼→也入大瓷碗 ★調味料煮開→放涼→倒入與所有材料拌勻→盛盤 ★芝麻→乾鍋炒香→撒在四季豆上	★米用電鍋煮成飯 ★西生菜切指甲片 ★蘿蔔乾泡水→擠乾→切碎 ★雞胸肉切粒→醃→過油 ★炒香蔥花→蘿蔔乾碎→紅蘿蔔末→加蛋液、飯同炒→加雞粒、西生菜片、調味料炒勻→盛盤
盤飾		紅辣椒斜片作全圍裝飾	

303-A 速記表

菜名	蒜味蒸魚	三色炒雞絲	麵托絲瓜條
材料	鱸魚、蒜末、蔥粒	雞胸肉、青椒絲、紅椒絲、木耳絲	絲瓜、麵糊（麵粉、鹽、太白粉、蛋、沙拉油、水）
調味料	醬油、酒、糖、香油	鹽、香油、水	胡椒粉、鹽
簡易製作流程	★魚劃刀→醃→盛入瓷腰盤 ★蒜末、調味料拌勻→淋在魚身→入蒸籠大火蒸10-15分鐘→鋪蔥花→續蒸1分鐘	★雞胸肉去骨→切絲→醃→過油 ★青椒絲、紅椒絲、木耳絲汆燙→沖涼 ★所有材料與調味料拌炒均勻→盛盤	★麵糊調勻 ★絲瓜切長段→沾裹麵糊→炸上色→盛盤 ★調味料乾鍋炒香→入小瓷碟→放盤邊
盤飾			青椒半圓圈、紅辣椒片，作對稱點綴

菜名	椒鹽白果雞丁	豆乾涼拌豆芽	蘿蔔絲蝦米炒米粉
材料	雞胸肉、白果、蔥花、蒜末、紅辣椒末	豆芽、豆乾絲、紅蘿蔔絲、薑絲	米粉、白蘿蔔絲、紅蘿蔔絲、蝦米、豬肉絲、香菇絲、蔥段
調味料	鹽、胡椒粉	鹽、香油、糖、醋、水	醬油、鹽、白胡椒粉、香油、水
簡易製作流程	★雞胸肉切丁→醃 ★雞丁、白果沾粉料→炸酥 ★所有材料不加油炒香→加椒鹽拌勻→盛盤	★豆芽去根→沖洗 ★所有材料燙熟→入大瓷碗以礦泉水泡涼 ★薑絲、調味料煮開→放涼 ★所有材料濾乾→與調味料入瓷碗拌勻→盛盤	★米粉泡冷水→剪短15公分長 ★白蘿蔔絲、紅蘿蔔絲汆燙 ★肉絲→醃→過油 ★爆香蝦米、蔥白段→加香菇絲炒香→加調味料、米粉與其他材料拌炒均勻→盛盤
盤飾	西芹片、辣椒花做單一點綴	紅蘿蔔菱形片全圍裝飾	

菜名	香菜魚塊湯	炒咕咾雞脯	蜊肉燴絲瓜
材料	鱸魚、香菜段、薑絲	雞胸肉、洋蔥片、青椒片、紅蘿蔔片	絲瓜、蛤蜊肉、薑片
調味料	鹽、酒	番茄醬、白醋、糖、鹽、水、太白粉	鹽、酒、水、香油
簡易製作流程	★片魚肉→切6塊（不含頭尾） ★水煮開→魚塊、薑絲、調味料入鍋同煮→起鍋前加入香菜略煮→盛湯碗	★雞胸肉去骨→切厚片→醃→裹粉→炸熟上色 ★紅蘿蔔片燙熟 ★青椒片燙熟→冷水沖涼 ★爆香洋蔥片→加調味汁煮開→勾薄芡→加其他材料炒勻→盛盤	★絲瓜切長條段→汆燙→沖涼 ★調味料煮滾→加絲瓜、蜊肉、薑絲同煮滾→勾薄芡→排盤
盤飾		青椒薄圈與紅辣椒小圓片做三頂點局部點綴	

菜名	白果炒肉丁	雙鮮涼拌豆芽	香菇蛋皮炒米粉
材料	白果、豬肉、小黃瓜丁、紅蘿蔔丁、蔥花	豆芽、紅蘿蔔絲、木耳絲、薑絲	米粉、香菇絲、蝦米、蛋、蔥段、紅蘿蔔絲、豬肉絲
調味料	鹽、水、香油	鹽、香油、白醋、水	醬油、水、鹽、白胡椒粉、香油
簡易製作流程	★豬肉切丁→醃→過油 ★小黃瓜丁、紅蘿蔔丁、白果分別汆燙 ★爆香蔥花→加所有材料與調味料拌炒→盛盤	★豆芽去根→沖洗 ★所有材料燙熟→入大瓷碗礦泉水泡涼 ★調味料煮滾→放涼 ★所有材料瀝乾→加調味料拌勻→盛盤	★米粉泡冷水→剪短15公分長 ★紅蘿蔔絲汆燙 ★肉絲→醃→過油 ★蛋打散→攤蛋皮→切絲 ★爆香蔥白段→入香菇絲、蝦米續炒→加調味料與其他材料拌炒→盛盤
盤飾	小黃瓜半圓片全圍裝飾	紅蘿蔔半圓片對稱點綴	

303-C 速記表

菜名	乾煎鱸魚	青椒炒雞柳	蝦皮絲瓜薑絲湯
材料	鱸魚、蔥段、薑片	雞胸肉、青椒絲、紅椒絲	絲瓜、蝦皮、薑絲
調味料	鹽、酒	鹽、香油、水	鹽、酒、水、香油
簡易製作流程	★蔥段拍鬆→與薑片、醃料拌勻 ★魚斜劃交叉刀紋→醃→拭乾水分→兩面煎黃→盛盤	★雞胸肉去骨→切條→醃→過油 ★青椒絲、紅椒絲燙熟→沖涼 ★所有材料與調味料炒勻→盛盤	★絲瓜切1/4圓片 ★蝦皮洗淨 ★調味料煮滾→加所有材料煮熟→盛湯碗
盤飾	香吉士對切後再切片，作對稱半圍邊裝飾	紅椒菱形片對稱點綴	

菜名	白果炒花枝捲	韭菜涼拌豆芽	三絲炒咖哩米粉
材料	白果、花枝、西芹片、紅辣椒片、草菇、蔥段、薑片	豆芽、韭菜段、紅蘿蔔絲、蒜末	米粉、紅蘿蔔絲、豬肉絲、香菇絲、蔥段、蝦米
調味料	鹽、酒、香油、水	鹽、香油、醋、水	咖哩粉、水、鹽、糖、香油
簡易製作流程	★花枝切交叉刀紋→切塊→汆燙 ★西洋芹片、紅辣椒片、白果→汆燙 ★爆香蔥段、薑片→撈除→加入其他材料與調味料拌炒→盛盤	★豆芽去根→沖洗 ★所有材料燙熟→泡大瓷碗礦泉水中泡涼 ★蒜末與調味料煮開→放涼 ★所有材料瀝乾→與調味料拌勻→盛盤	★米粉泡冷水→剪短15公分長 ★紅蘿蔔絲汆燙 ★肉絲→醃→過油 ★小火爆香蔥白段、香菇絲、蝦米→入其他材料、調味料拌炒→盛盤
盤飾		紅蘿蔔半圓片作三頂點局部點綴	

303-D 速記表

菜名	新吉士鱸魚	煎黑胡椒雞脯	肉片燴絲瓜
材料	鱸魚、香吉士小丁、蔥段、薑片	雞胸肉	絲瓜、豬肉片、薑絲
調味料	白醋、糖、水、太白粉	鹽、酒、太白粉、黑胡椒、沙拉油	鹽、水、太白粉、香油
簡易製作流程	★蔥段拍鬆→與薑片、醃料拌勻 ★魚劃刀→醃→拭乾水分→沾粉→炸熟→入瓷腰盤 ★香吉士擠汁→加調味料與香吉士小丁煮滾→勾薄芡→淋在魚身上	★雞胸肉切6厚片→醃調味料 ★將雞肉片兩面煎熟→盛盤	★絲瓜切長條段→汆燙→沖涼 ★豬肉片→醃→汆燙 ★調味料煮滾→加絲瓜、肉片、薑絲燴炒→盛盤
盤飾	香吉士半圓片、紅辣椒小圓片作對稱半圍邊裝飾	小黃瓜斜片、辣椒小圓片全圍裝飾	

菜名	白果炒蝦仁	三絲涼拌豆芽	素料炒米粉
材料	白果、蝦仁、洋蔥片、青椒片、蒜片	綠豆芽、紅蘿蔔絲、木耳絲、西芹絲、蒜末	米粉、香菇絲、豆包絲、素肉絲、紅蘿蔔絲、豆乾絲
調味料	鹽、酒、香油、水	鹽、醋、香油、水	醬油、水、鹽、糖、白胡椒粉、香油
簡易製作流程	★蝦仁去腸泥→醃→汆燙 ★白果汆燙 ★爆香蒜片→加洋蔥片、青椒片同炒→調味拌炒→加蝦仁、白果略炒勻→盛盤	★豆芽去根→沖洗 ★所有材料汆燙→入大瓷碗以礦泉水泡涼 ★蒜末與調味料煮開→放涼 ★所有材料瀝乾→與調味料拌勻→盛盤	★米粉→泡水→剪短15公分長 ★紅蘿蔔絲燙熟 ★爆香香菇絲→加素肉絲、豆包絲、豆乾絲同炒→加調味料、米粉、紅蘿蔔絲拌炒→盛盤
盤飾		紅蘿蔔菱形片、青椒菱形片作對稱點綴	

303-E 速記表

菜名	椒鹽鱸魚塊	西芹炒雞片	香菇燴絲瓜
材料	鱸魚、蔥段、薑片	雞胸肉、西洋芹片、紅蘿蔔片、玉米筍斜段	絲瓜、香菇、薑絲
調味料	鹽、酒、蛋黃、胡椒粉	鹽、香油、水	鹽、水、太白粉、香油
簡易製作流程	★蔥段拍鬆→與薑片、醃料拌勻 ★片魚肉→切6段→醃→沾粉→炸酥→入瓷盤 ★鹽、胡椒粉入乾鍋拌炒→加魚塊拌勻→盛盤	★雞胸肉去骨→切薄片→醃→過油 ★西洋芹片、紅蘿蔔片、玉米筍斜段汆燙 ★所有材料、調味料拌炒均勻→盛盤	★絲瓜切長條段→汆燙→沖涼 ★調味料煮滾→加絲瓜、香菇、薑絲煮滾→勾薄芡→排盤
盤飾	香吉士1/4圓片、紅辣椒小圓片對稱點綴	西洋芹片對稱半圍邊，玉米筍修短對切半，交叉對稱點綴	

菜名	白果涼拌枸杞	豆包炒豆芽	三絲米粉湯
材料	白果、小黃瓜丁、香菇丁、枸杞	豆芽菜、豆包絲、韭菜段、紅蘿蔔絲、蒜頭	米粉、豬肉絲、紅蘿蔔絲、香菇絲、韭菜段
調味料	鹽、香油、水	鹽、水、香油	水、鹽、糖、白胡椒粉、香油
簡易製作流程	★所有材料汆燙→泡入礦泉水沖涼 ★調味料煮滾→放涼→加入所有材料拌勻→盛盤	★豆芽去根→沖洗 ★紅蘿蔔絲燙熟 ★大火快炒豆包絲→加其他材料、調味料炒到熟透→盛盤	★米粉泡水→剪短15公分長 ★肉絲→醃 ★調味料煮開→加所有材料煮滾→續煮3分鐘→盛湯碗
盤飾		紅蘿蔔菱形片三頂點局部點綴	

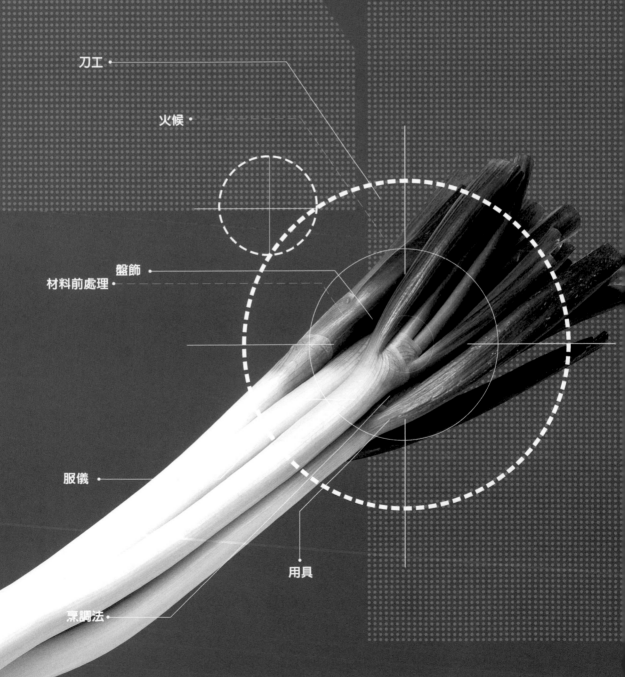

學科測驗

刀工 ·

火候 ·

盤飾 ·
材料前處理 ·

服儀 ·

用具

烹調法 ·

全國技術士學科檢定方式及注意事項

1. 學科測試採筆試測驗題方式為原則（選擇題80題，每題1.25分，答錯不倒扣），測試時間100分鐘，採電腦閱卷。

2. 學科測試答案卡（即電腦卡）載有職類、級別及准考證號碼，不得書寫姓名或任何符號。測試前先檢查答案卡、座位標籤、准考證三者之准考證號碼要相符；測試鈴響開始作答時先核對試題職類、級別與答案卡是否相同，確定無誤後於試題上方書寫姓名及准考證號碼以示確認。上開資料若有不符需立即向監場人員反應。

3. 學科測試作答時所用黑色2B鉛筆及橡皮擦由應檢人自行準備（NO.2鉛筆並非2B鉛筆，切勿使用）。非使用2B鉛筆作答或未選用軟性品質較佳之橡皮擦致擦拭不乾淨導致無法讀卡，應檢人自行負責，不得提出異議。

4. 作答時應將正確答案，在答案卡上該題號方格內畫一條直線，此一直線必須粗、黑、清晰，將該方格畫滿，切不可畫出格外或只畫半截線。如答錯要更改時，請用橡皮擦細心擦拭乾淨另行作答，切不可留有黑色殘跡或將答案卡污損，亦不得使用立可白等修正液。

5. 不可隨身攜帶行動電話、呼叫器或其他電子通訊攝影器材等進入試場。

6. 其他相關應注意事項請參見准考證及檢定簡章之規定。

即測即評學科測試檢定方式

即測即評學科測試採電腦上機測試，測試時間100分鐘。試場上機操作流程如下：

1. 請輸入准考證末4碼後點選登入，登入後請檢查應檢人基本資料、報檢職類、級別及測試時間；若有任何問題應即刻舉手由監場人員處理。

2. 確認應檢人基本資料、報檢職類、級別及測試時間無誤後，點選確定以便進入3分鐘練習熟悉測試環境。

3. 練習結束後，進入倒數100分鐘正式測試，正式測試15分鐘內不得提前結束測試（持有身心障礙手冊或學習障礙證明之應檢人測試時間為120分鐘）。

4. 學科測試試題為選擇題80題（每題1.25分，答錯不倒扣，及格分數60分），請選出正確答案。

5. 成績結果評定後，請舉手並聽口令點選列印成績單，並聽從監場人員指示後始可離場。

6. 離開試場後，請於當日內到試務中心等候簽名及領取成績單。

中餐烹調技能檢定丙級學科試題

01：職業道德

（1）1.職業道德最重要之因素為 ①敬業精神 ②追求利潤 ③供應美味可口的食品 ④杜絕浪費。

（3）2.餐飲業是一種 ①製造業 ②農漁業 ③服務業 ④交通業。

（1）3.俗語說：「師父引進門，修行在個人」，因此廚師應 ①抽時間不斷練習，以達到熟能生巧之效果 ②不必練習，以免浪費時間 ③只要熟記要訣 ④只要展現自信 即可。

（3）4.一位品德與修養良好的廚師是指其人 ①很會作名菜 ②服裝儀容整潔 ③待人和氣、能與同事協調合作 ④很有交際手腕。

（2）5.廚師應有良好的休閒生活規劃，空班時間參加 ①打牌 ②社會公益活動 ③兼差 ④交際應酬 即為一很好的例子。

（4）6.廚師應有 ①追求財富 ②保持現狀 ③積極求名 ④終身學習 之認知，切不可視增進自己專業知能之學習為畏途。

（3）7.廚師的味覺細胞被破壞，味覺反應遲鈍，烹調食物所用的調味料相對加重，下列何者因素影響最大？ ①抽煙 ②喝酒 ③嚼食檳榔 ④嚼口香糖。

（2）8.一位令人尊敬的廚師應具備的職業道德為 ①經常參加比賽、爭取名聲 ②守時守分、注重服務精神 ③利潤第一、品質其次 ④力求表現、突顯自我。

（4）9.碰到挑剔的顧客，有職業道德的廚師應 ①多加點調味料，使菜餚味重 ②偷工減料 ③表示材料不足，無法供應 ④用心做菜、加強服務、爭取顧客認同。

（1）10.一位稱職的廚師在供餐後可 ①穿著整潔工作服，詢問顧客滿意度 ②穿著廚衣與顧客共餐，增進感情交流 ③敬酒 ④只要做好廚房的工作即可。

（4）11.一位敬業的廚師應有什麼心態？ ①將菜餚做得色、香、味俱全即好 ②只要將廚房環境之衛生做好 ③多花時間與主管攀交情最重要 ④看重自己的每一項工作，並熱忱投入與廚師相關之工作。

（1）12.廚師的工作主要是製備餐食給顧客食用，因此工作中最需要注意的是 ①衛生習慣 ②烹調技巧 ③溝通能力 ④儀態表現。

（2）13.廚師調理食物的能力是 ①受限天生資質，無法突破 ②師傅指導再加上個人的練習、進修、培養而增進 ③全靠師傅所傳授 ④靠顧客評估而定。

（3）14.廚房的衛生管理作業，主要由 ①新廚師 ②助廚 ③全體工作人員 ④老闆 負責。

（3）15.廚師的衛生習慣最重要，因此進入廚房的第一件事是洗滌 ①抹布 ②廚具 ③雙手 ④食物材料。

（3）16.若餐廳的招牌菜是由某一位廚師所開發出來的，該廚師應有 ①隨時請求加薪 ②伺機跳槽 ③以有助於餐廳生意興隆為榮 ④隱藏技術 的心態。

（4）17.清理廚房整理廚具，對廚師而言是 ①不必浪費這種時間，以免影響調理食物之工作 ②不一定要做的工作 ③可交助廚全權完成 ④必要的工作。

（1）18.烹調從業人員如有剩餘的食物材料 ①應先檢視其儲存狀況及品質，進而置於冰箱保存 ②煮成自己愛吃的口味，享受一番，以免浪費 ③分發給同事處理 ④一律丟棄，以免增加麻煩。

（1）19.早期廚師學廚藝的心路歷程非常辛苦，大部分是採 ①師徒制 ②自行學習 ③互動觀摩 ④烹飪補習 的方式。

（2）20.主廚的工作責任是管理廚務，將食材物盡其用，為的是要達到 ①創意 ②控制成本 ③消耗 ④研發新菜 的目的。

（4）21.近營業結束時間客人才上門，應如何應對？ ①妨礙下班拒絕接受 ②營業結束後不再服務 ③勉強接受消極應付 ④告知營業時間後熱忱接待。

（3）22.職業道德的意義是指 ①有職業不需品德 ②學徒時要遵守的道德與品德 ③具團隊精神及尊師重道與敬業精神 ④廣結善緣。

（4）23.何者為優秀的中餐烹調廚師？ ①不計成本也要讓顧客滿意者 ②有主見又主觀者 ③以營業利潤考量為主者 ④顧及經營者及消費者的需求者。

（1）24.依照衛生法規相關規定，廚師工作前、如廁後，正確的洗手程序為 ①濕搓沖捧擦 ②濕捧搓沖擦 ③濕捧搓擦沖 ④搓濕捧沖擦。

（4）25.擔任技術士不應該有 ①高度職業道德與敬業精神 ②具有良好的品德與修養 ③態度謙恭能與人和睦相處，協調合作 ④高傲自以為是的行為。

（3）26.廚師在廚房工作結束時應 ①交代好其他人做好善後的整理工作 ②把所有器具集中讓清潔人員好整理，就可下班 ③與全體同仁共同一起做好善後的清潔整理工作 ④讓學徒及助廚做好善後的清潔整理工作，廚師不用做。

02：食物性質之認識

（3）1.下列何種食物不屬堅果類？ ①核桃 ②腰果 ③黃豆 ④杏仁。
    註：黃豆為富含蛋白質的豆類食品。核桃、腰果、杏仁、花生等為硬殼果類。

（2）2.以發酵方法製作泡菜，其酸味是來自於醃漬時的 ①碳酸菌 ②乳酸菌 ③酵母菌 ④酒釀。

（4）3.醬油膏比一般醬油濃稠是因為 ①醱酵時間較久 ②加入了較多的糖與鹽 ③濃縮了，水分含量較少 ④加入修飾澱粉在內。
    註：醬油膏乃加入了10～15％的澱粉勾芡使其變濃稠。

（1）4.深色醬油較適用於何種烹調法？ ①紅燒 ②炒 ③蒸 ④煎。
    註：「紅燒」乃加入醬油調味，故加入深色醬油更能入味。

（4）5.食用油若長時間加高溫，其結果是 ①能殺菌、容易保存 ②增加油色之美觀 ③增長使用期限 ④產生有害物質。

（2）6.沙拉油品質愈好則 ①加熱後愈容易冒煙 ②加熱後不易冒煙 ③一經加熱即很快起泡沫 ④不加熱也含泡沫。
    註：沙拉油品質愈好，表示油性穩定，發煙點較高，加熱後較不易冒煙，對身體健康較不

會受到壞的影響。

（3）7.通常所稱之奶油（Butter）係由 ①牛肉中抽出之油 ②牛肉中之肥肉部分，油炸而出之油 ③牛乳內抽出之油脂 ④由植物油精製 而成。

（2）8.添加相同比例量的水於糯米中，烹煮後的圓糯米比尖糯米之質地 ①較硬 ②較軟 ③較鬆散 ④相同。

註：圓糯米支鏈澱粉分子含量多，較尖糯米黏性大。

（1）9.含有筋性的粉類是 ①麵粉 ②玉米粉 ③太白粉 ④甘藷粉。

（2）10.下列何種澱粉以手捻之有滑感？ ①麵粉 ②太白粉 ③泡達粉 ④在來米粉。

（4）11.黏性最大的米為 ①蓬萊米 ②在來米 ③胚芽米 ④糯米。

註：糯米含有較多的支鏈澱粉，所以黏性最大，黏性依序為糯米＞蓬萊米＞再來米＞胚芽米。

（1）12.麵糰添加下列何種調味料可促進其延展性？ ①鹽 ②胡椒粉 ③糖 ④醋。

（1）13.「粉蒸肉」之材料宜用 ①五花肉 ②里肌肉 ③豬蹄 ④豬頭肉。

（2）14.製作包子之麵粉宜選用 ①低筋麵粉 ②中筋麵粉 ③高筋麵粉 ④澄粉。

註：麵粉依所含蛋白質量，分為高筋、中筋和低筋麵粉。

（3）15.花生與下列何種食物性質差異最大？ ①核桃 ②腰果 ③綠豆 ④杏仁。

註：綠豆屬富含醣類的豆類食品。花生、核桃、腰果、杏仁均屬於富含油脂的硬殼果類。

（4）16.如貯藏不當易產生黃麴毒素的食品是 ①蛋 ②肉 ③魚 ④花生。

註：黃麴毒素好發於高碳水化合物的穀類中，如稻米、小麥、玉米、花生等。

（3）17.因存放日久而發芽以致產生茄靈毒素，不能食用之食物是 ①洋蔥 ②胡蘿蔔 ③馬鈴薯 ④毛豆。

註：發芽的馬鈴薯在芽孢上含有大量茄靈毒素，一旦達到0.2～0.4g/kg，就會中毒。

（2）18.下列食品何者含澱粉質較多？ ①荸薺 ②馬鈴薯 ③蓮藕 ④豆薯（刈薯）。

（4）19.下列食品何者為非發酵食品？ ①醬油 ②米酒 ③酸菜 ④牛奶。

（1）20.大茴香俗稱 ①八角 ②丁香 ③花椒 ④甘草。

（3）21.腐竹是用 ①綠豆 ②紅豆 ③黃豆 ④花豆 加工製成的。

註：黃豆加工製品很多，例如腐竹、豆腐、豆花、豆漿、味噌等等。

（2）22.豆腐是以 ①花豆 ②黃豆 ③綠豆 ④紅豆 為原料製作而成的。

（3）23.經烹煮後顏色較易保持綠色的蔬菜為 ①小白菜 ②空心菜 ③芥蘭菜 ④青江菜。

（3）24.魚類的脂肪分佈在 ①皮下 ②魚背 ③腹部 ④魚肉 為多。

（3）25.低脂奶是指牛奶中 ①蛋白質 ②水分 ③脂肪 ④鈣 含量低於鮮奶。

（2）26.下列何種食物切開後會產生褐變？ ①木瓜 ②楊桃 ③鳳梨 ④釋迦。

（4）27.肝臟比肉類容易煮熟是因 ①脂肪成分少 ②蛋白質成分少 ③醣分少 ④結締組織少 的關係。

（2）28.下列那一種物質是禁止作為食品添加物使用？ ①小蘇打 ②硼砂 ③味素 ④紅色6號

色素。

　　註：硼砂為非法的食品添加物，可增加食品如貢丸、油麵的彈性及脆度。但吃多了會引起
　　　　食慾不振、嘔吐、循環系統障礙等硼酸症。

（2）29.假設製作下列菜餚的魚在烹調前都一樣新鮮，你認為烹調後何者可放置較長的時
　　　　間？ ①清蒸魚 ②糖醋魚 ③紅燒魚 ④生魚片。

　　註：糖醋魚為高酸、高糖調味菜餚，可延緩細菌滋長。

（2）30.「走油扣肉」應用 ①排骨肉 ②五花肉 ③里肌肉 ④梅花肉（胛心肉） 來做為佳。

（3）31.菜名中含有「雙冬」二字，常見的是哪二項材料？ ①冬瓜、冬筍 ②冬菇、冬菜 ③
　　　　冬菇、冬筍 ④冬菇、冬瓜。

（4）32.菜名中有「發財」二字的菜，其所用材料通常會有 ①香菇 ②金針 ③蝦米 ④髮菜。

（4）33.銀芽是指 ①綠豆芽 ②黃豆芽 ③苜蓿芽 ④去掉頭尾的綠豆芽。

（1）34.食物腐敗通常出現的現象為 ①發酸或產生臭氣 ②鹽分增加 ③蛋白質變硬 ④重量減
　　　　輕。

（3）35.製造香腸、火腿時加硝的目的為 ①增加維生素含量 ②縮短醃製的時間 ③保持色澤
　　　　及抑制細菌生長 ④使肉質軟嫩，縮短烹調的時間。

　　註：硝的化合物如亞硝酸鈉、硝酸鉀，有保持肉類鮮紅色和抑制肉毒桿菌生長的功能。

（4）36.發霉的穀類含有 ①氰化物 ②生物鹼 ③蕈毒鹼 ④黃麴毒素 對人體有害，不宜食用。

（4）37.下列何種食物發芽後會產生毒素而不宜食用？ ①紅豆 ②綠豆 ③花生 ④馬鈴薯。

（3）38.烹調豬肉一定要熟透，其主要原因是為了防止何種物質危害健康？ ①血水 ②硬筋
　　　　③寄生蟲 ④抗生素。

（3）39.黃麴毒素容易存在於 ①家禽類 ②魚貝類 ③花生、玉米 ④內臟類。

（3）40.製作油飯時，為使其口感較佳，較常選用 ①蓬萊米 ②在來米 ③長糯米 ④圓糯米。

（2）41.酸辣湯的辣味來自於 ①芥茉粉 ②胡椒粉 ③花椒粉 ④辣椒粉。

　　註：酸辣湯的酸來自於醋，辣來自於胡椒粉。

（2）42.為使製作的獅子頭（肉丸）質脆味鮮，最適宜添加下列何物來改變肉的質地？ ①豆
　　　　腐 ②荸薺 ③蓮藕 ④牛蒡。

　　註：荸薺口感爽口帶脆性，可增加獅子頭脆的口感。

（3）43.下列何者為較新鮮的蛋？ ①蛋殼光滑者 ②氣室大的蛋 ③濃厚蛋白量較多者 ④蛋白
　　　　彎曲度小的。

　　註：新鮮的蛋應為蛋殼外表粗糙，內部氣室小，打開後蛋白組織濃稠，蛋黃集中，彎曲度
　　　　小，放在6%塩水中會下沈。

（2）44.製作蒸蛋時，添加何種調味料將有助於增加其硬度？ ①蔗糖 ②鹽 ③醋 ④酒。

（2）45.下列哪一種為天然膨大劑？ ①發粉 ②酵母 ③小蘇打 ④阿摩尼亞。

　　註：酵母為天然膨大劑，而發粉、小蘇打、阿摩尼亞均為化學膨大劑。

（1）46.乾米粉較耐保存之原因為 ①產品乾燥含水量低 ②含多量防腐劑 ③包裝良好 ④急速

冷卻。

（4）47.冷凍食品是一種 ①不夠新鮮的食物放入低溫冷凍而成 ②將腐敗的食物冰凍起來 ③添加化學物質於食物中並冷凍而成 ④把品質良好之食物，處理後放在低溫下，使之快速凍結 之食品。

（2）48.油炸食物後應 ①將油倒回新油容器中 ②將油渣過濾掉，另倒在乾淨容器中 ③將殘渣留在油內以增加香味 ④將油倒棄於水槽內。

（3）49.罐頭可以保存較長的時間，主要是因為 ①添加防腐劑在內 ②罐頭食品濃稠度高，細菌不易繁殖 ③食物經過脫氣密封包裝，再加以高溫殺菌 ④罐頭為密閉的容器與空氣隔絕，外界氣體無法侵入。

（4）50.食物烹調的原則宜為 ①調味料愈多愈好 ②味精用量為食物重量的5% ③運用簡便的高湯塊 ④原味烹調。

（3）51.下列材料何者不適合應用於素食中？ ①辣椒 ②薑 ③蕗蕎 ④九層塔。
註：不適合素食用的蔬菜類食材為蕗蕎、蔥、蒜、韭菜等。

（1）52.吾人應少食用「造型素材」如素魚、素龍蝦的原因為 ①高添加物、高色素、高調味料 ②低蛋白、高價位 ③造型欠缺真實感 ④高香料、高澱粉。

（2）53.大部分的豆類不宜生食係因 ①味道噁心 ②含抗營養因子 ③過於堅硬，難以吞嚥 ④不易消化。
註：豆類食品因大多含有胰蛋白酶抑制因子，需加熱才能破壞，所以不適宜生吃。

（4）54.選擇生機飲食產品時，應先考慮 ①物美價廉 ②容易烹調 ③追求流行 ④個人身體特質。

（3）55.一般製造素肉（人造肉）的原料是 ①玉米 ②雞蛋 ③黃豆 ④生乳。

（4）56.所謂原材料，係指 ①原料及食材 ②乾貨及生鮮食品 ③主原料、副原料及食品添加物 ④原料及包裝材料。

（4）57.肉經加熱烹煮，會產生收縮的情形，是由於加熱使得肉的 ①礦物質 ②筋骨質 ③磷質 ④蛋白質 凝固，析出肉汁的關係。

（3）58.一般深色的肉比淺色的肉所含 ①礦物質 ②蛋白質 ③鐵質 ④磷質 為多。

（1）59.麵粉糊中加了油，在烹炸食物時，會使外皮 ①酥脆 ②柔軟 ③僵硬 ④變焦。

（3）60.將蛋放入6%的鹽水中，呈現半沉半浮表示 ①重量夠 ②愈新鮮 ③不新鮮 ④品質好。

（2）61.米粒粉主要是用來作為 ①酥炸的裏粉 ②粉蒸肉的裏粉 ③煮飯添加粉 ④煙燻材料。
註：米粒粉又稱為蒸肉粉，通常用於排骨、五花肉或肥腸的裏粉。

（1）62.一般湯包內的湯汁形成是靠 ①豬皮的膠質 ②動物的脂肪 ③水 ④白菜汁 做內餡。
註：湯包內湯汁多，是因肉餡添加了豬皮膠質使肉汁凝結後再包餡。

（2）63.乾燥金針容易有 ①一氧化硫 ②二氧化硫 ③氯化鈉 ④氫氧化鈉 殘留過量的問題，所以挑選金針時，以有優良金針標誌者為佳。

（1）64.對光照射鮮蛋，品質愈差的蛋其氣室 ①愈大 ②愈小 ③不變 ④無氣室。

（2）65.乳瑪琳係由下列何物製成？ ①牛脂肪 ②人造植物油 ③豬肥肉 ④牛乳。

（3）66.蘆筍筍尖尚未出土前採收的地下嫩莖稱為 ①筊白筍 ②青蘆筍 ③白蘆筍 ④綠竹筍。

（1）67.下列何種魚的內臟被稱為龍腸？ ①曼波魚 ②鯨魚 ③鱈魚 ④石斑魚。

（2）68.螃蟹蒸熟後的腳容易斷是因為 ①烹調前腳沒有綁住 ②烹調前沒有冰鎮處理 ③烹調前眼睛要遮住 ④烹調前腳沒有清洗。

（3）69.下列何種本土水產被列為保育類？ ①鱔魚 ②錢鰻 ③鱸鰻 ④白鰻。

（1）70.下列何種魚有迴游習性？ ①鮭魚 ②草魚 ③飛魚 ④鯊魚。

　　　註：鮭魚有逆流而上迴游產卵的習性。

（2）71.蛋黃醬中因含有 ①糖 ②醋酸 ③沙拉油 ④芥末粉 細菌不易繁殖，因此不易腐敗。

　　　註：蛋黃醬的成分為蛋黃、沙拉油、醋酸和芥末粉，其中醋酸的作用乃降低pH值，抑制細菌滋長。

（2）72.蛋黃醬之保存性很強，在室溫約可貯存 ①一個月 ②三個月 ③五個月 ④七個月。

（3）73.煮糯米飯（未浸過水）所用的水分比白米飯少，通常是白米飯水量的 ①1/2 ②1/3 ③2/3 ④1/4。

（2）74.炒牛毛肚（重瓣胃）應用 ①文火 ②武火 ③文武火 ④煙火 以免肉質過老而口感差。

（3）75.將炸過或煮熟之食物材料，加調味料及少許水，再放回鍋中炒至無汁且入味的烹調法是？ ①煨 ②燴 ③煸 ④燒。

03：食物選購

（3）1.蛋黃的彎曲度愈高者，表示該蛋愈 ①腐敗 ②陳舊 ③新鮮 ④與新鮮度沒有關係。

　　　註：新鮮的蛋應為蛋殼外表粗糙，內部氣室小，打開後蛋白組織濃稠，蛋黃集中彎曲度小，放在6％塩水中會下沈。

（2）2.買雞蛋時宜選購 ①蛋殼光潔平滑者 ②蛋殼乾淨且粗糙者 ③蛋殼無破損即可 ④蛋殼有特殊顏色者。

（1）3.選購皮蛋時宜選 ①蛋殼表面與生蛋一樣，無黑褐色斑點者 ②蛋殼有許多粗糙斑點者 ③蛋殼光滑即好，有無斑點皆不重要 ④價格便宜者。

　　　註：皮蛋外殼若有黑褐色斑點，表示在製作過程中添加重金屬鉛，幫助蛋白質凝固，但對身體健康有害，不宜添加。

（3）4.鹹蛋一般是以 ①火雞蛋 ②鵝蛋 ③鴨蛋 ④鴕鳥蛋 醃漬而成。

（3）5.下面哪一種是新鮮的乳品特徵？ ①倒入玻璃杯，即見分層沈澱 ②搖動時產生多量泡沫 ③濃度適當、不凝固，將乳汁滴在指甲上形成球狀 ④含有粒狀物。

（1）6.採購蔬果應先考慮之要項為 ①生產季節與市場價格 ②形狀與顏色 ③冷凍品與冷藏品 ④重量與品名。

（1）7.選購蛤蜊應選外殼 ①緊閉 ②微開 ③張開 ④粗糙 者。

（3）8.要選擇新鮮的蝦應選 ①頭部已帶有黑色的 ②頭部脫落的 ③蝦身堅硬的 ④蝦身柔軟

的。

（1）9.避免購買具有土味的淡水魚，其分辨方法可由 ①魚鰓的黏膜細胞 ②魚身 ③魚鰭 ④魚尾所散發的味道得知。

（4）10.下列何種魚類較適合做為生魚片的食材？ ①河流出海口的魚 ②箱網魚 ③近海魚 ④深海魚。

註：深海魚較不受環境的污染，較適合做為生魚片食用。

（4）11.下列敘述何者為新鮮魚類的特徵？ ①魚鰓成灰褐色 ②魚眼混濁突出 ③魚鱗脫落 ④肉質堅挺有彈性。

（3）12.螃蟹最肥美之季節為 ①春 ②夏 ③秋 ④冬 季。

（2）13.廚師常以何種部位來辨別母蟹？ ①螯 ②臍 ③蟹殼花紋 ④肥瘦。

註：螃蟹的公母乃以腹部的臍的形狀來分辨，呈三角形為公的，呈橢圓形為母的。

（3）14.「紅燒下巴」的下巴是指 ①豬頭 ②舌頭 ③魚頭 ④猴頭菇。

（4）15.製作「紅燒下巴」時常選用 ①黃魚頭 ②鮸魚頭 ③鯧魚頭 ④草魚頭。

（4）16.一般作為「紅燒划水」的材料，是使用草魚的 ①頭部 ②背部 ③腹部 ④尾部。

註：所謂「划水」指魚尾巴，「下巴」指魚頭，「肚膛」指魚中段。

（1）17.正常的新鮮肉類色澤為 ①鮮紅色 ②暗紅色 ③灰紅色 ④褐色。

（3）18.炸豬排時宜使用豬的 ①後腿肉 ②前腿肉 ③里肌肉 ④五花肉。

（4）19.豬肉屠體中，肉質最柔嫩的部位是 ①里肌肉 ②梅花肉（胛心肉）③後腿肉 ④小里肌。

（1）20.肉牛屠體中，肉質較硬，適合長時間燉煮的部位為 ①腱子肉 ②肋條 ③腓力 ④沙朗。

（4）21.一般俗稱的滷牛肉係採用牛的 ①里肌肉 ②和尚頭 ③牛腩 ④腱子肉。

註：腱子肉即是牛腱，肉質具彈性。

（1）22.雞肉中最嫩的部分是 ①雞柳 ②雞腿肉 ③雞胸肉 ④雞翅膀。

（3）23.選購罐頭食品應注意 ①封罐完整即好 ②凸罐者表示內容物多 ③封罐完整，並標示完全 ④歪罐者為佳。

（1）24.醬油如用於涼拌菜及快炒菜為不影響色澤應選購 ①淡色醬油 ②深色醬油 ③薄鹽醬油 ④醬油膏。

（2）25.絲瓜的選購以何者最佳？ ①愈輕越好 ②愈重越好 ③愈長越好 ④愈短越好。

（4）26.下列何種食物的產量與季節的關係最小？ ①蔬菜 ②水果 ③魚類 ④豬肉。

（3）27.下列何者為一年四季中價格最平穩的食物？ ①西瓜 ②雞蛋 ③豆腐 ④虱目魚。

（3）28.下列哪一種蔬菜在夏季是盛產期？ ①高麗菜 ②菠菜 ③絲瓜 ④白蘿蔔。

（2）29.下列加工食材中何者之硝酸鹽含量可能最高？ ①蛋類 ②肉類 ③蔬菜類 ④水果類。

註：肉類加入硝酸鹽，會增加紅色色澤並改變風味，增加保存期限，如香腸、臘肉。

（4）30.胚芽米中含 ①澱粉 ②蛋白質 ③維生素 ④脂肪 量較高，易酸敗、不耐貯藏。

201

（2）31.下列魚類何者屬於海水魚？ ①草魚 ②鯧魚 ③鯽魚 ④鰱魚。

（2）32.蛋液中添加 ①鹽 ②牛奶 ③水 ④太白粉 可改善蛋的凝固性與增加蛋之柔軟度。

（1）33. 1台斤為600公克，3000公克為 ①3公斤 ②85兩 ③6台斤 ④8台斤。

註：1斤600公克，1公斤1000公克，故3000公克＝3公斤。

（3）34. 26兩等於 ①26公克 ②850公克 ③975公克 ④1275公克。

註：1斤為16兩，亦等於600公克，故1兩約為37.5公克，26兩＝975公克。

（3）35.食材450公克最接近 ①1台斤 ②半台斤 ③1磅 ④8兩。

註：1磅＝454公克。

（2）36.肉類食品產量的多少與季節的差異相關性 ①最大 ②最少 ③沒有影響 ④冬天影響較大。

（1）37.瓜類中，冬瓜比胡瓜的儲藏期 ①較長 ②較短 ③不能比較 ④相同。

（4）38.下列何者不屬於蔬菜？ ①豌豆夾 ②皇帝豆 ③四季豆 ④綠豆。

（3）39.屬於春季盛產的蔬菜是 ①麻竹筍 ②蓮藕 ③百合 ④大白菜。

註：百合盛產於春天，麻竹筍和大白菜盛產於冬天，蓮藕盛產於夏天。

（2）40.國內蔬菜水果之市場價格與 ①生長環境 ②生產季節 ③重量 ④地區性 具有密切關係。

註：當季水果產量多，影響市場價格較便宜，也較新鮮且品質佳。

（4）41.下列何種食材不因季節、氣候的影響而有巨幅價格變動？ ①海產魚類 ②葉菜類 ③進口蔬菜 ④冷凍食品。

（3）42.一般餐廳供應份數與 ①人事費用 ②水電費用 ③食物材料費用 ④房租 成正比。

（2）43.國產肉品以一般市價論，牛肚較豬肚 ①便宜 ②貴 ③一樣 ④無法評估。

（3）44.選購以符合經濟實惠原則的罐頭，須注意 ①價格便宜就好 ②進口品牌 ③外觀無破損、製造日期、使用時間、是否有歪罐或銹罐 ④可保存五年以上者。

（2）45.製備筵席大菜，將切割下來的邊肉及魚頭 ①倒餿水桶 ②轉至其他烹調 ③帶回家 ④沒概念。

（2）46.主廚開功能表製備菜餚，食材的選擇應以 ①進口食材 ②當地及季節性食材 ③價格昂貴的食材 ④保育類食材 來爭取顧客認同並達到成本控制的要求。

（4）47.良好的 ①大量採購 ②進口食材 ③低價食材 ④成本控制 可使經營者穩定產品價格，增加市場競爭力。

（3）48.身為廚師除烹飪技術外，採購蔬果應 ①不必在意食物生長季節問題 ②那是採購人員的工作 ③需注意蔬果生長與盛產季節 ④不需考量太多合用就好。

（2）49.一般來說肉質來源相同的肉類售價 ①冷藏單價比冷凍單價低 ②冷藏單價比冷凍單價高 ③冷藏單價與冷凍單價一樣 ④視採購量的多寡來訂單價。

（4）50.廚師烹調時選用當季、在地的各類生鮮食材 ①沒有特色 ②隨時可取食物，沒價值感 ③對消費者沒吸引力 ④可確保食材新鮮度，經濟又實惠。

註：廚師選用在地生鮮食材，不但價格可較便宜，且品質較為新鮮優良。

（3）51.空心菜是夏季盛產的蔬菜屬於 ①根莖類 ②花果類 ③葉菜類 ④莖球類。

（4）52.台灣近海魚類的價格會受季節、氣候的影響而變動，影響最大的是 ①雨季 ②秋季 ③雪季 ④颱風季。

（3）53.主廚對於肉品的採購，應在乎它的單價與品質，對於耗損 ①可不必計較 ②耗損與 單價無關 ③要求品質，對於耗損有幫助 ④品質與耗損沒有關聯。

（4）54.身為廚師除烹飪技術外，對於食材生長季節問題，是否也需認識？ ①那是採購人員 的工作 ②沒有必要瞭解認識 ③廠商的事 ④應經常吸收資訊，多認識食材。

04：食物貯存

（2）1.食品冷藏溫度最好維持在 ①0℃以下 ②7℃以下 ③10℃以上 ④20℃以上。

（1）2.貯藏冷凍肉類的溫度應控制在 ①−18℃ ②−5℃ ③0℃ ④5℃ 以下。

（4）3.冷凍食品應保存之溫度是在 ①4℃ ②0℃ ③−5℃ ④−18℃ 以下。

（1）4.蛋置放於冰箱中應 ①鈍端朝上 ②鈍端朝下 ③尖端朝上 ④橫放。

註：蛋的鈍端處有一氣室，貯存時朝上，蛋液組織較不受影響。

（4）5.下列哪種食物之儲存方法是正確的？ ①將水果放於冰箱之冷凍層 ②將油脂放於火爐 邊 ③將鮮奶置於室溫 ④將蔬菜放於冰箱之冷藏層。

（2）6.魚漿為了立即取用，應暫時放在 ①冷凍庫 ②冷藏庫 ③乾貨庫房 ④保溫箱 中。

（1）7.冷凍櫃的溫度應保持在 ①−18℃以下 ②−4℃以下 ③0℃以下 ④4℃以下。

（4）8.食品之熱藏（高溫貯存）溫度應保持在 ①30℃以上 ②40℃以上 ③50℃以上 ④60℃ 以上。

註：食品在60℃以上的貯存溫度下，可抑制細菌生長繁殖。

（2）9.鹽醃的水產品或肉類 ①不必冷藏 ②必須冷藏 ③必須冷凍 ④包裝好就好。

（4）10.下列何種方法不能達到食物保存之目的？ ①放射線處理 ②冷凍 ③乾燥 ④塑膠袋包 裝。

（1）11.處理要冷藏或冷凍的包裝肉品時 ①要將包裝紙與肉之間的空氣壓出來 ②將空氣留存 在包裝紙內 ③包裝紙愈厚愈好 ④包裝紙與肉品之貯藏無關。

（3）12.冰箱冷藏的溫度應在 ①12℃ ②8℃ ③7℃ ④0℃ 以下。

（3）13.發酵乳品應貯放在 ①室溫 ②陰涼乾燥的室溫 ③冷藏庫 ④冷凍庫。

（2）14.冷凍食品經解凍後 ①可以 ②不可以 ③無所謂 ④沒有規定 重新冷凍出售。

（1）15.冷凍食品與冷藏食品之貯存 ①必需分開貯存 ②可以共同貯存 ③沒有規定 ④視情況 而定。

（1）16.買回家的冷凍食品，應放在冰箱的 ①冷凍層 ②冷藏層 ③保鮮層 ④最下層。

（1）17.封罐良好的罐頭食品可以保存約 ①三年 ②五年 ③七年 ④九年。

（3）18.食用油應貯藏在 ①爐邊 ②陽光下 ③陰涼乾燥處 ④水槽邊。

（2）19.下列何種方法可以使肉類保持較好的品質，且為較有效的保存方法？ ①加熱 ②冷

凍 ③曬乾 ④鹽漬。

（2）20.調味乳應存放在 ①冷凍庫 ②冷藏庫 ③乾貨庫房 ④室溫 中。

（4）21.甘薯最適宜的貯藏溫度為 ①－18℃以下 ②0～3℃ ③3～7℃ ④15℃左右。

（3）22.未吃完的米飯，下列保存方法以何者為佳？ ①放在電鍋中 ②放在室溫中 ③放入冰箱中冷藏 ④放在電子鍋中保溫。

註：米飯置於溫暖環境中，易滋長仙人掌桿菌，故宜貯存於冰箱中冷藏。

（3）23.買回來的整塊肉類，以何種方法處理為宜？ ①不加處理，直接放入冷凍庫 ②整塊洗淨後，放入冷凍庫 ③清洗乾淨並分切包裝好後，放入冷凍庫 ④整塊洗淨後，放入冷藏庫貯藏。

註：整塊肉類宜分塊冷凍，日後用多少取多少解凍，勿反覆解凍冷凍，易破壞肉質並生長細菌。

（2）24.香蕉不宜放在冰箱中儲存，是為了避免香蕉 ①失去風味 ②表皮迅速變黑 ③肉質變軟 ④肉色褐化。

（4）25.下列水果何者不適宜低溫貯藏？ ①梨 ②蘋果 ③葡萄 ④香蕉。

（2）26.畜產品之冷藏溫度下列何者適宜？ ①5～8℃ ②3～5℃ ③2～－2℃ ④－5～－12℃。

（1）27.下列何種方法，可防止冷藏（凍）庫的二次污染？ ①各類食物妥善包裝並分類貯存 ②食物交互置放 ③經常將食物取出並定期除霜 ④增加開關庫門之次數。

（1）28.肉類貯藏時會發生一些變化，下列何者為錯誤？ ①脂肪酸會流失 ②肉色改變 ③慢速敗壞 ④重量減少。

註：脂肪發生酸敗而分解成脂肪酸而非脂肪酸流失。

（2）29.有關魚類貯存，下列何者不正確？ ①新鮮的魚應貯藏在4℃以下 ②魚覆蓋的冰愈大塊愈好 ③魚覆蓋碎冰時要避免使魚泡在冰水中 ④魚片冷藏應保存在防潮密封包裝袋內。

（2）30.馬鈴薯的最適宜貯存溫度為 ①5～8℃ ②10～15℃ ③20～25℃ ④30～35℃。

（3）31.關於蔬果的貯存，下列何者不正確？ ①南瓜放在室溫貯存 ②黃瓜需冷藏貯存 ③青椒置密封容器貯存以防氧化 ④草莓宜冷藏貯存。

（4）32.蛋儲藏一段時間後，品質會產生變化且 ①比重增加 ②氣室縮小 ③蛋黃圓而濃厚 ④蛋白粘度降低。

（2）33.食物安全的供應溫度是指 ①5～60℃ ②60℃以上、7℃以下 ③40～100℃ ④100℃以上、40℃以下。

註：7℃～60℃之間為食品貯存的危險溫度。

（1）34.對新鮮屋包裝的果汁，下列敘述何者正確？ ①必須保存在7℃以下的環境中 ②運送時不一定須使用冷藏保溫車 ③可保存在室溫中 ④需保存在冷凍庫中。

（4）35.下列有關食物的儲藏何者為錯誤？ ①新鮮屋鮮奶儲放在5℃以下的冷藏室 ②冰淇淋

儲放在－18℃以下的冷凍庫 ③利樂包（保久乳）裝乳品可儲放在乾貨庫房中 ④開罐後的奶粉為防變質宜整罐儲放在冰箱中。

（3）36.下列敘述何者為錯誤？ ①低溫食品理貨作業應在15℃以下場所進行 ②乾貨庫房貨物架不可靠牆，以免吸濕 ③保溫食物應保持在50℃以上 ④低溫食品應以低溫車輛運送。

（2）37.乾貨庫房的管理原則，下列敘述何者正確？ ①食物以先進後出為原則 ②相對濕度控制在40～60% ③最適宜溫度應控制在25～37℃ ④儘可能日光可直射以維持乾燥。

　　　註：乾貨庫房的管理原則：①食物以先進先出為原則；②相對溼度控制在40～60%；③最適宜溫度應控制在20～25℃；④避免日光直接照射。

（3）38.乾貨庫房的相對濕度應維持在 ①80%以上 ②60～80% ③40～60% ④20～40%。
　　　註：同37題。

（4）39.為有效利用冷藏冷凍庫之空間並維持其品質，一般冷藏或冷凍庫的儲存食物量宜佔其空間的①100% ②90% ③80% ④60% 以下。

（1）40.廚房內的食品、餐具不可與地面直接接觸，應放置在高於地面起碼 ①30cm ②60cm ③80cm ④100cm 之處。

（4）41.開罐後的罐頭食品，如一次未能用完時應如何處理？ ①連罐一併放入冰箱冷藏 ②連罐一併放入冰箱冷凍 ③把罐口蓋好放回倉庫待用 ④取出內容物用保鮮盒盛裝放入冰箱冷藏或冷凍。

（4）42.採購回來的冷凍草蝦，如有黑頭現象，下列何者為非？ ①酪氨酸酵素作用的緣故 ②冷凍不當所造成 ③不新鮮才變黑 ④因新鮮草蝦急速冷凍的關係。
　　　註：新鮮草蝦急速冷凍為正確處理方式，不易產生黑頭現象。

（3）43.乾燥食品的貯存期限最主要是較不受 ①食品中含水量的影響 ②食品的品質影響 ③食品重量的影響 ④食品配送的影響。

（3）44.冷藏的主要目的在於 ①可以長期保存 ②殺菌 ③暫時抑制微生物的生長以及酵素的作用 ④方便配菜與烹調。

（2）45.冷凍庫應隨時注意冰霜的清除，主要原因是 ①以免被師傅或老闆責罵 ②保持食品安全與衛生 ③因應衛生檢查 ④個人的表現。

（4）46.冷凍與冷藏的食品均屬低溫保存方法 ①可長期保存不必詳加區分 ②不需先進先出用完即可 ③不需有使用期限的考量 ④應在有效期限內儘速用完。

（3）47.鮮奶容易酸敗，為了避免變質 ①應放在室溫中 ②應放在冰箱冷凍 ③應放在冰箱冷藏 ④應放在陰涼通風處。

（3）48.鹽漬的水產品或肉類，使用後若有剩餘應 ①可不必冷藏 ②放在陰涼通風處 ③放置冰箱冷藏 ④放在陽光充足的通風處。

（2）49.新鮮葉菜類買回來後若隔夜烹煮，應包裝好 ①存放於冷凍庫中 ②放於冷藏庫中 ③

放在通風陰涼處 ④泡在水中。

（1）50.依據HACCP（食品安全管制系統）之規定，蔬菜、水產、畜產原料或製品貯藏應該 ①分開包裝，分開貯藏 ②不必包裝一起貯藏 ③一起包裝一起貯藏 ④不必包裝，分開貯藏。

　　　註：HACCP（Hazard Analysis and Critical Control Point）危害分析重要管制點系統制度，是一套在食品製造過程中即針對可能出現的危害找出控制點，予以即時掌控過止危害發生，以確保食品之安全性的管制系統。

（4）51.生鮮肉類的保鮮冷藏時間可長達 ①10天 ②7天 ③5天 ④2天。

（4）52.鮮奶如需熱飲，各銷售商店可將瓶裝鮮奶加溫至 ①30℃ ②40℃ ③50℃ ④60℃ 以上。

（1）53.一般食用油應貯藏在 ①陰涼乾燥的地方 ②陽光充足的地方 ③密閉陰涼的地方 ④室外屋簷下 以減緩油脂酸敗。

（2）54.米應存放於 ①陽光充足乾燥的環境中 ②低溫乾燥環境中 ③陰冷潮濕的環境中 ④放於冷凍冰箱中。

（3）55.買回來的冬瓜表面上有白霜是 ①發霉現象 ②糖粉 ③成熟的象徵 ④快腐爛掉的現象。

（1）56.皮蛋又叫松花蛋，其製作過程是新鮮蛋浸泡於鹼性物質中，並貯放於 ①陰涼通風處 ②冷藏室 ③冷凍室 ④陽光充足處 密封保存。

（2）57.油脂開封後未用完部分應 ①不需加蓋 ②隨時加蓋 ③想到再蓋 ④放冰箱不用蓋。

（3）58.乾料放入儲藏室其數量不得超過儲藏室空間的 ①40% ②50% ③60% ④70% 以上。

（4）59.發霉的年糕應 ①將霉刮除後即可食用 ②洗淨後即可食用 ③將霉刮除洗淨後即可食用 ④不可食用。

（2）60.下列食物加工處理後何者不適宜冷凍貯存？ ①甘薯 ②小黃瓜 ③芋頭 ④胡蘿蔔。

　　　註：小黃瓜含水量高，冷凍後易脫水破壞質地，故不可冷凍貯存。

（1）61.蔬果產品之冷藏溫度下列何者為宜？ ①5～7℃ ②2～4℃ ③2～-2℃ ④-5～-12℃。

（3）62.關於蔬果置冰箱貯存，下列何者正確？ ①西瓜冷凍貯存 ②黃瓜冷凍貯存 ③青椒置保鮮容器貯存以防氧化 ④香蕉冷藏貯存。

（2）63.一般罐頭食品 ①需冷藏 ②不需冷藏 ③需凍藏 ④需冰藏 ，但其貯存期限的長短仍受環境溫度的影響。

（2）64.買回來的冷凍肉，除非立刻烹煮，否則應放於 ①冷藏庫 ②冷凍庫 ③陰涼處 ④室內通風處。

（4）65.剛買回來整箱（紙箱包裝）生鮮水果，應放於 ①冷藏庫地上貯存 ②冷凍庫地上貯存 ③冷藏庫架子上貯存 ④室溫架子上貯存。

（1）66.封罐不良歪斜的罐頭食品可否保存與食用？ ①否 ②可 ③可保存一年內用完 ④可保存三個月內用完。

（2）67.甘薯買回來不適宜貯藏的溫度為 ①18℃ ②0～3℃ ③20℃ ④15℃ 左右。

（4）68.以紅外線保溫的食物，溫度必須控制在 ①7℃ ②30℃ ③50℃ ④60℃ 以上。

（1）69.下列何種肉品貯藏期最短最容易變質？ ①絞肉 ②里肌肉 ③排骨 ④五花肉。

　　註：絞肉個別體積細小，與空氣接觸面變大，故較易腐敗，保存期會較短。

（4）70.原料、物料之貯存，為避免混雜使用應依 ①後進後出 ②先進後出 ③後進先出 ④先進先出 之原則，以免食物因貯存太久而變壞、變質。

（3）71.餐飲業實施HACCP（食品安全管制系統）儲存管理，乾原料需放置於離地面 ①2吋 ②4吋 ③6吋 ④8吋，並且避免儲放在管線或冷藏設備下。

（3）72.餐飲業實施HACCP（食品安全管制系統）儲存管理，生、熟食貯存 ①一起疊放熟食在生食上方 ②分開放置熟食在生食下方 ③分開放置熟食在生食上方 ④一起放置熟食在生食上方 以免交叉汙染。

（2）73.魚類買回來如隔夜後才要烹調，其保存方式是將魚鱗、內臟去除洗淨後 ①直接放於低溫的冷凍庫中 ②分別包裝放於冷凍庫中 ③分別包裝放於室溫陰涼處，且愈早使用愈好 ④分別包裝放於冷藏庫中。

（1）74.冰箱可以保持食物新鮮度，且食品放入之數量應於容量的 ①60% ②70% ③80% ④90% 以下。

（4）75.生鮮香辛料要放於下列何種環境中貯存？ ①陰涼通風處 ②陽光充足處 ③冰箱冷凍庫 ④冰箱冷藏庫。

（2）76.放置冰箱冷藏的豬碎肉、豬肝、豬心應在 ①1週內用完 ②1～2天內用完 ③3～4天內用完 ④一個月內用完。

（4）77.餐飲業實施HACCP（食品安全管制系統）正確的化學物質儲存管理應在原盛裝容器內並 ①專人看顧 ②專櫃放置 ③專人專櫃放置 ④專人專櫃專冊放置。

05：食物製備

（4）1.扣肉是以論 ①秒 ②分 ③刻 ④時 為火候的菜餚。

　　註：扣肉肉質較嫩，是經長時間蒸煮而成，故以時計之。

（3）2.較老的肉宜採下列何種烹煮法？ ①切片快炒 ②切片油炸 ③切塊紅燒 ④汆燙。

　　註：肉質較老的肉，為軟化織組易於入口，宜切塊長時間烹煮。

（4）3.將食物煎或炒以後再加入醬油、糖、酒及水等佐料放在慢火上烹煮，稱之為 ①燴 ②溜 ③爆 ④紅燒。

（4）4.經過初熟處理的牛肉、豬肝爆炒時應用 ①文火溫油 ②文火熱油 ③旺火溫油 ④旺火熱油。

　　註：牛肉、豬肝為易熟的食材，宜採用旺火熱油，快速爆炒之。

（4）5.「爆」的菜應使用 ①微火 ②小火 ③中火 ④大火 來做。

（4）6.製作「燉」、「煨」的菜餚，應用 ①大火 ②旺火 ③武火 ④文火。

　　註：燉、煨乃是以長時間小火加熱的烹調法。

（4）7.中國菜所謂「醬爆」是指用 ①番茄醬 ②沙茶醬 ③芝麻醬 ④甜麵醬 來做。

（2）8.油炸掛糊食物以下列哪一溫度最適當？ ①140℃ ②180℃ ③240℃ ④260℃。

（2）9.蒸蛋時宜用 ①旺火 ②文火 ③武火 ④三者隨意。

（4）10.煎荷包蛋時應用 ①旺火 ②武火 ③大火 ④文火。

（1）11.做清蒸魚時宜用 ①武火 ②文武火 ③文火 ④微火。

　　註：為保持蒸魚的鮮味，以大火蒸的時間約12～15分鐘為最適當。

（1）12.刀工與火候兩者之間的關係 ①非常密切 ②有關但不重要 ③有些微關係 ④互不相干。

（2）13.為使牛肉肉質較嫩，切肉絲時應 ①順著肉紋切 ②橫著肉紋切 ③斜著肉紋切 ④隨意切。

　　註：牛肉、豬肉因肉的肌肉纖維較長，切割時應逆紋切，而雞肉肌肉纖維較短且肉質較軟，切割時應順紋切。

（3）14.製作拼盤（冷盤）時最著重的要點是在 ①刀工 ②排盤 ③刀工與排盤 ④火候。

（3）15.泡乾魷魚時須 ①先泡冷水後泡鹼水 ②先泡鹼水後泡冷水 ③先泡冷水後泡鹼水再漂冷水 ④冷水、鹼水先後不拘。

　　註：泡發乾魷魚的步驟為 ①先泡冷水軟化肉質 ②續泡鹼水漲發 ③再多次漂洗冷水去除鹼味

（4）16.洗豬網油時宜用 ①擦洗法 ②刮洗法 ③沖洗法 ④漂洗法。

　　註：豬網油易沾泥砂，也易破裂，故清洗時應小心地漂洗去淨雜質。

（1）17.洗豬舌、牛舌時宜用 ①刮洗法 ②擦洗法 ③沖洗法 ④漂洗法。

　　註：豬舌、牛舌宜用刀子先刮去舌苔，再清洗乾淨。

（1）18.豬腳的清洗方法以 ①刮洗法 ②擦洗法 ③沖洗法 ④漂洗法 為宜。

　　註：豬腳清洗時應先拔除腳毛，再用刀子刮除外皮污垢，再清洗乾淨。

（3）19.剖魚肚時，不要弄破魚膽，否則魚肉會有 ①酸味 ②臭味 ③苦味 ④澀味。

（1）20.一般生鮮蔬菜之前處理宜採用 ①先洗後切 ②先切後洗 ③先泡後洗 ④洗、切、泡、醃無一定的順序。

　　註：生鮮蔬菜若先切後洗，易流失營養素，所以應先洗後切。

（2）21.清洗蔬菜宜用 ①擦洗法 ②沖洗法 ③泡洗法 ④漂洗法。

（1）22.貝殼類之處理應該先做到 ①去沙洗淨 ②冷凍以保新鮮 ③擦拭殼面 ④去殼取肉。

（4）23.洗豬腦時宜用 ①刮洗法 ②擦洗法 ③沖洗法 ④漂洗法。

　　註：豬腦質細嫩，表面帶有細細微血管，應先以牙籤挑去血管後，再輕輕在水中漂洗乾淨。

（3）24.洗豬肺時宜用 ①刮洗法 ②擦洗法 ③沖洗法 ④漂洗法。

（1）25.洗豬肚、豬腸時宜用 ①翻洗法 ②擦洗法 ③沖洗法 ④漂洗法。

註：豬肚、豬腸內部污垢多，宜翻出刮除後，再用鹽巴、明礬或麵粉清洗乾淨。

（4）26.烹調魚類應該先做到 ①去除骨頭 ②頭尾不用 ③去皮去骨 ④清除魚鱗、內臟及鰓。

（4）27.熬高湯時，應在何時下鹽？ ①一開始時 ②水煮滾時 ③製作中途時 ④湯快完成時。

（3）28.烹調上所謂的五味是指 ①酸甜苦辣辛 ②酸甜苦辣麻 ③酸甜苦辣鹹 ④酸甜苦辣甘。

（3）29.中國菜餚講究溫度，試請安排下列三菜上桌順序？（甲）清蒸鮮魚（乙）紅燒烤麩（丙）魚香烘蛋 ①甲乙丙 ②乙甲丙 ③乙丙甲 ④丙甲乙。

註：紅燒烤麩可冷食亦不失風味，而清蒸鮮魚宜趁熱食用，故可最慢上菜。

（4）30.下列的烹調方法中何者可不勾芡？ ①溜 ②羹 ③燴 ④燒。

註：燒的作法乃是長時間加熱後，自然收汁成芡狀，並非勾芡而成。

（2）31.為製作「宮保魷魚」應添加何種香辛料？ ①紅辣椒 ②乾辣椒 ③青辣椒 ④辣椒粉。

（4）32.牛腩的調理以 ①炸 ②炒 ③爆 ④燉 為適合。

（2）33.漿蝦仁時需添加哪幾種佐料？ ①鹽、蛋黃、太白粉 ②鹽、蛋白、太白粉 ③糖、全蛋、太白粉 ④糖、全蛋、玉米粉。

（4）34.做蝦丸時為使其滑嫩可口，一般都摻 ①水 ②太白粉 ③蛋白 ④肥肉、蛋白與太白粉 拌合。

（1）35.蝦仁要炒得滑嫩且爽脆，必須先 ①擦乾水分後拌入蛋白和太白粉 ②拌入油 ③放多量蛋白 ④放小蘇打 去醃。

（1）36.勾芡是烹調中的一項技巧，可使菜餚光滑美觀、口感更佳，為達「明油亮芡」的效果應 ①勾芡時用炒瓢往同一方向推拌 ②用炒瓢不停地攪拌 ③用麵粉來勾芡 ④芡粉中添加小蘇打。

（1）37.添加下列何種材料，可使蛋白打得更發？ ①檸檬汁 ②沙拉油 ③蛋黃 ④鹽。

註：檸檬汁的鹼性可中和蛋白的酸性，使蛋白打發更穩定。

（1）38.烹調時調味料的使用應注意 ①種類與用量 ②美觀與外形 ③顧客的喜好 ④經濟實惠。

（1）39.解凍方法對冷凍肉的品質影響頗大，應避免解凍時將冷凍肉放於 ①水中浸泡 ②微波爐 ③冷藏庫 ④塑膠袋內包紮好後於流動水中 解凍。

（2）40.買回來的橘子或香蕉等有外皮的水果，供食之前 ①不必清洗 ②要清洗 ③擦拭一下 ④最好加熱。

（4）41.蛋黃醬（沙拉醬）之製作原料為 ①豬油、蛋、醋 ②牛油、蛋、醋 ③奶油、蛋、醋 ④沙拉油、蛋、醋。

（4）42.下列何者不是蛋黃醬（沙拉醬）之基本材料？ ①蛋黃 ②白醋 ③沙拉油 ④牛奶。

（1）43.新鮮蔬菜烹調時火候應 ①旺火速炒 ②微火慢炒 ③旺火慢炒 ④微火速炒。

（4）44.胡蘿蔔切成簡式的花紋做為配菜用，稱之為 ①滾刀片 ②長形片 ③圓形片 ④水花片。

（3）45.哈士蟆是指雪蛤體內的 ①唾液 ②肌肉 ③輸卵管及卵巢上的脂肪 ④腸 ，通常為製作

「雪蛤膏」的食材。

（3）46.煎蛋皮時為使蛋皮不容易破裂又漂亮，應添加何種佐料？ ①味素、太白粉 ②糖、太白粉 ③鹽、太白粉 ④玉米粉、麵粉。

註：煎蛋皮時，加入鹽巴可使蛋液增加韌性，而添加太白粉則增加粘稠性，均幫助蛋皮不易破裂。

（4）47.「雀巢」的製作使用下列哪種材料為佳？ ①通心麵 ②玉米粉 ③太白粉 ④麵條。

（3）48.傳統江浙式的「醉雞」是使用何種酒浸泡？ ①米酒 ②高粱酒 ③紹興酒 ④啤酒。

（2）49.製作紅燒肉宜選用豬肉的哪一部位？ ①里肌肉 ②五花肉 ③前腿 ④小里肌。

（3）50.「京醬肉絲」傳統的作法，鋪底是用 ①蒜白 ②筍絲 ③蔥白絲 ④綠豆芽。

（2）51.牛肉不易燉爛，於烹煮前可加入些 ①小蘇打 ②木瓜 ③鹼粉 ④泡打粉 浸漬，促使牛肉易爛且不會破壞其中所含有的維生素。

註：木瓜含有天然的木瓜酵素，可軟化牛肉的肉質且不破壞營養素，小蘇打亦有軟化牛肉肉質效果，但會破壞其營養素。

（2）52.一般「佛跳牆」是使用何種容器盛裝上桌？ ①湯碗 ②甕 ③水盤 ④湯盤。

（1）53.經過洗滌、切割或熟食處理後的生料或熟料，再用調味料直接調味而成的菜餚，其烹調方法稱為 ①拌 ②煮 ③蒸 ④炒。

（3）54.依中餐烹調檢定標準，食物製備過程中，高污染度的生鮮材料必須 ①優先處理 ②中間處理 ③最後處理 ④沒有規定。

註：以中餐技術士檢定標準，食物製備過程中，低污染度生鮮材料應優先處理，高污染度生鮮材料則最後處理。

（1）55.三色煎蛋的洗滌順序，下列何者正確？ ①香菇→小黃瓜→蔥→胡蘿蔔→蛋 ②蛋→胡蘿蔔→蔥→小黃瓜→香菇 ③小黃瓜→蔥→香菇→蛋→胡蘿蔔 ④蛋→香菇→蔥→小黃瓜→胡蘿蔔。

註：以中餐技術士檢定標準，食材清洗順序為：乾貨→加工食品（素）→加工食品（葷）→蔬果類→肉類→蛋→海鮮類。

（4）56.製備熱炒菜餚，刀工應注意 ①絲要粗 ②片要薄 ③丁要大 ④刀工均勻。

（1）57.刀身用力的方向是「向前推出」，適用於質地脆硬的食材，例如筍片、小黃瓜片蔬果等切片的刀法，稱之為 ①推刀法 ②拉刀法 ③剞刀法 ④批刀法。

（4）58.凡以「宮保」命名的菜，都要用到 ①青椒 ②紅辣椒 ③黃椒 ④乾辣椒。

（1）59.珍珠丸子是以糯米包裹在肉丸子的外表，以何種烹調製成？ ①蒸 ②煮 ③炒 ④炸。

（1）60.羹類菜餚勾芡時，最好用 ①中小火 ②猛火 ③大火 ④旺火。

（2）61.「爆」的時間要比「炒」的時間 ①長 ②短 ③相同 ④不一定。

（4）62.下列刀工中何者為不正確？ ①「粒」比「丁」小 ②「末」比「粒」小 ③「茸」比「末」細 ④「絲」比「條」粗。

註：刀工大小順序：條＞絲，丁＞粒＞末＞茸。

（2）63.松子腰果炸好，放冷後顏色會 ①變淡 ②變深 ③變焦 ④不變。

（1）64.醬油如用於涼拌菜及快炒菜應選購 ①淡色 ②深色 ③薄鹽 ④油膏 醬油。

（3）65.製作「茄汁豬排」時，為使之「嫩」通常是 ①切薄片 ②切絲 ③拍打浸料 ④切厚片。

（3）66.炸豬排通常使用豬的 ①後腿肉 ②前腿肉 ③里肌肉 ④五花肉。

（1）67.製作完成之菜餚應注意 ①不可重疊放置 ②交叉放置 ③可重疊放置 ④沒有規定。

　　　註：製作完成之菜餚不可重疊放置，以免交叉污染。

（4）68.菜餚如須復熱，其次數應以 ①四次 ②三次 ③二次 ④一次 為限。

（1）69.食物烹調足夠與否並非憑經驗或猜測而得知，應使用何種方法辨識 ①溫度計 ②剪刀 ③筷子 ④湯匙。

（4）70.生鮮石斑魚最理想的烹調方法為 ①油炸 ②煙燻 ③煎 ④清蒸。

06：排盤與裝飾

（4）1.盤飾使用胡蘿蔔立體切雕的花，應該裝飾在 ①燴 ②羹 ③燉 ④冷盤 的菜上。

（2）2.製作整個的蹄膀（如冰糖蹄膀）宜選用 ①方盤 ②圓盤 ③橢圓形盤（腰子盤）④任何形狀的盤子 盛裝。

（4）3.整條紅燒魚宜以 ①深盤 ②圓盤 ③方盤 ④橢圓盤（腰子盤）盛裝。

（3）4.下列哪種烹調方法的菜餚，可以不必排盤即可上桌？ ①蒸 ②烤 ③燉 ④炸。

（2）5.盛菜時，頂端宜略呈 ①三角形 ②圓頂形 ③平面形 ④菱形 較為美觀。

（3）6.「松鶴延年」拼盤宜用於 ①滿月 ②週歲 ③慶壽 ④婚禮 的宴席上。

（2）7.做為盤飾的蔬果，下列的條件何者為錯誤？ ①外形好且乾淨 ②用量可以超過主體 ③葉面不能有蟲咬的痕跡 ④添加的色素為食用色素。

（4）8.製作拼盤時，何者較不重要？ ①刀工 ②排盤 ③配色 ④火候。

（4）9.盛裝「鴿鬆」的蔬菜最適宜用 ①大白菜 ②紫色甘藍 ③高麗菜 ④結球萵苣。

（4）10.盤飾用的番茄通常適用於 ①蒸 ②燴 ③紅燒 ④冷盤 的菜餚上。

（3）11.為求菜餚美觀，餐盤裝飾的材料適宜採用 ①為了成本考量，模型較實際 ②塑膠花較便宜，又可以回收使用 ③為硬脆的瓜果及根莖類蔬菜 ④撿拾腐木及石頭或樹葉較天然。

（3）12.勾芡而且多汁的菜餚應盛放於 ①魚翅盅較高級 ②淺盤 ③深盤 ④平盤 較為合適。

（4）13.排盤之裝飾物除了要注意每道菜本身的主材料、副材料及調味料之間的色彩，也要注意不同菜餚之間的色彩調和度 ①選擇愈豐富、多樣性愈好 ②不用考慮太多浪費時間 ③選取顏色愈鮮艷者愈漂亮即可 ④不宜喧賓奪主，宜取可食用食材。

（3）14.用過的蔬果盤飾材料，若想留至隔天使用，蔬果應 ①直接放在工作檯，使用較方便 ②直接泡在水中即可 ③清洗乾淨以保鮮膜覆蓋，放置冰箱冷藏 ④直接放置冰箱冷藏。

07：器具設備之認識

（4）1.用番茄簡單地雕一隻蝴蝶所需的工具是 ①果菜挖球器 ②長竹籤 ③短竹籤 ④片刀。

（2）2.剁雞時應使用 ①片刀 ②骨刀 ③尖刀 ④水果刀。

　　註：剁切帶骨食材需使用骨刀

（3）3.下列刀具，何者厚度較厚？ ①水果刀 ②片刀 ③骨刀 ④尖刀。

　　註：骨刀是刀具中厚度最厚的刀子。

（4）4.片刀主要用來切 ①雞腿 ②豬腳 ③排骨 ④豬肉。

（3）5.不銹鋼工作檯的優點，下列何者不正確？ ①易於清理 ②不易生銹 ③不耐腐蝕 ④使用年限長。

　　註：不鏽鋼工作檯的優點是易於清理、不易生銹、耐腐蝕且使用年限長。

（4）6.最適合用來做為廚房準備食物的工作檯材質為 ①大理石 ②木板 ③玻璃纖維 ④不銹鋼。

　　註：不鏽鋼工作檯的優點多，所以不銹鋼最適合。

（1）7.為使器具不容易藏污納垢，設計上何者不正確？ ①四面採直角設計 ②彎曲處呈圓弧型 ③與食物接觸面平滑 ④完整而無裂縫。

　　註：直角易成為清理上的死角，而藏污納垢。

（1）8.消毒抹布時應以100℃沸水煮沸 ①5分鐘 ②10分鐘 ③15分鐘 ④20分鐘。

　　註：有效殺菌法包括：①煮沸殺菌法：以溫度攝氏一百度之沸水，煮沸時間五分鐘以上（毛巾、抹布等）或一分鐘以上（餐具）。②蒸汽殺菌法：以溫度攝氏一百度之蒸汽，加熱時間十分鐘以上（毛巾、抹布等）或二分鐘以上（餐具）。③熱水殺菌法：以溫度攝氏八十度以上之熱水，加熱時間二分鐘以上（餐具）。④氯液殺菌法：氯液之有效餘氯量不得低於百萬分之二百，浸入溶液中時間二分鐘以上（餐具）。⑤乾熱殺菌法：以溫度攝氏一百一十度以上之乾熱，加熱時間三十分鐘以上（餐具）。

（2）9.盛裝粉質乾料（如麵粉、太白粉）之容器，不宜選用 ①食品級塑膠材質 ②木桶附蓋 ③玻璃材質且附緊密之蓋子 ④附有可移動式輪架。

　　註：木質的器具會因潮濕而發霉。

（1）10.傳熱最快的用具是以 ①鐵 ②鉛 ③陶器 ④琺瑯質 所製作的器皿。

　　註：鐵的傳熱比陶瓷琺瑯質快。

（1）11.盛放帶湯汁之甜點器皿以 ①透明玻璃製 ②陶器製 ③木製 ④不銹鋼製 最美觀。

　　註：甜湯多為冷品，適宜用玻璃製品裝盛，其材質透明可欣賞其湯品之內容物及顏色。

（4）12.散熱最慢的器具為 ①鐵鍋 ②鋁鍋 ③不銹鋼鍋 ④砂鍋。

　　註：砂鍋是利用陶土和沙所製成的鍋具，擁有受熱均勻、保溫持久、保留原味與耐長時間烹煮的特性。

（3）13.製作燉的食物所使用的容器是 ①碗 ②盤 ③盅 ④盆。

（2）14.烹製酸菜、酸筍等食物不宜用 ①不銹鋼 ②鋁製 ③陶瓷製 ④塘瓷製 容器。

　　註：鋁製容器烹煮酸性食物會增加鋁的溶出量。

（4）15.下列何種材質的容器，不適宜放在微波爐內加熱？ ①耐熱塑膠 ②玻璃 ③陶瓷 ④不銹鋼。

註：微波還有一個特性，它遇到金屬便反射回來，所以用金屬容器盛載食物，在微波爐中不能被加熱，長時間還會損壞微波爐。

（3）16.下列設備何者與環境保育無關？ ①抽油煙機 ②油脂截流槽 ③水質過濾器 ④殘渣處理機。

（2）17.冰箱應多久整理清潔一次？ ①每天 ②每週 ③每月 ④每季。

（1）18.蒸鍋、烤箱使用過後應多久清洗整理一次？ ①每日 ②每2～3天 ③每週 ④每月。

（4）19.下列哪一種設備在製備食物時，不會使用到它？ ①洗米機 ②切片機 ③攪拌機 ④洗碗機。

（3）20.製作1000人份的伙食，以下列何種設備來煮飯較省事方便又快速？ ①電鍋 ②蒸籠 ③瓦斯炊飯鍋 ④湯鍋。

註：瓦斯炊飯鍋可以煮大量的米飯。

（4）21.燴的食物最適合使用的容器為 ①淺碟 ②碗 ③盅 ④深盤。

註：燴的食物含湯汁。

（1）22.烹調過程中，宜採用 ①熱效率高 ②熱效率低 ③熱效率適中 ④熱效率不穩定 之爐具。

（1）23.砧板材質以 ①塑膠 ②硬木 ③軟木 ④不銹鋼 為宜。

註：塑膠砧板不易有刻痕，不會藏污納垢，也不易因潮濕發霉。

（1）24.選購瓜型打蛋器，以下列何者較省力好用？ ①鋼絲細，且條數多者 ②鋼絲粗，條數多者 ③鋼絲細，條數少者 ④鋼絲粗，條數少者。

註：鋼絲粗者重量重較不省力；條數多者有助於攪拌均勻及打發。

（1）25.鐵氟龍的炒鍋，宜選用下列何者器具較適宜？ ①木製鏟 ②鐵鏟 ③不銹鋼鏟 ④不銹鋼炒杓。

註：木製鏟不會造成鐵氟龍表面的刮傷。

（3）26.下列對於刀具使用的敘述何者正確？ ①對初學者而言，為避免割傷，刀具不宜太過鋒利 ②為避免生銹，於使用後盡量少用水清洗 ③可用醋或檸檬去除魚腥味 ④刀子的材質以生鐵最佳。

（4）27.高密度聚丙烯塑膠砧板較適用於 ①剁 ②斬 ③砍 ④切。

（2）28.清洗不銹鋼水槽或洗碗機宜用下列哪一種清潔劑？ ①中性 ②酸性 ③鹼性 ④鹹性。

（4）29.量匙間的相互關係，何者不正確？ ①1大匙為15毫升 ②1小匙為5毫升 ③1小匙相當於1/3大匙 ④1大匙相當於5小匙。

（4）30.廚房設施，下列何者為非？ ①通風採光良好 ②牆壁最好採用白色磁磚 ③天花板為淺色 ④最好鋪設平滑磁磚並經常清洗。

註：廚房應鋪設防滑磁磚。

（2）31.有關冰箱的敘述，下列何者為非？ ①遠離熱源 ②每天需清洗一次 ③經常除霜以確保冷藏力 ④減少開門次數與時間。

（2）32.油炸鍋起火時不宜 ①用砂來滅火 ②用水來滅火 ③蓋緊鍋蓋來滅火 ④用化學泡沫來滅火。

（2）33.欲檢查瓦斯漏氣的地方，最好的檢查方法為 ①以火柴點火 ②塗抹肥皂水 ③以鼻子嗅察 ④以點火槍點火 測試。

（2）34.廚房發生電器火災時，首先應如何處理？ ①大聲呼叫 ②關閉電源開關 ③用水滅火 ④走為上策。

（4）35.被燙傷時的立即處理法是 ①以油塗抹 ②以漿糊塗抹 ③以醬油塗抹 ④沖冷水。

註：燙傷急救的原則：沖脫泡蓋送。

（2）36.地震發生時，廚房工作人員應 ①立刻搭電梯逃離 ②立即關閉瓦斯、電源，經由樓梯快速逃出 ③原地等候地震完畢 ④逃至頂樓等候救援。

（3）37.廚房每日實際生產量嚴禁超過 ①一般生產量 ②沒有規範 ③最大安全量 ④最小安全量。

（3）38.廚房瓦斯漏氣第一時間動作是 ①關閉電源 ②迅速呈報 ③打開門窗 ④打開抽風機。

註：瓦斯漏氣千萬不要觸動任何開關，因為開關的火花容易引起氣爆，可以打開門窗通風。

（4）39.安全的維護是 ①安全人員的責任 ②經理人員的責任 ③廚工的責任 ④全體工作人員的責任。

（1）40.廚房排水溝宜採用何種材料 ①不銹鋼 ②塑鋼 ③水泥 ④生鐵。

（2）41.大型冷凍庫及冷藏庫須裝上緊急用電鈴及開啟庫門之安全閥栓，應 ①由外向內 ②由內向外 ③視情況而定 ④沒有規定。

（4）42.廚房工作檯上方之照明燈具，加裝燈罩是因為 ①節省能源 ②美觀 ③增加亮度 ④防止爆裂造成食物汙染。

（4）43.殺蟲劑應放置於 ①廚房內置物架 ②廚房角落 ③廁所 ④廚房外專櫃。

（4）44.食物調理檯面，應使用何種材質為佳？ ①塑膠材質 ②水泥 ③木頭材質 ④不鏽鋼。

（3）45.廚房滅火器放置位置是 ①主廚 ②副主廚 ③全體廚師 ④老闆 應有的認知。

（4）46.取用高處備品時，應該使用 ①紙箱 ②椅子 ③桶子 ④安全梯 墊高，以免發生掉落的危險。

（1）47.使用絞肉機時，不可直接用手推入，以防止絞入危險，須以 ①木棍 ②筷子 ③炒杓 ④湯匙 推入。

（2）48.砧板下應有防滑設置，如無，至少應墊何種物品以防止滑落 ①菜瓜布 ②溼毛巾 ③竹筏 ④檯布。

（4）49.蒸鍋內的水已燒乾了一段時間，應如何處理？ ①馬上清洗燒乾的蒸鍋 ②馬上加入冷水 ③馬上加入熱水 ④先關火把蓋子打開等待冷卻。

註：若馬上加水則有大量蒸氣冒出，易被燙傷。

（1）50.廚餘餿水需當天清除或存放於 ①7℃以下 ②8℃以上 ③15℃以上 ④常溫中。

（1）51.排水溝出口加裝油脂截流槽的主要功能為 ①防止油脂污染排水系統 ②防止老鼠進入 ③防止水溝堵塞 ④使排水順暢。

（2）52.為求省力好用，剁雞、排骨時應使用 ①片刀 ②骨刀 ③水果刀 ④武士刀。

（2）53.陶鍋傳熱速度比鐵鍋 ①快 ②慢 ③差不多 ④一樣快。

註：陶鍋傳熱慢，保溫效果好。

（4）54.不銹鋼工作檯優點，下列何者不正確？ ①易於清理 ②不易生鏽 ③耐腐蝕 ④耐躺、耐坐。

（4）55.為使器具不容易藏污納垢，設計上何者正確？ ①彎曲處呈直角型 ②與食物接觸面粗糙 ③有裂縫 ④一體成型，包覆完整。

（2）56.廚房工作檯上方之照明燈具 ①不加裝燈罩，以節省能源 ②需加裝燈罩，較符合衛生 ③要加裝細鐵網保護，較安全 ④加裝藝術燈泡以增美感。

（3）57.廚房周邊所有門窗皆需裝置 ①完整的窗戶、紗門或氣門 ②完整無破的紗門、窗戶 ③紗門或氣門、紗窗配合門窗，需完整無破洞 ④完整無破的門與紗窗。

（3）58.廚房備有約23公分之不銹鋼漏勺其最大功能是 ①拌、炒用 ②裝菜用 ③撈取食材用 ④燒烤用。

（1）59.中餐烹調術科測試考場下列何種設置較符合場地需求？ ①設有平面圖、逃生路線及警語標示 ②使用過期之滅火器 ③燈的照明度150米燭光以上 ④備有超大的更衣室一間。

（2）60.中餐術科技能檢定考場內備有考試需用的機具設備，應考時 ①只須帶免洗碗筷跟刀具及廚用紙巾、礦泉水即可 ②只須帶刀具及廚用紙巾、包裝飲用水即可 ③怕考場準備不夠家裡有的都帶去 ④省得麻煩什麼都不用帶只要帶考試參考資料應考即可。

（4）61.廚房的工作檯面照明度需要多少米燭光？①180 ②100 ③150 ④200 米燭光以上。

註：廚房光線應達到一百米燭光以上，工作台面或調理台面應保持二百米燭光以上；使用之光源應不至於改變食品之顏色。

（1）62.廚房之排水溝須符合下列何種條件？ ①為明溝者須加蓋，蓋與地面平 ②排水溝深、寬、大以利排水 ③水溝蓋上可放置工作檯腳 ④排水溝密封是要防止臭味飄出。

（1）63.中餐烹調術科測試考場之牆面何者為錯誤？ ①牆壁剝落 ②牆面平整 ③不可有空隙 ④需張貼大於B4紙張之燙傷緊急處理步驟。

（3）64.廚房之乾粉滅火器下列何者有誤？ ①藥劑須在有效期限內 ②須符合消防設施安全標章 ③購買無標示期限可長期使用的滅火器 ④滅火器需有足夠壓力。

（2）65.中餐烹調術科測試考場之紗門紗窗下列何者正確？ ①天氣過熱可打開紗窗吹風 ②配合門窗大小且需完整無破洞 ③考場可不須附有紗門紗窗 ④紗門紗窗即使破損也

可繼續使用。

（1）66.中餐烹調術科測試考場之砧板顏色下列何者正確？ ①紅色砧板用於生食、白色砧板用於熟食 ②紅色砧板用於熟食、白色砧板用於生食 ③砧板只須一塊即可 ④生食砧板不須消毒、熟食砧板須消毒。

（3）67.中餐烹調術科應考生成品完成後須將考試區域清理乾淨，而拖把應在何處清洗？ ①工作檯水槽 ②廁所水槽 ③專用水槽區 ④隔壁水槽。

（4）68.廚房瓦斯供氣設備須附有安全防護措施，下列何者不正確？ ①裝設欄杆、遮風設施 ②裝設遮陽、遮雨設施 ③瓦斯出口處裝置遮斷閥及瓦斯偵測器 ④裝在密閉空間以防閒雜人員進出。

（4）69.廚房排水溝為了阻隔老鼠或蟑螂等病媒，需加裝 ①粗網狀柵欄 ②二層細網狀柵欄 ③一層細網狀柵欄 ④三層細網狀柵欄 ，並將出水口導入一開放式的小水槽中。

　　註：廚房排水溝需加裝三層細網狀柵欄，並將出水口導入一開放式的小水槽中，其目的是為了阻隔老鼠或蟑螂等病媒。

（4）70.廚房器具有大鋼盆、湯鍋、平底鍋，以下何者才是器具正確的使用方法？ ①大鋼盆裝菜、湯鍋洗菜、平底鍋煮湯 ②大鋼盆煮湯、湯鍋滷雞腿、平底鍋煎魚 ③大鋼盆洗菜、湯鍋拌餡、平底鍋燙麵 ④大鋼盆洗食材、湯鍋滷蛋、平底鍋煎鍋貼。

（2）71.廚房刀具有片刀、剁刀、水果刀、刮鱗刀以下何者才是刀具正確的使用方法？ ①片刀切菜、剁刀切魚、水果刀切肉片、刮鱗刀殺魚 ②片刀切菜、剁刀剁排骨、水果刀切番茄、刮鱗刀刮魚鱗 ③片刀切排骨、剁刀切菜、水果刀刮魚鱗、刮鱗刀刮紅蘿蔔 ④片刀切肉片、剁刀剁雞、水果刀切魚片、刮鱗刀刮魚鱗。

（4）72.廚房使用之反口油桶，其作用與功能是 ①煮水用 ②煮湯用 ③裝剩餘材料用 ④裝炸油或回鍋油用 ，可避免在操作中的危險性。

（3）73.廚房內備有磁製的圓形平盤直徑約25公分，其適作何功能用？ ①做配菜盤 ②裝全魚或主食類等 ③裝煎或炸的菜餚 ④裝羹的菜餚。

（4）74.廚房內備有磁製的圓形淺緣盤直徑約25公分，其適作何功能用？ ①做配菜盤 ②裝全魚或主食類等 ③裝羹的菜餚 ④裝炒、或稍帶點汁的菜餚。

（1）75.廚房內備有磁製的圓形深盤直徑約25公分，其適作何功能用？ ①裝燴或帶多汁的菜餚 ②裝全魚或主食類等 ③裝煎或炸的菜餚 ④裝炒的菜餚。

（2）76.廚房內備有磁製的橢圓形腰子盤長度約36公分，其適作何功能用？ ①做配菜盤 ②裝全魚或主食類等 ③裝燴的菜餚 ④裝炒、或稍帶點汁的菜餚。

（3）77.廚房瓦斯爐開關或管線周邊設有瓦斯偵測器，如果有天偵測器響起即為瓦斯漏氣，你該用什麼方法或方式來做瓦斯漏氣的測試？①沿著瓦斯爐開關或管線周邊點火測試 ②沿著瓦斯爐開關或管線周邊灌水測試 ③沿著瓦斯爐開關或管線周邊抹上濃厚皂劑泡沫水測試 ④用大型膠帶沿著瓦斯爐開關或管線周邊包覆防漏。

　　註：抹上肥皂泡檢查是最安全的方式，漏氣的地方會產生大泡泡。

（4）78.廚房用的器具繁多五花八門，平常的維護、整理應由誰來負責？ ①老闆自己 ②主廚 ③助廚 ④各單位使用者。

（4）79.廚房油脂截油槽多久需要清理一次？ ①一個月 ②半個月 ③一個星期 ④每天。

（4）80.廚房所設之加壓噴槍，其用途為何？ ①洗碗專用 ②洗菜專用 ③洗廚房器具專用 ④清潔沖洗地板、水溝用。

（1）81.廚房用的器具繁多五花八門，平常須如何維護、整理與管理？ ①清洗、烘乾（滴乾）、整理、分類、定位排放 ②清洗、擦乾、定位排放、分類、整理 ③分類、定位排放、清洗、烘乾、整理 ④清洗、烘乾（滴乾）、整理、定位排放、分類。

08：營養知識

（1）1.一公克的醣可產生 ①4 ②7 ③9 ④12 大卡的熱量。

（3）2.一公克脂肪可產生 ①4 ②7 ③9 ④12 大卡的熱量。

（1）3.一公克的蛋白質可供人體利用的熱量值為 ①4 ②6 ③7 ④9 大卡。

（3）4.構成人體細胞的重要物質是 ①醣 ②脂肪 ③蛋白質 ④維生素。

（3）5.五穀及澱粉根莖類是何種營養素的主要來源？ ①蛋白質 ②脂質 ③醣類 ④維生素。

（1）6.肉、魚、豆、蛋及奶類主要供應 ①蛋白質 ②脂質 ③醣類 ④維生素。

（4）7.下列何種營養素不能供給人體所需的能量？ ①蛋白質 ②脂質 ③醣類 ④礦物質。
　　註：能量營養素是蛋白質、脂質與醣類。

（2）8.若一個三明治可提供蛋白質7公克、脂肪5公克及醣類15公克，則其可獲熱量為 ①127大卡 ②133大卡 ③143大卡 ④163大卡。
　　註：7×4＋5×9＋15×4＝133

（4）9.下列何種營養素不是熱量營養素？ ①醣類 ②脂質 ③蛋白質 ④維生素。

（3）10.主要在作為建造及修補人體組織的食物為 ①五穀類 ②油脂類 ③肉、魚、蛋、豆、奶類 ④水果類。

（3）11.營養素的消化吸收部位主要在 ①口腔 ②胃 ③小腸 ④大腸。

（3）12.蛋白質構造的基本單位為 ①脂肪酸 ②葡萄糖 ③胺基酸 ④丙酮酸。

（3）13.提供人體最多亦為最經濟熱量來源的食物為 ①油脂類 ②肉、魚、豆、蛋、奶類 ③五穀類 ④蔬菜及水果類。

（2）14.供給國人最多亦為最經濟之熱量來源的營養素為 ①脂質 ②醣類 ③蛋白質 ④維生素。

（4）15.下列何者不被人體消化且不具熱量值？ ①肝醣 ②乳糖 ③澱粉 ④纖維素。
　　註：纖維素雖為多醣體，但其結構不被人體所消化，也不能提供熱量。

（4）16.澱粉消化水解後的最終產物為 ①糊精 ②麥芽糖 ③果糖 ④葡萄糖。

（1）17.澱粉是由何種單醣所構成的 ①葡萄糖 ②果糖 ③半乳糖 ④甘露糖。

（2）18.存在於人體血液中最多的醣類為 ①果糖 ②葡萄糖 ③半乳糖 ④甘露糖。

（3）19.白糖是只能提供我們 ①蛋白質 ②維生素 ③熱能 ④礦物質 的食物。

（4）20.下面哪一種食物含有較多的食物纖維質？ ①雞肉 ②魚肉 ③雞蛋 ④馬鈴薯。

　　　註：植物性食物才含有食物纖維素。

（1）21.肉類所含的蛋白質是屬於 ①完全蛋白質 ②部分完全蛋白質 ③部分不完全蛋白質 ④不完全蛋白質。

（1）22.下列哪一種食物所含有的蛋白質品質最好？ ①蛋 ②玉米 ③米飯 ④麵包。

　　　註：動物性蛋白才是完全性蛋白質，含有人體所需的必需脂肪酸。

（1）23.含脂肪與蛋白質均豐富的豆類為 ①黃豆 ②綠豆 ③紅豆 ④豌豆。

（3）24.醣類主要含在哪一大類食物中？ ①水果類 ②蔬菜類 ③五穀類 ④肉、魚、豆、蛋、奶類。

（2）25.含多元不飽和脂肪酸最多的油脂為 ①椰子油 ②花生油 ③豬油 ④牛油。

　　　註：植物性油脂中含有大量的飽和脂肪酸的油脂是椰子油和棕櫚油。

（4）26.下列哪一種油脂含多元不飽和脂肪酸最豐富？ ①牛油 ②豬油 ③椰子油 ④大豆沙拉油。

（4）27.下列何種肉類含較少的脂肪？ ①鴨肉 ②豬肉 ③牛肉 ④雞肉。

（2）28.膽汁可以幫助何種營養素的吸收？ ①蛋白質 ②脂肪 ③醣類 ④礦物質。

（4）29.下列哪一種油含有膽固醇？ ①花生油 ②紅花子油 ③大豆沙拉油 ④奶油。

　　　註：動物性食物才含有膽固醇。

（1）30.下列食物何者含膽固醇最多？ ①腦 ②腎 ③雞蛋 ④肝臟。

（1）31.腳氣病是由於缺乏 ①維生素B_1 ②維生素B_2 ③維生素B_6 ④維生素B_{12}。

（2）32.下列哪一種水果含有最豐富的維生素C？ ①蘋果 ②橘子 ③香蕉 ④西瓜。

　　　註：柑橘類水果含有大量的維生素C。

（2）33.缺乏何種維生素，會引起口角炎？ ①維生素B_1 ②維生素B_2 ③維生素B_6 ④維生素B_{12}。

（1）34.胡蘿蔔素為何種維生素之先驅物質？ ①維生素A ②維生素D ③維生素E ④維生素K。

（4）35.缺乏何種維生素，會引起惡性貧血？ ①維生素B_1 ②維生素B_2 ③維生素B_6 ④維生素B_{12}。

（2）36.軟骨症是因缺乏何種維生素所引起？ ①維生素A ②維生素D ③維生素E ④維生素K。

（4）37.下列何種水果，其維生素C含量較多？ ①西瓜 ②荔枝 ③鳳梨 ④番石榴。

（1）38.下列何種維生素不是水溶性維生素？ ①維生素A ②維生素B_1 ③維生素B_2 ④維生素C。

　　　註：水溶性維生素包含維生素B群以及維生素C。

（4）39.維生素A對 ①耳朵 ②神經組織 ③口腔 ④眼睛 的健康有重要的關係。

（1）40.維生素B群是 ①水溶性 ②脂溶性 ③不溶性 ④溶於水也溶於油脂 的維生素。

（3）41.粗糙的穀類如糙米、全麥比精細穀類的白米、精白麵粉含有更豐富的 ①醣類 ②水分 ③維生素B群 ④維生素C。

（1）42.下列何者為酸性灰食物？ ①五穀類 ②蔬菜類 ③水果類 ④油脂類。

（4）43.下列何者為中性食物？ ①蔬菜類 ②水果類 ③五穀類 ④油脂類。

（2）44.牛奶比較欠缺的礦物質為 ①鈣 ②鐵 ③鈉 ④磷。

（2）45.何種礦物質攝食過多容易引起高血壓？ ①鐵 ②鈉 ③鉀 ④銅。

（4）46.下列何種食物是鐵質的最好來源？ ①菠菜 ②蘿蔔 ③牛奶 ④肝臟。

（1）47.甲狀腺腫大，可能因何種礦物質缺乏所引起？ ①碘 ②酒 ③鐵 ④鎂。

（3）48.含有鐵質較豐富的食物是 ①餅乾 ②胡蘿蔔 ③雞蛋 ④牛奶。

（1）49.牛奶中含量最少的礦物質是 ①鐵 ②鈣 ③磷 ④鉀。

（1）50.下列何種食物為維生素B_2的最佳來源？ ①牛奶 ②瘦肉 ③西瓜 ④菠菜。

（1）51.下列何者含有較多的胡蘿蔔素？ ①木瓜 ②香瓜 ③西瓜 ④黃瓜。

（4）52.飲食中有足量的維生素A可預防 ①軟骨症 ②腳氣病 ③口角炎 ④夜盲症 的發生。

（4）53.最容易氧化的維生素為 ①維生素A ②維生素B_1 ③維生素B_2 ④維生素C。

（3）54.具有抵抗壞血病的效用的維生素為 ①維生素A ②維生素B_2 ③維生素C ④維生素E。

（2）55.國人最容易缺乏的營養素為 ①維生素A ②鈣 ③鈉 ④維生素C。

（4）56.與人體之能量代謝無關的維生素為 ①維生素B_1 ②維生素B_2 ③菸鹼素 ④維生素A。
　　　註：維生素B群參與人體的新陳代謝。

（2）57.下列何者為水溶性維生素？ ①維生素A ②維生素C ③維生素D ④維生素E。

（4）58.與血液凝固有關的維生素為 ①維生素A ②維生素C ③維生素E ④維生素K。

（4）59.下列何種水果含有較多的維生素A先驅物質？ ①水梨 ②香瓜 ③番茄 ④芒果。
　　　註：金黃色蔬果含有較大量的維生素A先驅物質。

（3）60.下列何種食物為維生素B_2的最佳來源？ ①豬肉 ②豆腐 ③鮮奶 ④米飯。

（1）61.肝臟含有豐富的 ①維生素A ②維生素B_1 ③維生素C ④維生素E。

（2）62.能促進小腸中鈣、磷吸收之維生素為 ①維生素A ②維生素D ③維生素E ④維生素K。

（4）63.下列哪一種食物含有較多量的膽固醇？ ①沙丁魚 ②肝 ③干貝 ④腦。

（4）64.下列何種食物含膳食纖維最少？ ①牛蒡 ②黑棗 ③燕麥 ④白飯。

（1）65.奶類含有豐富的營養，一般人每天至少應喝幾杯？ ①1～2杯 ②3杯 ③4杯 ④愈多愈好。

（4）66.下列敘述何者不是健康飲食的原則？ ①均衡攝食各類食物 ②天天五蔬果防癌保健多 ③吃飯配菜和肉，而非吃菜和肉配飯 ④多油多鹽多調味，飲食才夠味。

（4）67.下列何者不是降低油脂的適當處理方式？ ①烹調前去掉外皮、肥肉 ②減少裹粉用量 ③湯汁去油後食用 ④炒牛肉前加油浸泡，肉質較嫩。

（2）68.下列烹調器具何者可減少用油量？ ①不銹鋼鍋 ②鐵氟龍鍋 ③石頭鍋 ④鐵鍋。

註：鐵氟龍鍋煎食物時不放油也不會沾黏。

（3）69.下列烹調方法何者可使成品含油脂量較少？ ①煎 ②炒 ③煮 ④炸。

（4）70.患有高血壓的人應多食用 ①醃製、燻製的食品 ②罐頭食品 ③速食品 ④生鮮食品。

（2）71.蛋白質經腸道消化分解後的最小分子為 ①葡萄糖 ②胺基酸 ③氮 ④水。

（4）72.所謂的消瘦症（Marasmus）係屬於 ①蛋白質 ②醣類 ③脂肪 ④蛋白質與熱量 嚴重缺乏的病症。

（2）73.以下有助於腸內有益細菌繁殖，甜度低，多被用於保健飲料中者為 ①果糖 ②寡醣 ③乳糖 ④葡萄糖。

（1）74.為預防便秘、直腸癌之發生，最好每日飲食中多攝取富含 ①纖維質 ②油質 ③蛋白質 ④葡萄糖 的食物。

（3）75.下列何者在胃中的停留時間最長？ ①醣類 ②蛋白質 ③脂肪 ④纖維素。

（3）76.以下何者含多量不飽和脂肪酸？ ①棕櫚油 ②氫化奶油 ③橄欖油 ④椰子油。

（4）77.下列何者可協助脂溶性維生素的吸收？ ①醣類 ②蛋白質 ③纖維質 ④脂肪。

註：脂溶性維生素因可溶解於脂肪中，故脂肪可以協助其吸收。

（3）78.平常多接受陽光照射可預防 ①維生素A ②維生素B_2 ③維生素D ④維生素E 缺乏。

（2）79.下列何種維生素遇熱最不安定？ ①維生素A ②維生素C ③維生素B_2 ④維生素D。

（1）80.下列何者不是維生素B_2的缺乏症？①腳氣病 ②眼睛畏強光 ③舌炎 ④口角炎。

（4）81.下列何者與預防甲狀腺機能無關？ ①多吃海魚 ②多食海苔 ③食用含碘的食鹽 ④充足的核果類。

註：核果類不含有碘。

（3）82.對素食者而言，可用以取代肉類而獲得所需蛋白質的食物是 ①蔬菜類 ②主食類 ③黃豆及其製品 ④麵筋製品。

（4）83.黏性最強的米為 ①在來米 ②蓬萊米 ③長糯米 ④圓糯米。

註：糯米含有大量的支鏈型澱粉，所以黏度較強。

（3）84.愈紅的肉，下列何者含量愈高？ ①鈣 ②磷 ③鐵 ④鉀。

（4）85.長期的偏頗飲食會 ①增加免疫力 ②建構良好體質 ③健康強身 ④招致疾病。

（3）86.楊貴妃一天吃七餐而營養過剩，容易引發何種疾病？ ①甲狀腺腫大 ②口角炎 ③腦中風 ④貧血。

註：熱量過剩會產生肥胖與心臟血管性疾病。

（2）87.貯存於動物肝臟與肌肉中，又稱為動物澱粉者為 ①果膠 ②肝醣 ③糊精 ④纖維質。

（3）88.小雅買了一些柳丁，你可以建議她哪種吃法最能保持維生素C？ ①再放成熟些後切片食用 ②新鮮切片放置冰箱冰涼後食用 ③趁新鮮切片食用 ④新鮮壓汁後冰涼食用。

（2）89.大雄到了晚上總有看不清東西的困擾，請問他可能缺乏何種維生素？ ①維生素E ②維生素A ③維生素C ④維生素D。

（1）90.下列何者是維生素B₁的缺乏症？①腳氣病 ②眼睛畏強光 ③貧血 ④口角炎。

（3）91.我國衛生署配合國人營養需求，將食物分為幾大類？①四 ②五 ③六 ④七。

（2）92.我國衛生署將各類食物所含的營養素歸類分為幾大類？①四 ②五 ③六 ④七。

09：成本控制

（2）1.一公斤約等於 ①2台斤 ②1台斤10台兩半 ③1台斤半 ④1台斤。

　　註：一公斤等於1000公克，一台斤等於600公克，一台兩等於37.5公克。

（4）2.一公斤的食物賣80元，1斤重應賣 ①108元 ②64元 ③56元 ④48元。

　　註：80×0.6=48

（4）3.一磅等於 ①600公克 ②554公克 ③504公克 ④454公克。

（2）4.下列食物中，何者受到氣候影響較小？①小黃瓜 ②胡蘿蔔 ③絲瓜 ④茄子。

　　註：胡蘿蔔為根莖類蔬菜，受到氣候的影響較小。

（3）5.下列食品的價格哪項受季節影響較大？①肉類、魚類 ②蛋類、五穀類 ③蔬菜類、水果類 ④豆類、奶類。

（3）6.①豬肉 ②雞蛋 ③豆腐、豆干 ④蔬菜 一年四季的價格最為平穩。

（3）7.在颱風過後選用蔬菜以 ①葉菜類 ②瓜類 ③根菜類 ④花菜類 成本較低。

（1）8.目前市面上以何種水產品的價格最便宜？①吳郭魚 ②螃蟹 ③草蝦 ④日月貝。

（1）9.番茄於 ①1～3月 ②4～6月 ③7～9月 ④10～12月 的價格最便宜。

（1）10.以1公斤的價格來比較 ①雞蛋 ②雞肉 ③豬肉 ④牛肉 最便宜。

（4）11.比較受季節影響的水產品為 ①蜆 ②草蝦 ③海帶 ④虱目魚。

（3）12.下列何種食物產量的多少與季節差異最少？①蔬菜類 ②水果類 ③肉類 ④海產魚類。

（4）13.菠菜的盛產期為 ①春季 ②夏季 ③秋季 ④冬季。

（4）14.下列何種瓜類有較長的儲存期？①胡瓜 ②絲瓜 ③苦瓜 ④冬瓜。

（4）15. 一標準量杯的容量相當於多少cc？①180 ②200 ③220 ④240。

（3）16.政府提倡交易時使用 ①台制 ②英制 ③公制 ④美制 為單位計算。

（2）17.欲供應給六個成年人吃一餐的飯量，需以米 ①100公克 ②600公克 ③2000公克 ④4000公克 煮飯。（設定每人吃 250公克，米煮成飯之脹縮率為2.5）

　　註：(250÷2.5)×6＝600

（3）18.五菜一湯的梅花餐，要配6人吃的量，其中一道菜為素炒的青菜，所食用的青菜量以 ①4兩 ②半斤 ③1台斤 ④2台斤 最適宜。

　　註：每人每天需吃兩種蔬菜，各100公克。6×100=600

（2）19.甲貨1公斤40元，乙貨1台斤30元，則兩貨價格間的關係 ①甲貨比乙貨貴 ②甲貨比乙貨便宜 ③甲貨與乙貨價格相同 ④甲貨與乙貨無法比較。

　　註：40÷1000＝0.025　30÷600=0.05

（4）20.食品類之採購，標準訂定是誰的工作範圍？①採購人員 ②驗收人員 ③廚師 ④採購

委員會。

（2）21.食品進貨後之使用方式為 ①後進先出 ②先進先出 ③先進後出 ④徵詢主廚意願。

（4）22.下列何種方式無法降低採購成本？ ①大量採購 ②開放廠商競標 ③現金交易 ④惡劣天氣進貨。

（3）23.淡色醬油於烹調時，一般用在 ①紅燒菜 ②烤菜 ③快炒菜 ④滷菜。

（1）24.國內生產孟宗筍的季節是 ①春季 ②夏季 ③秋季 ④冬季。

（1）25.蔬菜、水果類的價格受氣候的影響 ①很大 ②很小 ③些微感受 ④沒有影響。

（4）26.正常的預算應同時包含 ①人事與食材 ②規劃與控制 ③資本與建設 ④雜項與固定開銷。

（4）27.一般飯店供應員工膳食之食材及飲料支出則列為 ①人事費用 ②原料成本 ③耗材費用 ④雜項成本。

（2）28.1台斤為16台兩，1台兩為 ①38.5公克 ②37.5公克 ③60公克 ④16公克。

（4）29.餐廳的來客數愈多，所須負擔的固定成本 ①愈多 ②愈少 ③平平 ④不影響。

10：安全措施

（2）1.台灣地區用電通常使用的電壓為 ①90伏特 ②110伏特 ③250伏特 ④500伏特。

（4）2.安全的維護是 ①安全人員的責任 ②經理人員的責任 ③廚工的責任 ④全體工作人員的責任。

（2）3.油炸鍋起火時不宜 ①用砂來滅火 ②用水來滅火 ③蓋緊鍋蓋來滅火 ④用化學泡沫來滅火。

（2）4.燒菜時，若加熱過度，引起鍋裡油脂著火，必須 ①用水撲滅 ②先關掉瓦斯開關再蓋上鍋蓋 ③使用滅火器滅火 ④用抹布撲打。

（3）5.當油鍋著火燃燒時，下列的緊急應變處理，何者為錯？ ①關閉燃料開關，以免造成更大的危險 ②蓋上鍋蓋，以阻隔空氣 ③以水灌救，避免繼續燃燒 ④不得已時以乾粉滅火器滅火。

（2）6.欲檢查瓦斯漏氣的地方，最好的檢查方法為 ①以火柴點火 ②塗抹肥皂水 ③以鼻子嗅察 ④以點火槍點火 測試。

（3）7.如有瓦斯漏出來時應 ①開抽風機 ②開電風扇 ③開門窗 ④開抽油煙機 以幫助瓦斯的散失。

　　　註：瓦斯漏氣時若觸動電源開關則會引起微小火花，而引起氣爆。

（3）8.火警之報警電話為 ①110 ②112 ③119 ④166。

（1）9.電線走火引起火災時，要使用什麼滅火器較正確？ ①甲乙丙類（ABC型）乾粉滅火器 ②泡沫滅火器 ③水 ④滅火彈。

（1）10.火災現場，離地面距離愈高其溫度 ①愈高 ②愈低 ③沒有差別 ④視情況而定。

（3）11.現代化廚房的滅火系統是 ①滅火器 ②滅火砂 ③自動滅火系統 ④水柱。

（3）12.關於火災時人員疏散要領之敘述，下列何者錯誤？ ①快快離開現場 ②姿勢放低前

進 ③姿勢擺高前進 ④以濕毛巾摀住口鼻放低姿勢前進。

註：火災時口鼻嗆入煙，會造成一氧化碳中毒引起休克。

（1）13.火災時會造成休克的元兇是 ①一氧化碳 ②二氧化碳 ③臭氧 ④氫氣。

（2）14.廚房發生電器火災時，首先應如何處理？ ①大聲呼叫 ②關閉電源開關 ③用水滅火 ④走為上策。

（1）15.被蒸氣燙傷時最好的處理方法是 ①儘快沖冷水 ②塗抹醬油 ③塗抹麻油 ④以乾淨紗布蓋好，以免被污染。

（4）16.被燙傷時的立即處理法是 ①以油塗抹 ②以漿糊塗抹 ③以醬油塗抹 ④浸冷水或冰水降低灼熱感。

（3）17.廚師遇到嚴重燙傷，下列處理流程方式何者錯誤？ ①用冷水沖傷口 ②用消毒過的紗布蓋住，以保護傷口 ③擦燙傷藥膏，以減輕疼痛 ④將患者緊急送醫。

（2）18.對於食物中毒的急救，下列何者錯誤？ ①保暖，但不要讓患者有出汗現象 ②將剩餘食物、嘔吐物、容器及排泄物丟棄並毀滅 ③病人清醒者，給予食鹽水 ④立刻送醫急救。

（3）19.廚師因工作發生重大意外傷害時，同事會如何處理？ ①自行處理 ②不用處理 ③填寫意外傷害記錄並送醫 ④視生意量而定。

（2）20.地震發生時，廚房工作人員應 ①立刻搭電梯逃離 ②立即關閉瓦斯、電源，經由樓梯快速逃出 ③原地等候地震完畢 ④逃至樓頂等候救援。

（1）21.廚房調理區抹布清潔使用原則為 ①使用後馬上清洗乾淨 ②使用幾次再清洗乾淨 ③不用時常清洗浪費水 ④等待工作結束一起清洗。

（4）22.一位好的餐飲採購人員除應具備採購之專業知識外更需要 ①接受廠商招待 ②不收回扣、可以接受禮物 ③收受回扣乃為行規、理所當然 ④拒絕一切招待與回扣。

（3）23.廚房設備的使用安全維護是 ①助廚的責任，其他人不用管 ②學徒需要學習的責任 ③是所有廚務工作者的責任 ④是主廚的責任。

（3）24.一位好的廚師在烹調時對炸油如發現顏色太深、粘度太高應如何處理？ ①快點使用完 ②加一些新油比較不會浪費 ③集中回收 ④直接倒入水溝。

註：將炸油直接倒入水溝會造成起水源及環境之汙染。

（4）25.現在有很多餐廳以「吃到飽」為促銷手法，容易造成食物成本提高，為了維持營業利潤，選擇食材時 ①可以回收使用過之剩餘食物 ②採購過期食材比較便宜 ③採購走私食物比較便宜 ④保持公司信譽維持正規採購原則。

（4）26.廚房出菜的程序， ①廚房同事的朋友先出菜 ②只要方便出菜不必考慮太多 ③集中同樣的菜一起烹調才不會浪費 ④先進先出或由外場工作人員安排。

（3）27.嚴重發芽的馬鈴薯 ①芽較嫩，味道鮮美可以食用 ②只有芽的部分有毒，芽眼部分無毒可以安心食用 ③有毒不可食 ④炒過就沒有毒性，不必擔心。

（4）28.維護冰凍的肉類品質， ①可以多次解凍 ②冷凍食物品質不會變質，可以冷凍冷藏

③可以微波爐解凍後冷藏 ④應一次使用完畢不宜再度冷凍冷藏。

（1）29.胡蘿蔔素是一種安定的色素，製造胡蘿蔔油 ①時間稍長油炸不易變色 ②不宜長時間油炸 ③長時間油炸會變色 ④維持極短時間油炸，色澤會改變。

（1）30.江浙名菜以草魚尾段入菜叫做 ①紅燒划水 ②紅燒尾巴 ③紅燒下巴 ④紅燒草魚尾。

（3）31.中餐術科檢定發現食材腐壞時 ①試後再到主辦單位抗議 ②考試沒及格試後找民意代表關説 ③當場向場務人員反應，更換新鮮食材 ④不可以反應，評審會不高興。

（3）32.蔬菜類價格何時最不穩定？ ①冬季天氣寒冷 ②過年過節 ③夏天颱風季 ④秋季休耕。

（4）33.如何選購較甜美可口水果？ ①應選有蟲鳥咬過的較甜 ②外形較大者較甜美 ③外觀完整者較甜 ④當季時令水果可能較甜。

（1）34.罐頭食品其上下兩面出現凸起狀況是 ①罐頭內之食材已變質不安全 ②罐頭內食材包裝太多 ③罐頭內空氣太多 ④天氣影響熱漲冷縮。

（4）35.野生動物保育法規定不得宰殺野生動物 ①不宰殺但可以購買 ②偷偷的吃，不要被發現就可以 ③不要標示動物名稱，就可以販賣 ④宰殺與販賣都是違法行為。

（2）36.市面上病死豬肉層出不窮，如何選擇新鮮的豬肉食材？ ①灰白色 ②豬肉顏色呈淡紅色，富有光澤及彈性 ③暗而無光澤，無彈性 ④豬肉顏色呈深紅色，有微酸味。

（1）37.購買生鮮豬肉，正常溫體豬肉色澤較 ①鮮紅有彈性且蓋合格章 ②鮮紅有彈性但無蓋合格章 ③有蓋合格章即可 ④暗紅色無彈性但有蓋合格章。

（2）38.解凍冷凍肉類食品時最標準的方式為 ①將肉泡在水中解凍 ②置於冷藏室，自然解凍 ③微波爐解凍 ④室溫解凍。

（3）39.食品加工產品已過期，如何處理？ ①重新貼上新標籤 ②去除原標示日期 ③銷毀處理 ④丟掉可惜，可以回收換包裝即可。

（1）40.廚房烹調區油煙罩高度應離地 ①190公分較理想 ②160公分較理想 ③200公分較理想 ④250公分較理想。

（4）41.為了確保食物的衛生安全，所用的器具應在使用後 ①集中一起清洗較省時 ②打烊後一起清洗消毒 ③抹布擦拭即可 ④立即清洗乾淨。

（3）42.下列何者會導致食品中毒？ ①器具洗淨後固定存放場所 ②洗手、消毒設備保持整潔，並持續使用 ③生、熟食交互操作 ④抹布應洗淨殺菌並切實執行。

（2）43.廚房發生火災時，廚師應如何應變？ ①馬上展開滅火，不可大聲呼叫，客人會跑掉 ②呼叫同仁，迅速展開滅火，並報告單位主管同時疏散顧客 ③私底下自己滅火，不要報告單位主管 ④保命重要趕快逃離。

（4）44.食品衛生檢驗方法由中央主管機關公告指定之；未公告指定者 ①得依公司總經理認可之方法為之 ②得依廚房衛生管理者認可之方法為之 ③未公告指定者不必理會 ④應行文衛生署認定之。

（4）45.食品添加物之品名、規格及其使用範圍、限量，應符合 ①公司標準作業之規定 ②

師傅獨家秘方調配斤兩之規定 ③食品新鮮度來調配 ④中央主管機關之規定。

（2）46.販售包裝食品及食品添加物等，應有 ①英文及阿拉伯數字顯著標示容器或包裝之上 ②中文及通用符號顯著標示於包裝之上 ③市場採購不需要標示 ④有英文或中文標示就可以。

11：衛生知識

（3）1.蒼蠅防治最根本的方法為 ①噴洒殺蟲劑 ②設置暗走道 ③環境的整潔衛生 ④設置空氣簾。

（4）2.製造調配菜餚之場所 ①可養牲畜 ②可當寢居室 ③可養牲畜亦當寢居室 ④不可養牲畜亦不可當寢居室。

（1）3.洗衣粉不可用來洗餐具，因其含有 ①螢光增白劑 ②亞硫酸氫鈉 ③潤濕劑 ④次氯酸鈉。

（2）4.台灣地區水產食品中毒致病菌是以下列何者最多？ ①大腸桿菌 ②腸炎弧菌 ③金黃色葡萄球菌 ④沙門氏菌。

註：腸炎弧菌為嗜鹽性，所以近海河口及海底泥沙中的生鮮魚貝類常帶有這種細菌。

（2）5.腸炎弧菌通常來自 ①被感染者與其他動物 ②海水或海產品 ③鼻子、皮膚以及被感染的人與動物傷口 ④土壤。

（3）6.密閉的魚肉類罐頭，若殺菌不良，可能會有 ①沙門氏菌 ②腸炎弧菌 ③肉毒桿菌 ④葡萄球菌 之產生，故此類罐頭食用之前最好加熱後再食用。

註：在低酸厭氧(真空)狀態及有利於肉毒桿菌的生長，但加熱可以破壞其毒素。

（3）7.感染型細菌包括 ①葡萄球菌 ②肉毒桿菌 ③沙門氏桿菌 ④肝炎病毒。

註：細菌性食品中毒包括①感染型：沙門氏菌、腸炎弧菌；②毒素型：金黃色葡萄球菌、肉毒桿菌。

（2）8.手部若有傷口，易產生 ①腸炎弧菌 ②金黃色葡萄球菌 ③仙人掌桿菌 ④沙門氏菌 的污染。

註：金黃色葡萄球菌在自然界中分布很廣，於人體的皮膚、口腔黏膜、糞便、頭髮、化膿的傷口都會附著，尤其是化膿的傷口更是主要的污染源，因此本菌極易經由人體而污染食品。

（3）9.夏天氣候潮濕，五穀類容易發霉，對我們危害最大且為我們所熟悉之黴菌毒素為 ①綠麴毒素 ②紅麴毒素 ③黃麴毒素 ④黑麴毒素。

（2）10.下列何種細菌屬毒素型細菌？ ①腸炎弧菌 ②肉毒桿菌 ③沙門氏菌 ④仙人掌桿菌。

（3）11.在台灣地區，下列何種性質所造成的食品中毒比率最多？ ①天然毒素 ②化學性 ③細菌性 ④黴菌毒素性。

（4）12.下列何種菌屬於毒素型病原菌？ ①腸炎弧菌 ②沙門氏菌 ③仙人掌桿菌 ④金黃色葡萄球菌。

（3）13.下列病原菌何者屬感染型？ ①金黃色葡萄球菌 ②肉毒桿菌 ③沙門氏菌 ④仙人掌桿

菌。

（3）14.台灣地區所產的近海魚類遭受腸炎弧菌感染比例甚高，因此處理好的魚類，應放在置物架的①上層 ②中層 ③下層 ④視情況而異 以免其它食物受滴水污染腸炎弧菌。

（1）15.從業人員個人衛生習慣欠佳，容易造成何種細菌性食品中毒機率最高？ ①金黃色葡萄球菌 ②沙門氏菌 ③仙人掌桿菌 ④肉毒桿菌。

　　　註：個人手部有傷口易傳染金黃色葡萄球菌。

（4）16.葡萄球菌主要因個人衛生習慣不好，如膿瘡而污染，其產生之毒素 ①65℃以上即可將其破壞 ②80℃以上即可將其破壞 ③100℃以上即可將其破壞 ④120℃以上之溫度亦不易破壞。

（3）17.廚師手指受傷最容易引起 ①肉毒桿菌 ②腸炎弧菌 ③金黃色葡萄球菌 ④綠膿菌 感染。

（1）18.下列何種細菌性中毒最易發生於禽肉類？ ①沙門氏桿菌 ②金黃色葡萄球菌 ③肉毒桿菌 ④腸炎弧菌。

　　　註：沙門氏桿菌存在於受污染的牛、豬、羊等獸肉、禽肉、鮮蛋、乳品、魚肉煉製品等動物製品。

（4）19.一包未經殺菌但有真空包裝的香腸，其標示如下：「本品絕對不含添加物－硝」，你認為這包香腸最可能具有下列何種食品中毒的危險因子？①沙門氏菌 ②金黃色葡萄球菌 ③腸炎弧菌 ④肉毒桿菌。

（1）20.同重量的1.肉毒桿菌毒素2.河豚毒3.砒霜，其對人體致命力依順序為 ①1＞2＞3 ②2＞3＞1 ③3＞1＞2 ④3＞2＞1。

（4）21.米飯容易為仙人掌桿菌污染而造成食品中毒，今有一中午十二時卅分開始營業的餐廳，你認為其米飯煮好的時間最好為①八時卅分 ②九時卅分 ③十時卅分 ④十一時卅分。

（3）22.金黃色葡萄球菌屬於 ①感染型 ②中間型 ③毒素型 ④病毒型 細菌，因此在操作上應注意個人衛生，以避免食品中毒。

（3）23.真空包裝是一種很好的包裝，但若包裝前處理不當，極易造成下列何種細菌滋生？①腸炎弧菌 ②黃麴毒素 ③肉毒桿菌 ④沙門氏菌 而使消費者致命。

（3）24.為了避免食物中毒，餐飲調理製備三個原則為加熱與冷藏，迅速及 ①美味 ②顏色美麗 ③清潔 ④香醇可口。

（1）25.餐飲業發生之食物中毒以何者最多？ ①細菌性中毒 ②天然毒素中毒 ③化學物質中毒 ④沒有差異。

（4）26.一般說來，細菌的生長在下列何種狀況下較不易受到抑制？ ①高溫 ②低溫 ③高酸 ④低酸。

（2）27.將所有細菌完全殺滅使成為無菌狀態，稱之 ①消毒 ②滅菌 ③殺菌 ④商業殺菌。

（1）28.一般用肥皂洗手刷手，其目的為 ①清潔清除皮膚表面附著的細菌 ②習慣動作 ③一

種完全消毒之行為 ④遵照規定。

（1）29.有人說「吃檳榔可以提神，增加工作效率」，餐飲從業人員在工作時 ①不可以吃 ②可以吃 ③視個人喜好而吃 ④不要吃太多 檳榔。

（1）30.我工作的餐廳，午餐在2點休息，晚餐於5點開工，在這空檔3小時中，廚房 ①不可以當休息場所 ②可當休息場所 ③視老闆的規定可否當休息場所 ④視情況而定可否當休息場所。

（2）31.我在餐廳廚房工作，養了一隻寵物叫「來喜」，白天我怕牠餓沒人餵，所以將牠帶在身旁，這種情形是 ①對的 ②不對的 ③無所謂 ④只要不妨礙他人就可以。

（2）32.生的和熟的食物在處理上所使用的砧板應 ①共一塊即可 ②分開使用 ③依經濟情況而定 ④依工作量大小而定 以避免二次污染。

（2）33.處理過的食物，擺放的方法 ①可以相互重疊擺置，以節省空間 ②應分開擺置 ③視情況而定 ④無一定規則。

（1）34.廁所和廚房應 ①完全 ②隨便 ③視情況而定 ④沒有規定 予以隔離。

（3）35.你現在正在切菜，老闆請你現在端一盤菜到外場給顧客，你的第一個動作為 ①立即端出 ②先把菜切完了再端出 ③先立即洗手，再端出 ④只要自己方便即可。

（2）36.儘量不以大容器而改以小容器貯存食物，以衛生觀點來看，其優點是 ①好拿 ②中心溫度易降低 ③節省成本 ④增加工作效率。

（1）37.廚房使用半成品或冷凍食品做為烹飪材料，其優點為 ①減少污染機會 ②降低成本 ③增加成本 ④毫無優點可言。

（4）38.餐廳的廚房排油煙設施如果僅有風扇而已，這是不被允許的，你認為下列何者為錯？ ①排除的油煙無法有效處理 ②風扇後的外牆被嚴重污染 ③風扇停用時病媒易侵入 ④風扇運轉時噪音太大，會影響工作情緒。

（2）39.假設氣流的流向是從高壓到低壓，你認為餐廳營業場所氣流壓力應為 ①低壓 ②高壓 ③負壓 ④真空壓。

（3）40.冬天病媒較少的原因為 ①較常下雨 ②氣壓較低 ③氣溫較低 ④氣候多變 以致病媒活動力降低。

（2）41.每年7月聯考季節，有很多小販在考場門口販售餐盒，以衛生觀點而言，你認為下列何種為對？①愈貴的，菜色愈好 ②烈日之下，易助長細菌增殖而使餐盒加速腐敗 ③提供考生一個很便利的飲食 ④菜色、價格的種類愈多，愈容易滿足考生的選擇。

（4）42.關於「吃到飽」的餐廳，下列敘述何者不正確？ ①易養成民眾暴飲暴食的習慣 ②易養成民眾浪費的習慣 ③服務品質易降低 ④值得大力提倡此種促銷手法。

（2）43.炒牛肉時添加鳳梨，下列敘述何者不正確？ ①可增加酸性，使成品更能保久 ②可增加酸性，但易導致腐敗 ③使牛肉更易軟化 ④使風味更佳。

（1）44.採用合格的半成品食品比率愈高的餐廳，一般說來其危險因子應為 ①愈低 ②愈高 ③視情況而定 ④無法確定。

（2）45.餐廳的規模一定時，廚房愈小者，其採用半成品或冷凍食品的比率應 ①降低 ②提高 ③視成本而定 ④無法確定。

（3）46.一般說來，豬排較少見「七分熟」、「八分熟」之情形，而大多以「全熟」上桌，其主要原因為 ①七分熟的豬排不好吃 ②全熟豬排售價高 ③豬的寄生蟲較多未經處理不宜生食 ④民間風俗以「全熟」為普遍。

　　　　註：豬肉中含有旋毛蟲卵、幼蟲，烹調加熱不足易引起寄生感染。

（1）47.炸排骨起鍋時溫度大約為200℃ ①不可以 ②可以 ③無所謂 ④沒有規定 馬上置於保利龍餐盒內。

（4）48.關於工作服的敘述，下列何者不正確？ ①僅限在工作場所工作時穿著 ②應以淡淺色為主 ③為衛生指標之一 ④可穿著回家。

（1）49.一般說來，出水性高的食物其危險性較出水性低的食物來得 ①高些 ②低些 ③無法確定 ④視季節而定。

（3）50.蛋類烹調前的製備，下列何種組合順序方為正確？1.洗滌 2.選擇 3.打破 4.放入碗內觀察 5.再放入大容器內 ①2→4→5→3→1 ②3→1→2→4→5 ③2→1→3→4→5 ④1→2→3→4→5。

（1）51.假設廚房面積與營業場所面積比為1:10，下列何種型態餐廳較為適用？ ①簡易商業午餐型 ②大型宴會型 ③觀光飯店型 ④學校餐廳型。

　　　　註：簡易商業午餐型餐廳：廚房的面積與營業場所面積比至少應在1：10以上；觀光旅館：廚房的面積與營業場所面積比至少應在1：3以上；學校：廚房的面積與營業場所面積比至少應在1：2至1：5以上。

（3）52.廚房的地板 ①操作時可以濕滑 ②濕滑是必然現象無需計較 ③隨時保持乾燥清潔 ④要看是哪一類餐廳而定。

（4）53.假設廚房面積與營業場所面積比太小，下列敘述何者不正確？ ①易導致交互污染 ②增加工作上的不便 ③散熱頗為困難 ④有助減輕成本。

（2）54.我們常說「盒餐不可隔餐食用」，其主要原因為 ①避免口感變差 ②斷絕細菌滋生所需要的時間 ③保持市場價格穩定 ④此種說法根本不正確。

（3）55.關於濕紙巾的敘述，下列何種不正確？ ①一次進貨量不可太多 ②不宜在高溫下保存 ③可在高溫下保存 ④由於高水活性，而易導致細菌滋生。

（4）56.生吃淡水魚類，最容易感染 ①鉤蟲 ②旋毛蟲 ③毛線蟲 ④肝吸蟲 所以淡水魚類應煮熟食用才安全。

　　　　註：中華肝吸蟲寄生於淡水水產食品中，所以預防方法為勿生食水產品。

（2）57.何種細菌性食品中毒與水產品關係較大？ ①彎曲桿菌 ②腸炎弧菌 ③金黃色葡萄球菌 ④仙人掌桿菌。

（1）58.食用未經煮熟的豬肉，最易感染何種寄生蟲？ ①旋毛蟲 ②鉤蟲 ③肺吸蟲 ④無鉤條蟲。

（3）59.下列敘述何者不正確？ ①消毒抹布以煮沸法處理，需以100℃沸水煮沸5分鐘以上 ②食品、用具、器具、餐具不可放置在地面上 ③廚房內二氧化碳濃度可以高過0.5% ④廚房的清潔區溫度必需保持在22～25℃，溼度保持在相對溼度50～55%之間。

註：根據台灣的勞工安全衛生法規定，二氧化碳的容許濃度標準是0.5%，但在基於考慮人性命安全下，當二氧化碳超過容許濃度標準的一半（行動標準）以上時，就應予以撤離。

（3）60.餐飲業的廢棄物處理方法，下列何者不正確？ ①可燃廢棄物與不可燃廢棄物應分類處理 ②使用有加蓋，易處理的廚餘桶，內置塑膠袋以利清洗維護清潔 ③每天清晨清理易腐敗的廢棄物 ④含水量較高的廚餘可利用機械處理，使脫水乾燥，以縮小體積。

（3）61.餐具洗淨後應 ①以毛巾擦乾 ②立即放入櫃內貯存 ③先讓其風乾，再放入櫃內貯存 ④以操作者方便的方法入櫃貯存。

（3）62.一般引起食品變質最主要原因為 ①光線 ②空氣 ③微生物 ④溫度。

（1）63.每年食品中毒事件以5月至10月最多，主要是因為 ①氣候條件 ②交通因素 ③外食關係 ④學校放暑假。

（2）64.食品中毒的發生通常以 ①春天 ②夏天 ③秋天 ④冬天 為最多。

（4）65.下列何種疾病與食品衛生安全較無直接的關係？ ①手部傷口 ②出疹 ③結核病 ④淋病。

（1）66.芋薯類削皮後的褐變是因 ①酵素 ②糖質 ③蛋白質 ④脂肪 作用的關係。

（4）67.廚房女性從業人員於工作時間內，應該 ①化粧 ②塗指甲油 ③戴結婚戒指 ④戴網狀廚帽。

（1）68.下列何種重金屬如過量會引起「痛痛病」？ ①鎘 ②汞 ③銅 ④鉛。

（3）69.去除蔬菜農藥的方法，下列敘述何者不正確？ ①用流動的水浸泡數分鐘 ②去皮可去除相當比率的農藥 ③以洗潔劑清洗 ④加熱時以不加蓋為佳。

（4）70.吃了河豚而中毒是因河豚體內含有的 ①細菌 ②化學物質 ③過敏原 ④天然毒素 所致。

（4）71.河豚毒性最大的部分，一般是在 ①表皮 ②肌肉 ③鰭 ④生殖器。

（4）72.用鐵氟龍的平底鍋煎過魚後，需作何種洗滌處理？ ①用鋼刷和洗潔劑來徹底清洗 ②用鹽粒搓磨鍋底後，將鹽倒掉再擦乾淨即可 ③以乾布擦乾淨即可 ④用軟質菜瓜布清洗乾淨即可。

（3）73.若因雞蛋處理不良而產生的食品中毒有可能來自於 ①毒素型的腸炎弧菌 ②感染型的腸炎弧菌 ③感染型的沙門氏菌 ④毒素型的沙門氏菌。

（1）74.當日本料理師傅患有下列何種肝炎，在製作壽司時會很容易的就傳染給顧客？ ①A型 ②B型 ③C型 ④D型。

註：只有A型肝炎才會經由飲食感染。

（1）75.構成一件食品中毒，是指幾人以上攝取相同食品、發生相似之疾病症狀，並自檢體中分離出相同之致病原因（除肉毒桿菌中毒外）？①2人或2人以上 ②3人或3人以上 ③5人或5人以上 ④10人或10人以上。

（4）76.養成經常洗手的良好習慣，其目的是 ①依公司規定 ②為了清爽 ③水潤保濕作用 ④清除皮膚表面附著的微生物。

（1）77.台灣曾發生之食用米糠油中毒事件是由何種物質引起？ ①多氯聯苯 ②黃麴毒素 ③農藥 ④砷。

（1）78.細菌性食物中毒的病原菌中，下列何者最具有致命性的威脅？ ①肉毒桿菌 ②大腸菌 ③葡萄球菌 ④腸炎弧菌。

（4）79.台灣曾經發生鎘米事件，若鎘積存體內過量可能造成 ①水俁病 ②烏腳病 ③氣喘病 ④痛痛病。

（3）80.依衛生法規規定，餐飲從業人員最少要多久接受體檢？ ①每月一次 ②每半年一次 ③每年一次 ④每兩年一次。

（3）81.依中餐烹調檢定衛生規定，烹調材料洗滌之順序應為 ①乾貨→牛肉→魚貝→蛋 ②牛肉→魚貝→蛋→乾貨 ③乾貨→牛肉→蛋→魚貝 ④牛肉→乾貨→魚貝→蛋。

（2）82.在烏腳病患區，其本身地理位置即含高百分比的 ①鉛 ②砷 ③鋁 ④汞。

（4）83.有關使用砧板，下列敘述何者錯誤？ ①宜分四種並標示用途 ②宜用合成塑膠砧板 ③每次作業後，應充分洗淨，並加以消毒 ④洗淨消毒後，應以平放式存放。

（3）84.為了維護安全與衛生，器具、用具與食物接觸的部分，其材質應選用 ①木製 ②鐵製 ③不銹鋼製 ④PVC塑膠製。

（3）85.中性清潔劑其 pH值是介於下列何者之間？ ①3.0～5.0 ②4.0～6.0 ③6.0～8.0 ④7.0～10.0。

（2）86.有關食物製備衛生、安全，下列敘述何者正確？ ①可以抹布擦拭器具、砧板 ②手指受傷，應避免直接接觸食物 ③廚師的圍裙可用來擦手的 ④可以直接以湯杓舀取品嚐，剩餘的再倒回鍋中。

（4）87.食品與器具不可與地面直接接觸，應高於地面多少？ ①5公分 ②10公分 ③20公分 ④30公分。

（4）88.餐廳發生火災時，應做的緊急措施為 ①立刻大聲尖叫，讓客人知道 ②立刻讓客人結帳，再疏散客人 ③立刻搭乘電梯，離開現場 ④立刻按下警鈴，並疏散客人。

（4）89.熟食掉落地上時應如何處理？ ①洗淨後再供客人食用 ②重新加熱調理後再供客人食用 ③高溫殺菌後再供客人食用 ④丟棄不可再供客人食用。

（4）90.三槽式餐具洗滌設施的第三槽若是採用氯液殺菌法，那麼應以餘氯量多少的氯水來浸泡餐具？ ①50ppm ②100ppm ③150ppm ④200ppm。

（1）91.當客人發生食物中毒時應如何處理？ ①立即送醫並收集檢體化驗報告當地衛生機關

②由員工急救 ③讓客人自己處理 ④順其自然。

（２）92.選擇殺菌消毒劑時不須注意到什麼樣的事情？ ①廣效性 ②廣告宣傳 ③安定性 ④良好作業性。

（２）93.手洗餐具時，應用何種清潔劑？ ①弱酸 ②中性 ③酸性 ④鹼性。

（４）94.中餐廚師穿著工作衣帽的主要目的是？ ①漂亮大方 ②減少生產成本 ③代表公司形象 ④防止髮屑雜物掉落食物中。

（４）95.下列何者不一定是洗滌劑選擇時須考慮的事項？ ①所使用的對象 ②洗淨力的要求 ③各種洗潔劑的性質 ④名氣的大小。

（４）96.餿水的正確處理方式為 ①任意丟棄 ②加蓋後存放於室外 ③用塑膠袋包好即可 ④加蓋或包裝好存放於室內空調間，轉交環保機關處理。

（３）97.魚肉會有苦味是因為殺魚時 ①弄破魚腸 ②洗不乾淨 ③弄破魚膽 ④魚鱗打不乾淨。

（４）98.劣變的油炸油不具下列何種特性？ ①顏色太深 ②粘度太高 ③發煙點降低 ④正常發煙點。

（３）99.油炸過的油應盡快用完，若用不完 ①可與新油混合使用 ②倒掉 ③集中處理由合格廠商回收 ④倒進餿水桶。

（４）100.經長時間油炸食物的油必須 ①不用理它繼續使用 ②過濾殘渣 ③放愈久愈香 ④廢棄。

（４）101.豬油加醬油拌飯美味可口，但因豬油含有較高的飽和脂肪酸，下列何種族群應減少食用？①少年 ②青年 ③壯年 ④慢性病患者。

（４）102.廚房工作人員對各種調味料桶之清理，應如何處置？ ①不必清理 ②三天清理一次 ③一星期清理一次 ④每天清理。

12：衛生法規

（３）1.餐具經過衛生檢查其結果如下，何者為合格？ ①大腸桿菌為陽性，含有殘留油脂 ②生菌數四百個，大腸菌群陰性 ③大腸桿菌陰性，不含有油脂，不含有殘留洗潔劑 ④沒有一定的規定。

（１）2.不符合食品衛生標準之食品，主管機關應 ①沒入銷毀 ②沒入拍賣 ③轉運國外 ④准其贈與。

（４）3.違反「公共飲食場所衛生管理辦法」之規定，主管機關至少可處負責人新台幣 ①5千元 ②1萬元 ③2萬元 ④3萬元。

（３）4.市縣政府係依據「食品衛生管理法」第 23 條所訂之 ①營業衛生管理條例 ②食品良好衛生規範 ③公共飲食場所衛生管理辦法 ④食品安全管制系統 來輔導稽查轄內餐飲業者。

（１）5.餐廳若發生食品中毒時，衛生機關可依據「食品衛生管理法」第幾條命令餐廳暫停作業，並全面進行改善？①24條 ②25條 ③26條 ④27條 以遏阻食品中毒擴散，並確保消費者飲食安全。

（3）6.餐飲業者使用地下水源者，其水源應與化糞池廢棄物堆積場所等污染源至少保持 ①5公尺 ②10公尺 ③15公尺 ④20公尺 之距離。

（3）7.餐飲業之蓄水池應保持清潔，其設置地點應距污穢場所、化糞池等污染源 ①1公尺 ②2公尺 ③3公尺 ④4公尺 以上。

（2）8.廚房備有空氣補足系統，下列何者不為其目的？ ①降溫 ②降壓 ③隔熱 ④補足空氣。

（1）9.廚房清潔區之空氣壓力應為 ①正壓 ②負壓 ③低壓 ④介於正壓與負壓之間。

（1）10.廚房的工作區可分為清潔區、準清潔區和污染區，今有一餐盒食品工廠的包裝區，應屬於下列何區才對？①清潔區 ②介於清潔區與準清潔區之間 ③準清潔區 ④污染區。

（4）11.生鮮原料蓄養場所可設置於 ①廚房內 ②污染區 ③準清潔區 ④與調理場所有效區隔。

（2）12.關於食用色素的敘述，下列何者正確？ ①紅色4號，黃色5號 ②黃色4號，紅色6號 ③紅色7號，藍色3號 ④綠色1號，黃色4號 為食用色素。

註：人工色素目前可使用的有下列八種：紅色6號、紅色7號、紅色40號、黃色4號、黃色5號、綠色3號、藍色1號、藍色2號等。

（1）13.下列哪種色素不是食用色素？ ①紅色5號 ②黃色4號 ③綠色3號 ④藍色2號。

（2）14.食物中毒的定義（肉毒桿菌中毒除外）是 ①1人或1人以上 ②2人或2人以上 ③3人或3人以上 ④10人或10人以上 有相同的疾病症狀謂之。

（3）15.為了使香腸、火腿產生紅色和特殊風味，並抑制肉毒桿菌，製作時加入亞硝酸鹽（俗稱「硝」）①加入愈多愈好，可使顏色更漂亮 ②最好都不要加，因其殘留，對身體有害 ③要依照法令的亞硝酸鹽用量規定添加 ④加入硝量的多少，視所使用的肉類的新鮮度而定，肉類較新鮮的用量可少些，肉類較不新鮮的用量要多些。

（4）16.有關防腐劑之規定，下列何者為正確？ ①使用對象無限制 ②使用量無限制 ③使用對象與用量均無限制 ④使用對象與用量均有限制。

（1）17.下列食品何者不得添加任何的食品添加物？ ①鮮奶 ②醬油 ③奶油 ④火腿。

（1）18.下列何者為乾熱殺菌法之方法？ ①110℃以上30分鐘 ②75℃以上40分鐘 ③65℃以上50分鐘 ④55℃以上60分鐘。

註：有效殺菌法包括：①煮沸殺菌法：以溫度攝氏一百度之沸水，煮沸時間五分鐘以上（毛巾、抹布等）或一分鐘以上（餐具）。②蒸汽殺菌法：以溫度攝氏一百度之蒸汽，加熱時間十分鐘以上（毛巾、抹布等）或二分鐘以上（餐具）。③熱水殺菌法：以溫度攝氏八十度以上之熱水，加熱時間二分鐘以上（餐具）。④氯液殺菌法：氯液之有效餘氯量不得低於百萬分之二百，浸入溶液中時間二分鐘以上（餐具）。⑤乾熱殺菌法：以溫度攝氏一百一十度以上之乾熱，加熱時間三十分鐘以上（餐具）。

（1）19.乾熱殺菌法屬於何種殺菌、消毒方法？ ①物理性 ②化學性 ③生物性 ④自然性。

（4）20.抹布之殺菌方法是以100℃蒸汽加熱至少幾分鐘以上？ ①4 ②6 ③8 ④10。

（1）21.排油煙機應 ①每日清洗 ②隔日清洗 ③三日清洗 ④每週清洗。

（3）22.罐頭食品上只有英文而沒有中文標示，這種罐頭 ①是外國的高級品 ②必定品質保證良好 ③不符合食品衛生管理法有關標示之規定 ④只要銷路好，就可以使用。

（2）23.餐盒食品樣品留驗制度，係將餐盒以保鮮膜包好，置於7℃以下保存2天，以備查驗，如上所謂的7℃以下係指 ①冷凍 ②冷藏 ③室溫 ④冰藏 為佳。

（4）24.廚房裡設置一間廁所可 ①使用方便 ②節省時間 ③增加效率 ④根本是違法的。

（1）25.餐廳廁所應標示 ①如廁後應洗手 ②請上前一步 ③觀瀑台 ④聽雨軒 之字樣。

（4）26.防止病媒侵入設施，係以適當且有形的 ①殺蟲劑 ②滅蚊燈 ③捕蠅紙 ④隔離方式 以防範病媒侵入之裝置。

（2）27.界面活性劑屬於何種殺菌、消毒方法？ ①物理性 ②化學性 ③生物性 ④自然性。

（1）28.三槽式餐具洗滌方法，其第二槽必須有 ①流動充足之自來水 ②滿槽的自來水 ③添加有消毒水之自來水 ④添加清潔劑之洗滌水。

（2）29.以漂白水消毒屬於何種殺菌、消毒方法？ ①物理性 ②化學性 ③生物性 ④自然性。

（3）30.有關急速冷凍的敘述下列何者不正確？ ①可保持食物組織 ②有較差的殺菌力 ③有較強的殺菌力 ④可保持食物風味。

（3）31.下列有關餐飲食品之敘述何者錯誤？ ①應以新鮮為主 ②減少食品添加物的使用量 ③增加油脂使用量，以提高美味 ④以原味烹調為主。

（1）32.大部分的調味料均含有較高之 ①鈉鹽 ②鈣鹽 ③鎂鹽 ④鉀鹽 故應減少食用量。

（1）33.無機污垢物的去除宜以 ①酸性 ②中性 ③鹼性 ④鹹性 洗潔劑為主。

（4）34.下列果汁罐頭何者因具較低的安全性，需有行政院衛生署低酸性罐頭食品查驗登記字號方可上市販售？①楊桃 ②鳳梨 ③葡萄柚 ④木瓜。

（4）35.食補的廣告中，下列何者字眼未涉及療效？ ①補腎 ②保肝 ③消渴 ④生津。

（1）36.食補的廣告中，提及「預防高血壓」二字 ①涉及療效 ②未涉及療效 ③50%涉及療效 ④80%涉及療效。

（1）37.食品的廣告中，「預防」、「改善」、「減輕」等字句 ①涉及療效 ②未涉及療效 ③50%涉及療效 ④80%涉及療效。

（4）38.選購食品時，應注意新鮮、包裝完整、標示清楚及 ①黑白分明 ②色彩奪目 ③銷售量大 ④公正機關推薦 等四大原則。

（1）39.配膳區屬於 ①清潔區 ②準清潔區 ③污染區 ④一般作業區。

（2）40.烹調區屬於 ①清潔區 ②準清潔區 ③污染區 ④一般作業區。

（3）41.洗滌區屬於 ①清潔區 ②準清潔區 ③污染區 ④一般作業區。

（4）42.廚務人員（人流）的動線，以下述何者為佳？ ①污染區→清潔區→準清潔區 ②污染區→準清潔區→清潔區 ③準清潔區→清潔區→污染區 ④清潔區→準清潔區→污染區。

（2）43.某人吃了經污染的食物至他出現病症的一段時間，我們稱之為 ①病源 ②潛伏期 ③

危險期 ④病症。

（4）44.A型肝炎是屬於 ①細菌 ②寄生蟲 ③真菌 ④病毒。

（3）45.最重要的個人衛生習慣是 ①一年體檢兩次 ②隨時戴手套操作 ③經常洗手 ④戒菸。

（4）46.個人衛生是 ①個人一星期內的洗澡次數 ②個人完整的醫療紀錄 ③個人完整的教育訓練 ④保持身體健康、外貌整潔及良好衛生操作的習慣。

（1）47.廚房器具沒有污漬的情形稱為 ①清潔 ②消毒 ③殺菌 ④滅菌。

（2）48.幾乎無有害的微生物存在稱為 ①清潔 ②消毒 ③污染 ④滅菌。

（3）49.污染是 ①食物未加熱至70℃ ②前一天將食物煮好 ③食物中有不是蓄意存在的微生物或有害物質 ④混入其他食物。

（1）50.國際觀光旅館使用地下水源者，每年至少檢驗 ①一次 ②二次 ③三次 ④四次。

（3）51.廚師證照持有人，每年應接受 ①4小時 ②6小時 ③8小時 ④12小時 衛生講習。

（4）52.廚師有下列何種情形者，不得從事與食品接觸之工作？ ①高血壓 ②心臟病 ③B型肝炎 ④肺結核。

（2）53.依衛生標準直接供食者每公克的生菌數是10萬以下者為 ①冷凍肉類 ②冷凍蔬果類 ③冷凍海鮮類 ④冷凍家禽類。

（4）54.下列何者與消防法有直接關係？ ①蔬菜供應商 ②進出口食品 ③餐具業 ④餐飲業。

（2）55.行政院衛生署藥物食品檢驗局是負責 ①空調之檢驗 ②食品衛生之檢驗 ③環境之檢驗 ④餿水之檢驗。

（2）56.一旦發生食物中毒 ①不要張揚、以免影響生意 ②迅速送患者就醫並通知所在地衛生機關 ③提供鮮奶讓患者解毒 ④先查明中毒原因再說。

（1）57.食品或食品添加物之製造調配、加工、貯存場所應與廁所 ①完全隔離 ②不需隔離 ③隨便 ④方便為原則。

（2）58.食品衛生管理法第17條第1項第3款所定食品添加物屬調味劑者哪些是不符合的？①酵素 ②防腐劑、抗氧化劑 ③豆腐用凝固劑、光澤劑 ④乳化劑、膨脹劑。

（3）59.菜餚製作過程愈複雜 ①愈具有較高的口感及美感 ②愈具有較高的安全性 ③愈具有較高的危險性 ④愈具有高超的技術性。

（3）60.餐飲新進從業人員依規定要在什麼時候做健康檢查？ ①3天內 ②一個禮拜內 ③報到上班前就先做好檢查 ④先做1天看看再去檢查。

（2）61.沙門氏菌的主要媒介食物為 ①蔬菜、水果等產品 ②禽肉、畜肉、蛋及蛋製品 ③海洋魚、貝類製品 ④淡水魚、蝦、蟹等產品。

（3）62.中餐技術士術科檢定時洗滌用清潔劑應置放何處才符合衛生規定？ ①工作台上 ②水槽邊取用方便 ③水槽下的層架 ④靠近水槽的地面上。